Sebastian A. Gerlach

Spezielle Ökologie

Marine Systeme

Mit 82 Abbildungen

Springer-Verlag Berlin Heidelberg GmbH

Prof. Dr. SEBASTIAN A. GERLACH
Stubenrauchstraße 14
24248 Mönkeberg
Germany

ISBN 978-3-540-57797-3

Die Deutsche Bibliothek – CIP – Einheitsaufnahme.
Gerlach, Sebastian A.:
Spezielle Ökologie: marine Systeme/S.A. Gerlach. – Berlin;
Heidelberg; New York; London; Paris; Tokyo; Hong Kong;
Barcelona; Budapest; Springer, 1994
  ISBN 978-3-540-57797-3   ISBN 978-3-642-57936-3 (eBook)
  DOI 10.1007/978-3-642-57936-3

Dieses Werk ist urheberrechtlich geschützt. Die dadurch begründeten Rechte, insbesondere die der Übersetzung, des Nachdrucks, des Vortrags, der Entnahme von Abbildungen und Tabellen, der Funksendung, der Mikroverfilmung oder der Vervielfältigung auf anderen Wegen und der Speicherung in Datenverarbeitungsanlagen, bleiben, auch bei nur auszugsweiser Verwertung, vorbehalten. Eine Vervielfältigung des Werkes oder von Teilen dieses Werkes ist auch im Einzelfall nur in den Grenzen der gesetzlichen Bestimmungen des Urheberrechtsgesetzes der Bundesrepublik Deutschland vom 9. September 1965 in der jeweils geltenden Fassung zulässig. Sie ist grundsätzlich vergütungspflichtig. Zuwiderhandlungen unterliegen den Strafbestimmungen des Urheberrechtsgesetzes.

© Springer-Verlag Berlin Heildelberg 1994

Die Wiedergabe von Gebrauchsnamen, Handelsnamen, Warenbezeichnungen usw, in diesem Werk berechtigt auch ohne besondere Kennzeichnung nicht zu der Annahme, daß solche Namen im Sinne der Warenzeichen- und Markenschutz-Gesetzgebung als frei zu betrachten wären und daher von jedermann benutzt werden dürften.

Satz: Macmillan India Ltd., Bangalore 25
SPIN: 10134932   31/3130/SPS – 5 4 3 2 1 0 – Gedruckt auf säurefreiem Papier

Vorwort
Die Welt verändert sich

Vorworte werden geschrieben, wenn das Buch fertig ist. Vor zwei Jahren, als ich die erste Fassung des Manuskriptes fertigstellte, hätte ich in einem Vorwort ausgeführt, es sei mein Anliegen, die Verschiedenheiten der Lebensräume im Meer zu charakterisieren. Die Drucklegung verzögerte sich jedoch. Inzwischen rückten Forschungsprogramme unter der Überschrift "Global Change" in den Vordergrund. Meine Übersicht über die Lebensräume des Meeres gewinnt dadurch eine makabre Aktualität: Möglicherweise beschreibe ich, was bald Vergangenheit sein könnte. Sollte sich das Weltklima so drastisch verändern, wie das manche Klimaforscher prophezeien, dann werden sich mit den Klimazonen auch die Meereslebensräume verlagern (Abb. 1.1). Aber "Global Change" hat es auch schon früher gegeben. Deshalb beginne ich dieses Vorwort mit der Schilderung von Veränderungen, welche in den vergangenen 18 000 Jahren erfolgten.

Die Tier- und Pflanzenarten, die es heute auf der Welt gibt, lebten, wenn auch nicht immer dort, wo sie heute vorkommen, auch schon vor 18 000 Jahren. Damals, auf dem Höhepunkt der letzten Vereisung war die mittlere Temperatur an der Erdoberfläche um 5° Celsius niedriger als heute. Weite Festlandbereiche waren von kilometerhohen Eismassen bedeckt. Die Schelfgebiete lagen trocken, denn der Meeresspiegel lag mehr als 120 Meter tiefer als heute. Die Atmosphäre enthielt damals nur ungefähr 415 Milliarden Tonnen Kohlenstoff, denn die Kohlendioxid-Konzentrationen (CO_2) lagen bei nur 190 ppm (parts per million, cm^3/m^3). Seit 1979 bezeugen das die Bohrkerne aus dem Eis der Antarktis und später auch von Grönland. Die fossile Luft vergangener Perioden wurde im Gletschereis konserviert (Abb. 1).

Vor 14 000 Jahren erwärmte sich die Welt schnell. Bis 4000 Jahre vor Christi Geburt stiegen die mittleren Temperaturen an der Erdoberfläche um 5° Celsius. Gleichzeitig stiegen die Kohlendioxid-Konzentrationen in der Atmosphäre auf 280 ppm. Bis zur industriellen Revolution verharrten sie auf diesem Wert. 610 Milliarden Tonnen Kohlenstoff waren um 1750 in der Atmosphäre enthalten, 195 Milliarden Tonnen mehr als auf dem Höhepunkt der letzten Vereisung.

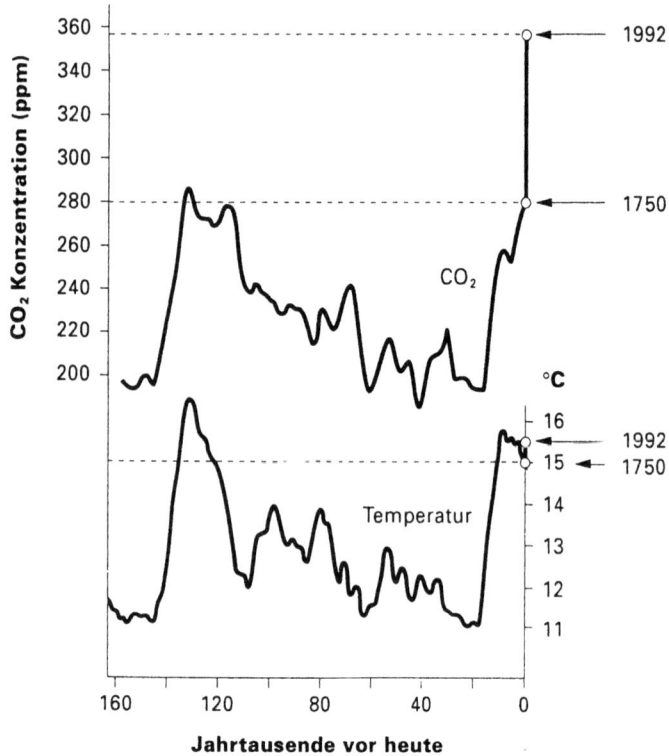

ABB. 1. Oben: Kohlendioxid-Konzentrationen in der fossilen Luft im Gletschereis unter der russischen Vostok-Station (Ostantarktis, ppm = cm^3/m^3). Das Alter von 160 000 Jahren entspricht der Saale- (oder Riß-) Eiszeit und wurde 2000 Meter unter der Gletscheroberfläche erreicht. Vor 140 000 bis 120 000 Jahren gab es eine Warmzeit (Eem). Anschließend kühlte sich die Erde während der Weichsel- (oder Würm-) Eiszeit ab, die ihren Höhepunkt vor 18 000 Jahren hatte. Der rezente Wert von 355 ppm wurde in 3500 Meter Höhe auf Hawaii gemessen. Unten: Rekonstruktion der Palaeotemperaturen entsprechend dem Deuterium-Anteil im Eis. (Nach Barnola et al. 1987 aus Gassmann 1994, mit Genehmigung durch Verlag der Fachvereine der schweizerischen Hochschulen und Techniken, Zürich)

Kohlendioxid ist ein Treibhausgas. Aus dem parallelen Anstieg von Kohlendioxid-Konzentrationen und Temperaturen kann man den Schluß ziehen, daß die steigenden Kohlendioxid-Konzentrationen über den Treibhauseffekt eine Erwärmung der Erdoberfläche bewirkten. Umgekehrt gilt aber auch, daß die steigenden Temperaturen solche Prozesse begünstigten, welche zusätzlich Kohlendioxid an die Atmosphäre liefern.

Der Prozeß der Photosynthese wird bei steigenden Temperaturen nur geringfügig intensiver, denn das Pflanzenwachstum wird vor allem vom

Vorwort VII

Angebot an Licht, Wasser und Nährstoffen gesteuert. Zu den Nährstoffen gehört aber auch das Kohlendioxid. Möglicherweise führten die steigenden Kohlendioxid-Konzentrationen in der Atmosphäre und in den oberflächlichen Wasserschichten zu höherer Pflanzenproduktion. Der Stoffumsatz von Bakterien und Tieren steigt aber bei steigenden Temperaturen schnell. Deshalb atmen, bildlich gesprochen, Ökosysteme bei Erwärmung kräftiger aus als ein. Sofern genügend organische Substanz als Nahrung zur Verfügung steht, wird mehr Kohlendioxid an die Atmosphäre abgegeben als aufgenommen.

Nach dem Abschmelzen der Eiskappen auf den Kontinenten stieg der Meeresspiegel über 120 m an. Die Flut zerstörte die Landlebensräume auf dem Schelf, die Vegetation verrottete zu Kohlendioxid. Auf den tropischen Schelfgebieten wuchsen im Gleichtakt mit dem Anstieg des Meeresspiegels Korallenriffe empor. Weil sich beim Ausfällen von Korallenkalk (Karbonat, CO_3) die Alkalinität des Meerwassers verringert, wird bei diesem Prozeß Kohlendioxid freigesetzt.

Die Ausdehnung der "blauen Meere" mit ganzjährig vorhandener Warmwasserschicht an der Oberfläche war während der Kaltzeiten geringer als heute. Der Anteil der warmen Meere am Weltozean vergrößerte sich nach der letzten Vereisung. In warmen Meeren produziert aber das Phytoplankton nur geringe Mengen organischer Substanz, dort sinken nur wenige organische Partikel in die Tiefsee ab (Abb. 2.3). Sich ausdehnende warme Meere geben mehr Kohlendioxid an die Atmosphäre ab.

Seit 1800 wurden vom Menschen 250 Milliarden Tonnen fossiler Kohlenstoff verbrannt, Kohle, Erdöl und Erdgas. Gegenwärtig werden jährlich etwa 6 Milliarden Tonnen Kohlenstoff verbrannt und als Kohlendioxid in die Atmosphäre entlassen. Dazu kommen jährlich etwa 2 Milliarden Tonnen Kohlenstoff aus der Brandrodung der Wälder. Die Kohlendioxid-Konzentrationen in der Atmosphäre stiegen bis 1992 auf 355 ppm. Bei einer Verdoppelung der Kohlendioxid-Konzentrationen in der Atmosphäre prophezeien die Klimamodelle eine globale Erwärmung zwischen 1,5 und 4,5° Celsius.

Nach Temperaturmessungen in den vergangenen 130 Jahren befindet sich der Planet Erde bereits jetzt in einer Erwärmungsphase. Die Erwärmung läuft schneller ab als nach der letzten Vereisung. Zwischen 1860 und 1990 stieg die mittlere Temperatur an der Erdoberfläche um 0,3 bis 0,6° C (Abb. 2). Es ist plausibel anzunehmen, daß dieselben Prozesse wie nach der letzten Vereisung auch während der gegenwärtigen Erwärmungsphase wirksam sind. Das heißt: nicht nur der Mensch produziert zusätzliches "anthropogenes CO_2", welches über den Treibhauseffekt zur Erwärmung beiträgt. Parallel dazu produzieren auch die natürlichen Lebensräume der

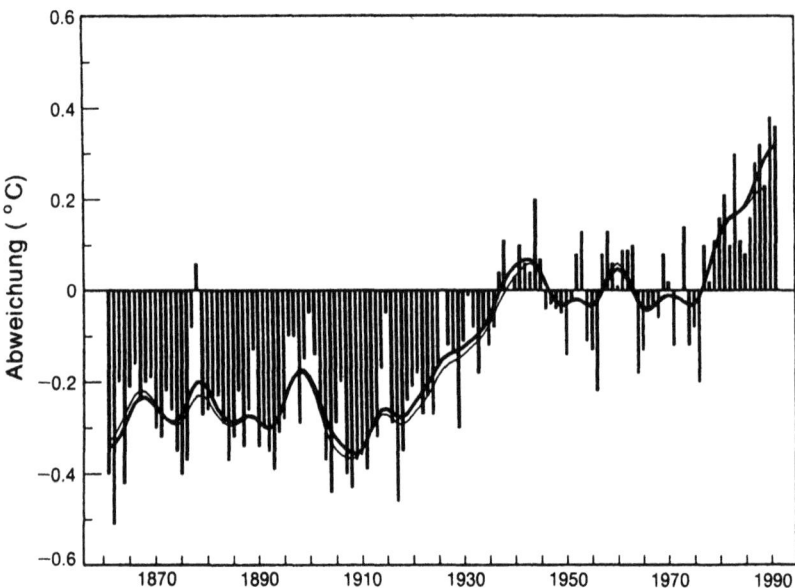

ABB. 2. Mittlere Temperaturen an der Oberfläche der Erde und im Oberflächenwasser der Weltmeere in den Jahren 1861 bis 1988, angegeben als Abweichung gegenüber dem Zeitraum 1951 bis 1980. Die dick gezeichnete Kurve zeigt geglättete Werte. (Nach Folland et al. 1992)

Erde bei Erwärmung zusätzliches CO_2, wobei offen ist, ob die geschilderten biologischen Prozesse oder ob veränderte Austauschbedingungen zwischen dem CO_2-reichen Tiefenwasser der Ozeane und der Atmosphäre die größere Rolle spielen. Möglicherweise handelt es sich um einen Teufelskreis, den der Mensch in Gang gesetzt hat: Mehr Kohlendioxid in der Atmosphäre führt über den Treibhauseffekt zur Erwärmung, die Erwärmung führt zur verstärkten Freisetzung von Kohlendioxid, und so fort.

Mit ihrer Weltreise 1873 bis 1876 eröffnete die britische Korvette "Challenger" die Ära der Meeresforschung. Seitdem haben viele Wissenschaftler die Kenntnisse über das Meer vermehrt. Stillschweigend gingen sie davon aus, daß sich "das Meer" im vergangenen Jahrhundert nicht grundsätzlich veränderte. Auch ich habe mich nicht gescheut, auf ältere Forschungsergebnisse zurückzugreifen, auch wenn ich mich in dem vorliegenden Buch jeweils um die neuesten Forschungen bemühte. Leider gehen aber auch die Modelle der Klimaforscher von unveränderten biologischen Verhältnissen seit 1800 aus. Sie simulieren nur die seitdem erfolgten Veränderungen bei den Treibhausgasen, aber nicht die Wirkungen des Temperaturanstiegs. Ich meine, diese statische Sicht ist falsch. Die Lebensräume des Meeres veränderten sich in den vergangenen 130 Jahren. Wir haben das bloß noch nicht gemerkt.

Ich habe von den Meteorologen gelernt, daß man als Klima den Mittelwert der Wetterdaten von 30 Jahren oder von längeren Zeiträumen wertet. Ob sich gegenwärtig unser Klima ändert, läßt sich also erst in einigen Jahrzehnten sagen. Diese Erkenntnis schützt davor, Rekorde und Katastrophen, mit denen die Öffentlichkeit Jahr für Jahr beunruhigt wird, bereits als Beweis für Klimaänderungen zu nehmen. Aber man sollte sie als Menetekel beherzigen. Denn ob man nun an die Erwärmung der Biosphäre durch das Verbrennen fossiler Brennstoffe glaubt, ob man diese Erkenntnis unter Hinweis auf Wissenslücken oder auf die volkswirtschaftlichen Folgen einer "CO_2-Steuer" verdrängt, oder ob man wie die Bewohner von Kanada und Sibirien ausrechnet, daß eine Erwärmung gar nicht so schlecht wäre: Erdöl und Erdgas reichen nur noch für wenige Menschengenerationen. Statt das Andenken an Vater und Mutter zu ehren, werden uns die kommenden Generationen verfluchen, sofern die gegenwärtige Verschwendung anhält.

Mönkeberg, April 1994   Sebastian A. Gerlach

Inhaltsverzeichnis

1	Einleitung	1
1.1	Das Leben entstand im Meer	1
1.2	Die "Sieben Meere"	3
1.3	Die Lichtzone (euphotische Zone)	5
1.4	Die sieben Schichten des Meeres	10
1.4.1	Der Luftraum über der Meeresoberfläche	11
1.4.2	Die Grenzschicht Meerwasser—Atmosphäre	11
1.4.3	Das Pelagial	12
1.4.4	Die bodennahe Trübungszone	12
1.4.5	Die oxische Schicht am Meeresboden	14
1.4.6	Die Chemokline im Sediment	14
1.4.7	Die anoxische Schicht im Sediment	16
1.5	Bioturbation	16
1.6	Sauerstoffmangel im Meerwasser	17
2	Die nährstoffarme Hochsee der warmen Meere	20
2.1	Der Begriff Hochsee	20
2.2	Das Nährstoffproblem der "Wüsten des Meeres"	20
2.3	Die Primärproduktion in der nährstoffarmen Hochsee	23
2.4	Die Sekundärproduktion und der Fischereiertrag in der nährstoffarmen Hochsee	28
2.5	Tierbeobachtungen auf der Hochsee	30
2.6	Pleuston und Neuston	31
2.7	Sargasso-Kraut	32
2.8	Kosmopoliten im Pelagial	33
2.9	Epipelagial und Mesopelagial	34
2.10	Vertikalwanderungen	37
3	Auftriebsgebiete	40
3.1	Auftrieb düngt das Oberflächenwasser	40
3.2	Könnte man mit künstlich erzeugtem Auftrieb die nährstoffarme Hochsee düngen?	40

3.3	Äquatorialer Auftrieb	41
3.4	Küstenauftrieb	44
3.5	Produktion in Gebieten mit Küstenauftrieb	46
3.6	El Niño, oder wenn der Auftrieb ausbleibt	50
4	Die Hochsee der kalten Meere	53
4.1	Die Hochsee der kaltgemäßigten Klimaregionen	53
4.2	Die Hochsee der polaren Klimaregionen	56
4.3	Das Packeis	60
4.4	Der Rand des Packeises	64
4.5	Polare Nahrungsketten	66
5	Die Tiefsee	68
5.1	Die Tiefenzonen	68
5.2	Druck und Kälte	71
5.3	Das Alter der Tiefseefauna	72
5.4	Die Tiefsee-Sedimente	74
5.5	Das Tiefsee-Pelagial	75
5.6	Die bodennahe Trübungszone und die benthopelagische Fauna	76
5.7	Die Epifauna	77
5.8	Die große Endofauna	79
5.9	Die Makrofauna	80
5.10	Meiofauna und Nanofauna	82
5.11	Absinkende Nahrungspartikel	83
5.12	Die Ernährung der Tiefseefauna	85
6	Lebensräume mit Schwefelwasserstoff und Methan als Energiequellen	90
6.1	Untermeerische heiße Schwefelquellen	90
6.2	Schwefelwasserstoff	92
6.3	Symbiosen mit Schwefelbakterien	95
6.4	Methan (Erdgas)	99
6.5	Methan (Biogas)	102
7	Der Kontinentalschelf und die Schelfmeere	103
7.1	Der Gegensatz Hochsee—Schelf	103
7.2	Die Ausdehnung der Schelfmeere	103
7.3	Neritische und ozeanische Provinz	105

7.4	Wechsel zwischen pelagischer und benthischer Lebensweise	106
7.5	Einflüsse vom Kontinent	107
7.6	Das Benthos	112
8	Fallstudie: Die Nordsee	113
8.1	Lage und Produktion	113
8.2	Nährstoff-Einträge in die Nordsee	113
8.3	Das Kontinentale Küstenwasser der Nordsee	117
8.4	Veränderungen des Phytoplanktons bei Helgoland	119
8.5	Veränderungen in der zentralen Nordsee	122
8.6	Veränderungen der Dorschbestände in der Nordsee	123
8.7	Veränderungen der Heringsbestände in der Nordsee	125
8.8	Thunfische in der Nordsee — eine Episode	130
8.9	Seevögel und Seesäuger	131
9	Fallstudie: Die Ostsee	134
9.1	Hydrographie und Geschichte	134
9.2	Veränderungen beim Salzgehalt	137
9.3	Umweltgifte in der Ostsee	141
9.4	Zunahme des Phytoplanktons	142
9.5	Konzentrationen von Phosphor und Stickstoff im Oberflächenwasser der Ostsee	144
9.6	Sauerstoffmangel im Tiefenwasser der Ostsee	145
10	Das Sublitoral (Phytal und Korallenriffe)	151
10.1	Das Phytobenthos	151
10.2	Das Licht	153
10.3	Geographische Verbreitung	157
10.4	Benthische Primärproduktion	158
10.5	Sekundärproduktion im Sublitoral	160
10.6	Kalkriffe	163
10.7	Atolle — Oasen in der Wüste des Meeres	166
11	Das Sandlückensystem	169
11.1	Sandkörner und Porenwasser-Räume	169
11.2	Mikrofauna, Meiofauna oder Mesopsammon	173

11.3	Die Sandlückenfauna	174
11.4	Anpassungen der Sandlückenbewohner.	176
12	Lagunen und Flußmündungen	179
12.1	Bildung und Mannigfaltigkeit	179
12.2	Brackwasser	185
12.3	Lebensräume in Lagunen-Flußmündungs-Gebieten	189
12.4	Salzwiesen und Mangrovewälder	191
13	Die Grenze Meer—Land	196
14	Literatur	207

Sachverzeichnis 219

1 Einleitung

1.1 Das Leben entstand im Meer

Noch immer denken viele Menschen, das Salz des Meeres stamme aus der Verwitterung der Gesteine und werde mit den Flüssen ins Meer gespült. Sie glauben, daß der Salzgehalt des Meeres im Laufe der Erdgeschichte angestiegen sei. Aber vermutlich war der Salzgehalt der Weltmeere schon vor zwei Milliarden Jahren ungefähr ebenso hoch wie heute. Das Salz stammt aus der Zeit, als sich nach der Abkühlung und Verfestigung der Erdkruste die erste Wasserhülle bildete, der Urozean. Seitdem wirken zwei gegenläufige Prozesse auf den Salzgehalt ein: wenn am Meeresboden Sedimentmaterial in den geologischen Untergrund absinkt, dann wird mit dem eingeschlossenen Porenwasser Salz entfernt, ungefähr ebensoviel, wie dem Meer ständig durch Verwitterung von Gestein zugeführt wird. Beide Prozesse waren in den erdgeschichtlichen Perioden verschieden intensiv, es gab Perioden mit starker Gebirgsbildung und Perioden mit starker Erosion. Aber die Auswirkungen auf den Salzgehalt im Weltmeer waren vermutlich gering.

Vieles spricht aber dafür, daß vor 270 Millionen Jahren der Salzgehalt des Weltmeeres sogar höher als heute war, denn im Perm-Zeitalter verdunstete viel Meerwasser in Flachwassergebieten. Meersalz wurde in Salzlagerstätten festgelegt. Damals war der Salzgehalt vielleicht 42 Promille. Auch während der Eiszeiten wurde aus dem Weltozean stammendes Wasser als Süßwassereis auf dem Land abgelagert. Deshalb war der Salzgehalt des Weltmeeres vor 20 000 Jahren wohl 35,9 Promille.

Heute beträgt die Salzkonzentration im Meerwasser 34,7 g pro Liter (oder 34,7‰). Ein Liter Meerwasser enthält 19,4 g Chlor, 10,8 g Natrium, 1,3 g Magnesium, 0,9 g Schwefel, 0,4 g Calcium, 0,4 g Kalium und viele andere Elemente in geringeren Konzentrationen. Süßwasser dagegen enthält weniger als 1 g Salz pro Liter. Süßwasser entsteht immer wieder neu bei der Verdunstung von Meerwasser.

Auch Zellplasma und Körperflüssigkeiten der Organismen enthalten Salze. Dadurch entsteht innerhalb der Zellen ein osmotischer Druck, der weit über dem des Süßwassers liegt. Besondere Anpassungen sind deshalb notwendig bei allen Organismen, die im Süßwasser und in den nichtsalzigen Landlebensräumen leben. Grundsätzlich besteht bei ihnen die Gefahr, daß Süßwasser durch die Zellwände in das Zellplasma eindringt und die Zellen zum Platzen bringt. Meerwasser dagegen hat einen osmotischen Druck, der nur geringfügig niedriger ist als der osmotische Druck in der Körperflüssigkeit der meisten Meeresorganismen; man spricht von "isotonischen" Verhältnissen. In osmotischer Hinsicht leben also die Meeresorganismen ungefähr im Gleichgewicht mit dem umgebenden Medium Meerwasser und brauchen keine besonderen osmoregulatorischen Anpassungen. Deshalb ist die Annahme plausibel, daß das Leben im Meer entstand.

Bisher gibt es noch keine allgemein anerkannte Lehrmeinung, in welchem der verschiedenen denkbaren Lebensräume des Urozeans das Leben entstand. Sicher ist, daß damals Sauerstoff noch nicht oder allenfalls in geringen Spuren vorhanden war. Das Leben entstand also in einer "anoxischen" Umgebung (griechisch a-, an, un-, nicht; neulateinisch oxygenium, der Sauerstoff). Organische Makromoleküle könnten unter anoxischen Verhältnissen gebildet worden sein, und zwar durch die Einwirkung der energiereichen ultravioletten Sonnenstrahlung, die damals noch nicht durch Ozon in der Atmosphäre abgeschirmt wurde. Neuerdings wird auch Erdwärme als Energiequelle diskutiert. Wo in der Nähe von vulkanischer Tätigkeit das Meerwasser erhitzt wird, entstehen reduzierte, also energiereiche anorganische Verbindungen wie Schwefelwasserstoff (H_2S). Vielleicht lieferten sie den ersten Lebewesen (die man sich ähnlich den heutigen Archaebakterien vorstellen kann) die Energie für ihre Lebensprozesse.

Erst später entwickelten sich Organismen, welche die Energie der sichtbaren Sonnenstrahlung nutzten, und zwar zunächst wohl in einer Umgebung ohne Sauerstoff. Dabei wird mit Hilfe der Sonnenenergie entweder Schwefelwasserstoff gespalten und es entsteht Schwefel als Nebenprodukt ($H_2S = H_2 + S$) oder es wird Wasser gespalten, wobei Sauerstoff als Abfallprodukt entsteht ($2H_2O = 2H_2 + O_2$).

Die Photosynthese-Leistung der grünen Pflanzen hat wesentlich dazu beigetragen, daß jetzt die Atmosphäre 21% Sauerstoff enthält und daß in einem Liter Meerwasser (bei Kontakt mit der Atmosphäre, je nach der Temperatur) 6 bis 10 mg Sauerstoffgas physikalisch gelöst sind. Aber auch heute noch gibt es überall im Sediment des Meeresbodens Lebensräume ohne Sauerstoff. Für die Bakterien, die dort leben, ist Sauerstoff ein tödliches Gift.

1.2 Die "Sieben Meere"

Seit dem Zeitalter der Entdeckungen geben die Seefahrer damit an, sie hätten die "Sieben Meere" befahren. Früher teilte man nämlich den Weltozean ein in Nord- und Südatlantik, in Nord- und Südpazifik, in Indischen Ozean, Nordpolarmeer und Südpolarmeer. Heute betrachtet man das Nordpolarmeer als interkontinentales arktisches Mittelmeer. Heute definiert man, daß das Südpolarmeer aus den südlichen Gegenden

TABELLE 1.1. Flächen und Wassertiefen der Ozeane und der Nebenmeere. (Nach Dietrich et al., 1975)

	Fläche Millionen km^2	Mittl. Tiefe m
1. Ozeane mit Nebenmeeren, einschließlich der Südpolarmeere		
Pazifischer Ozean (bis 11022 m tief)	181	
Atlantischer Ozean (bis 9219 m tief)	107	
Indischer Ozean (bis 7455 m tief)	74	
Summe Weltozean mit Nebenmeeren	362	3729
2. Ozeane ohne Nebenmeere, einschließlich der Südpolarmeere		
Pazifischer Ozean	166,2	4188
Atlantischer Ozean	84,1	3844
Indischer Ozean	73,4	3872
Summe Weltozean ohne Nebenmeere	323,8	4026
3. Nebenmeere		
Interkontinentale Mittelmeere	28,7	
Arktischer Ozean	12,26	1117
Australasiatisches Mittelmeer	9,08	1252
Amerikanisches Mittelmeer	4,36	2164
Europäisches Mittelmeer	3,02	1450
Intrakontinentale Mittelmeere	2,3	
Hudsonbay (bis 218 m tief)	1,23	128
Rotes Meer (bis 2604 m tief)	0,45	538
Ostsee (bis 459 m tief)	0,39	55
Persischer Golf (bis 170 m tief)	0,24	25
Randmeere	7,2	
z.B. Beringmeer	2,26	1491
Ochotskisches Meer	1,39	971
Ostchinesisches Meer	1,20	275
Japanisches Meer	1,01	1673
Nordsee	0,58	93

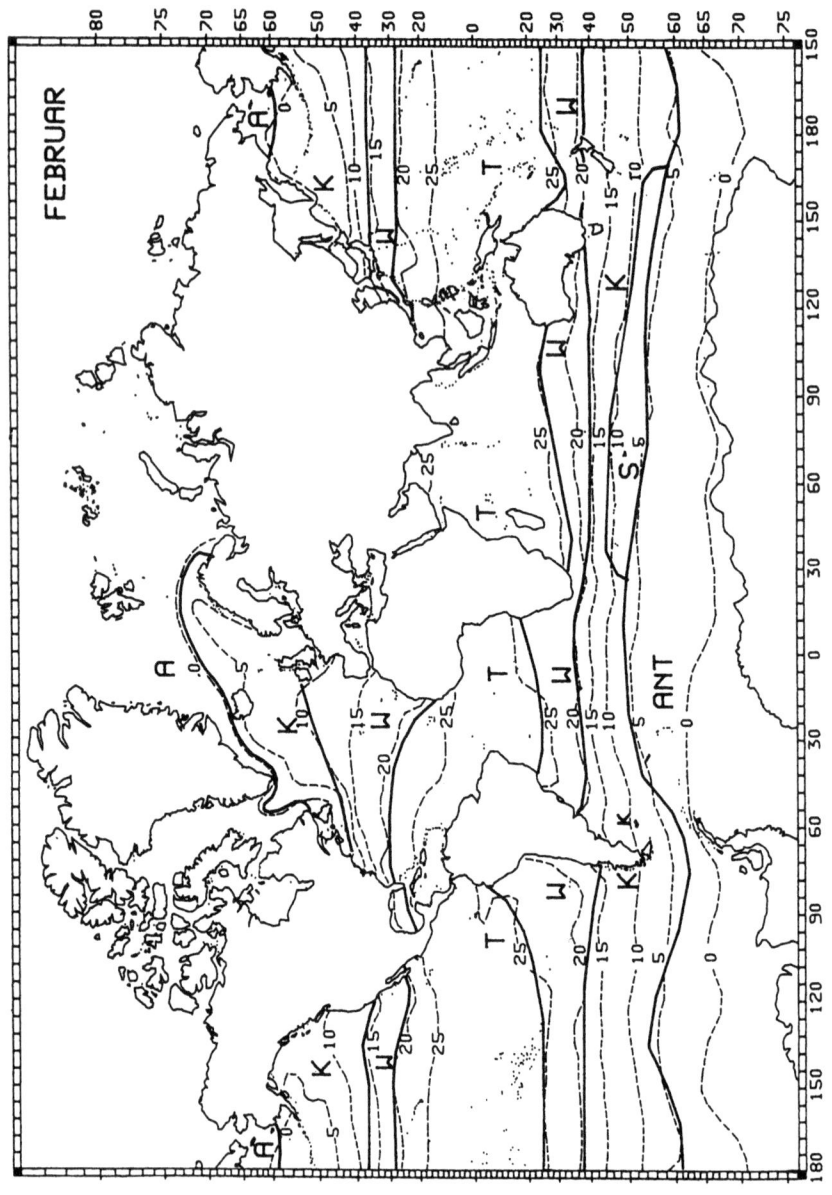

des Atlantischen, des Pazifischen und des Indischen Ozeans besteht. Mittelmeere und Randmeere wie die Nordsee werden als Nebenmeere der Weltozeane bezeichnet (Tab. 1.1).

Die Erdoberfläche ist 510 Millionen km^2 groß. Davon machen die Weltmeere 70,8 % aus. Alle Meere der Welt zusammengenommen sind 362 Millionen km^2 groß und im Mittel 3729 m tief; sie enthalten 1350 Millionen km^3 Meerwasser. Entsprechend den Klimaregionen unterscheidet man die tropischen Meere, die warmgemäßigten Meere, die kaltgemäßigten Meere und die Polarmeere (Abb. 1).

1.3 Die Lichtzone (euphotische Zone)

Meerespflanzen können nur wachsen, wenn in ihrem Lebensraum das Sonnenlicht tagsüber so intensiv ist, daß Photosynthese stattfinden kann. Das ist nur in der "euphotischen" Oberflächenzone möglich (griechisch eu-, gut; phos, photos, das Licht), also in der Lichtzone.

Von der auf die Meeresoberfläche treffenden Globalstrahlung der Sonne spielt für die Photosynthese vor allem der sichtbare Wellenbereich zwischen 400 und 700 Nanometer (nm) Wellenlänge eine Rolle. Diesen Bereich bezeichnet man als "photosynthetically active radiation" (PAR). Außerdem besteht die Globalstrahlung aus langwelligem Infrarot (700 bis 3000 nm) und aus kurzwelligem Ultraviolett, nämlich dem die Photosynthese hemmenden UV-A (400 bis 320 nm) und dem die Erbsubstanz schädigenden und Hautkrebs erzeugenden UV-B (320 bis 280 nm).

An der Oberfläche tropischer Meere beträgt die Bestrahlungsstärke des photosynthetisch wirksamen Sonnenlichts (PAR), in Energie-Einheiten ausgedrückt, etwa 500 Watt pro Quadratmeter (Watt = Joule pro Sekunde). Für den PAR-Bereich kann man grob umrechnen, daß 1 Watt pro Quadratmeter einer Photonenflußdichte von 4,2 µmol Photonen pro

ABB. 1.1. Klimaregionen der Weltmeere und Wassertemperaturen an der Meeresoberfläche im Februar (Nordwinter, Südsommer). In den polaren Regionen (A = Arktis, ANT = Antarktis) bleibt das Wasser auch im Sommer kälter als 5 °C. In den Meeren der kaltgemäßigten Region (K, dazu S = subantarktische Inselregion) liegt die Wassertemperatur im Winter ungefähr zwischen 0 und 10 °C und erreicht im Sommer 10 bis 15 °C. In den Meeren der warmgemäßigten Region (W, oft auch als subtropische Region bezeichnet) liegt die Wassertemperatur im Winter ungefähr zwischen 10 und 20 °C, im Sommer zwischen 15 und 25 °C. Noch wärmer ist es in der tropischen Region (T). (Aus Lüning, 1985, mit Genehmigung durch G. Thieme Verlag, Stuttgart)

Quadratmeter und Sekunde entspricht (µmol = Mikromol = Millionstel Mol). 500 Watt pro Quadratmeter entsprechen also einer Photonenflußdichte von 2500 µmol Photonen pro Quadratmeter und Sekunde. Ein Mol Photonen sind $6{,}02 \times 10^{23}$ Photonen (Quanten). Dafür verwendete man früher die Einheit "Einstein" (E).

Die Sonnenstrahlen werden an der Meeresoberfläche absorbiert und reflektiert, so daß nur ein Teil der auf die Meeresoberfläche treffenden Sonnenstrahlung in das Meerwasser eindringt. Je nach der optischen Transparenz des Meerwassers ist die Strahlungsabschwächung, die 'Attenuation' (lateinisch attenuatus, verschmälert) bei verschiedenen Wellenlängen verschieden stark (Tab. 1.2). Das rote Licht wird am stärksten geschwächt. Selbst in sehr klarem Meerwasser kann man in 10 m Wassertiefe nur noch 1 bis 3% der Bestrahlungsstärke an der Meeresoberfläche messen. Blaugrünes Licht dringt am tiefsten ein: in 10 m Wassertiefe sind noch 83% der Oberflächenstrahlung wirksam. In Küstengewässer, welche durch Humusstoffe gefärbt sind, dringt das gelbe Licht am tiefsten ein. Im trüben Wasser der Flußmündungen und im Wattenmeer ist es bereits einen Meter unter der Wasseroberfläche dunkel. In den Küstengewässern der Nordsee und in der Westlichen Ostsee liegt die Untergrenze der am Meeresboden wachsenden Algen und damit die Untergrenze der euphotischen Zone bei 10 bis 20 m Wassertiefe (Tab. 10.1). Im klaren Wasser der Sargasso-See dagegen ist die Bestrahlungsstärke noch in weit mehr als 100 m Tiefe ausreichend für die Photosynthese.

Für das Phytobenthos (griechisch phyton, das Gewächs; benthos, die Tiefe), also für alle am Meeresboden wachsenden Algen, Tange und Seegräser und für die mikroskopisch kleinen am Meeresboden lebenden Mikrophytobenthos-Algen ist entscheidend, ob sie mit der am Meeresboden verfügbaren Lichtmenge soviel organische Substanz produzieren

TABELLE 1.2. Abnahme der Bestrahlungsstärke beim Eindringen von Sonnenlicht verschiedener Wellenlänge in das Meerwasser. Angaben in Prozent der Bestrahlungsstärke an der Meeresoberfläche. (Nach Jerlov, 1978)

Lichtqualität (Wellenlänge)	In 10 m Tiefe in der nährstoffarmen Hochsee (%)	In 5 m Tiefe in der kaltgemäßigten Hochsee (%)
UV-A (375 mm)	54	0,03
Blau (475 nm)	83	11,6
Grün (550 nm)	53	22,0
Rot (650 nm)	3	6,7

Die Lichtzone (euphotische Zone)

können, daß sich netto ein Überschuß gegenüber dem Verbrauch im Stoffwechsel ergibt. Verbrauch entsteht bei der "Atmung", also bei allen Stoffwechselprozessen, die Sauerstoff verbrauchen und die Tag und Nacht weiterlaufen, während die Photosynthese nur tagsüber im Licht möglich ist. Nur bei Lichtverhältnissen, wie sie oberhalb einer von Art zu Art verschiedenen "Kompensationstiefe" herrschen, ist die Bilanz positiv (Abb. 1.2). Nur dort kann die für den Stoffwechsel und die für das Wachstum der Pflanzen notwendige Energie während einer Vegetationsperiode aus der Sonnenstrahlung gewonnen werden. Man redet von den "photoautotrophen" pflanzlichen Organismen (griechisch autos, selbst; trophé, die Ernährung), weil sie nicht auf organische Substanzen als Energiequelle und auch nicht auf organische Substanzen als Kohlenstoffquelle angewiesen sind.

Im Pelagial (griechisch pelagos, die offene See) nimmt man als Richtwert für die Kompensationstiefe oft die "Ein-Prozent-Lichttiefe", also die Wassertiefe, in der die Bestrahlungsstärke 1 % der photosynthetisch wirksamen Strahlung an der Meeresoberfläche beträgt (Abb. 1.2). Man kann diese Ein-Prozent-Lichttiefe mit der Secchi-Scheibe bestimmen. Das ist eine weiße Scheibe von 30 cm Durchmesser, die im Wasser so tief abgesenkt wird, bis man sie von oben gerade noch erkennen kann. Bei sonnigem Wetter beträgt die Bestrahlungsstärke in dieser "Secchi-Tiefe" ungefähr 16 % der Bestrahlungsstärke an der Oberfläche. Da die Bestrahlungsstärke exponentiell mit der Tiefe abnimmt, ergibt sich aus der Secchi-Tiefe multipliziert mit 2,7 die Ein-Prozent-Lichttiefe, vorausgesetzt, die Lichtdurchlässigkeit des Wassers verändert sich weiter unten nicht.

Manchmal gibt es oberhalb der Kompensationstiefe eine Sprungschicht, die man so nennt, weil es dort einen Temperatursprung oder einen Salzgehalts-Sprung gibt; der Fachausdruck für eine Dichte-Sprungschicht ist "Pyknokline" (griechisch pyknos, dicht; klinein, sich hinneigen). Im Bereich der Sprungschicht konzentrieren sich oft Phytoplankter. Manche kommen mit nur 0,01 bis 0,05 % der Oberflächenstrahlung aus (entsprechend einer Photonenflußdichte von 0,3 bis 1,3 µmol Photonen pro Quadratmeter und Sekunde). Sie können dank ihrer Geißeln langsam durch das Wasser schwimmen, steigen dabei im Wasser auf oder sinken ab und suchen sich den Wasserhorizont, wo die beste Kombination von Licht und Nährstoffen gegeben ist (Abb. 2.2).

Für die meisten Phytoplankter dagegen gilt, daß sie im Wasser tatsächlich umhertreiben (griechisch plankton, das Umhertreibende). Einzellige Phytoplankton-Algen sind so klein, und ihre Eigenbewegung ist in der Regel so gering, daß sie überwiegend nur passiv zusammen mit dem umgebenden Meerwasser verwirbelt werden, mit Geschwindigkeiten von 1

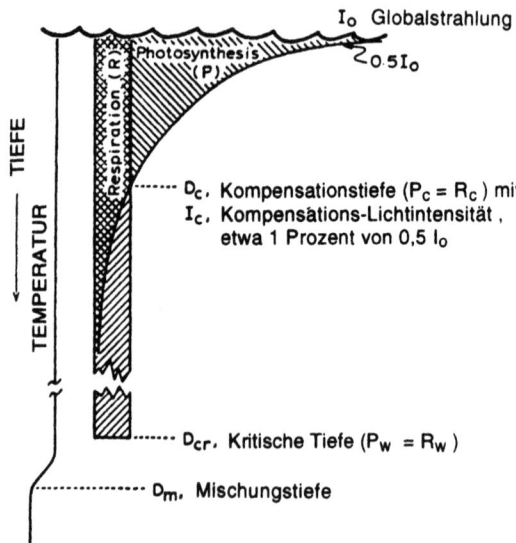

ABB. 1.2. Schema für das Konzept der Kritischen Tiefe. (Nach Parsons et al. 1984)
$0,5 I_0 = 50\%$ der auf die Meeresoberfläche treffenden Globalstrahlung (nur 50% gerechnet wegen Absorption und Reflexion an der Meeresoberfläche und weil nur PAR, also die photosynthetisch wirksamen Wellenlängen zwischen 400 und 700 nm berücksichtigt werden)
D_c = Kompensationstiefe, wo im Mittel eine Kompensations-Lichtintensität I_c herrscht, bei der die Gewinne aus der Produktion (P_c) gerade die Verluste durch Atmung (R_c) ausgleichen. Entspricht etwa der Ein-Prozent-Lichttiefe
D_{cr} = Kritische Tiefe, wo für die in der Wassersäule darüber turbulent durchmischten Phytoplankter eine mittlere Lichtintensität gegeben ist, welche der Kompensations-Lichtintensität I_c entspricht, so daß die Gewinne aus der Primärproduktion in der gesamten Wassersäule (P_W) gerade die Verluste durch Atmung (R_W) ausgleichen
D_m = Mischungstiefe, zum Beispiel Lage der Sprungschicht oder Tiefe des Meeresbodens

bis 10 m pro Stunde. Die treibende Kraft für die Verwirbelung ist die Turbulenz (lateinisch turbo, der Wirbel); sie wird von den Meeresströmungen und von den Wellen an der Meeresoberfläche erzeugt. Turbulenz bedeutet ungerichteten Transport, also in gleichem Maße nach oben wie nach unten und zur Seite hin. Innerhalb der turbulent durchmischten Wasserschicht bleibt eine Algenzelle also nicht in einer bestimmten Wassertiefe, die Lichtverhältnisse ändern sich fortwährend.

Man kann sich die Wirkung der Turbulenz in der Wassersäule wie in einem Zylinder gefüllt mit Meerwasser vorstellen, das ständig umgerührt

Die Lichtzone (euphotische Zone) 9

wird. Von oben wird die Wassersäule beleuchtet. Eine bestimmte Planktonalge befindet sich einmal ganz nahe an der Oberfläche, wo sie vielleicht sogar durch zu hohe Lichtintensität und durch ultraviolette Strahlung gehemmt wird. Anschließend treibt sie in mittlere Tiefen, wo sie gute Lichtbedingungen für die Photosynthese hat. Dann aber wird sie weiter in die Tiefe verwirbelt und gelangt in die Kompensationstiefe und schließlich in noch tiefere Wasserschichten, wo es zu dunkel für die

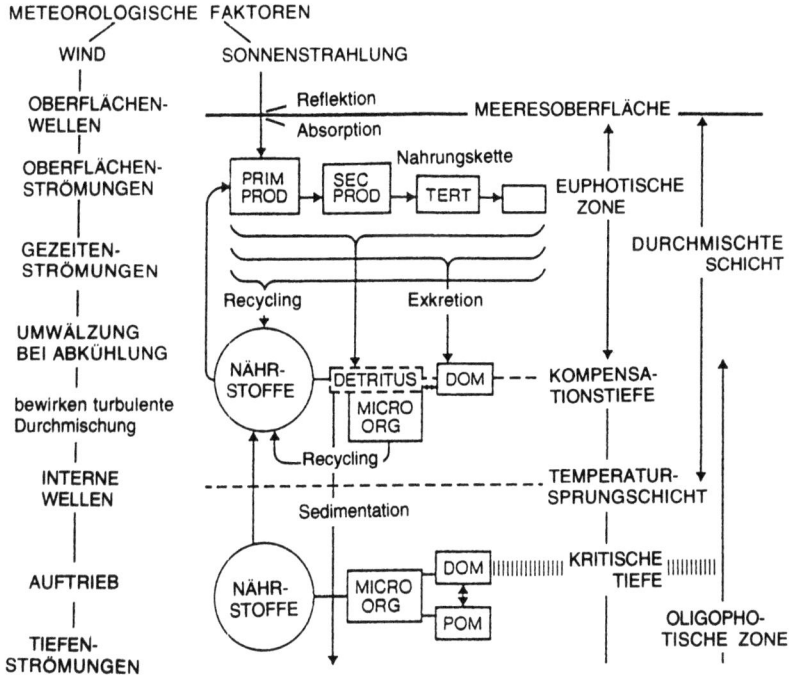

ABB. 1.3. Schema der Komponenten und der Wirkungen in einem pelagischen Ökosystem. Links: ozeanographische Faktoren. Rechts: Eindringtiefe des Lichts und Lage der Temperatur-Sprungschicht. In diesem Beispiel ist die Mischungstiefe (oberhalb der Sprungschicht) geringer als die für das Phytoplankton errechnete Kritische Tiefe. Mitte unten: Nährstoffe im Wasser unterhalb der Sprungschicht und Mikroorganismen, die gelöste (DOM) und partikuläre organische Substanz (POM) zu anorganischen Nährstoffen mineralisieren. Darüber: "Recycling" der in DOM und im Detritus (POM) enthaltenen Nährstoffe durch Mikroorganismen. Oben: Nahrungskette, die von Primärproduzenten (Phytoplankton) zu Sekundärproduzenten (herbivores Zooplankton) und zu Tertiärproduzenten (karnivores Zooplankton, planktonfressende Fische) geht. (Nach Zeitzschel, 1978)

Photosynthese ist. Anschließend wirbelt die Algenzelle vielleicht wieder zurück zur belichteten Meeresoberfläche. Ob diese Algenzelle innerhalb von 24 Stunden genug Photosynthese treiben kann, um die Energieverluste bei der Atmung zu kompensieren, hängt davon ab, wieviel Stunden sie im Hellen, wie lange sie im Dunkel verbringt. Über 24 Stunden und über die gesamte Wassersäule gemittelt muß eine "mittlere Lichtintensität" gegeben sein, die mindestens so hoch wie die Lichtintensität in der Kompensationstiefe ist. Solche Verhältnisse sind nur oberhalb einer "Kritischen Tiefe" gegeben.

Phytoplankter bekommen regelmäßig dann genug Licht zum Wachsen, wenn die Mischungstiefe geringer als die Kritische Tiefe ist (wie in Abb. 1.3). Dann werden die Phytoplankter überwiegend innerhalb der euphotischen Zone verwirbelt. Mit komplizierten Berechnungen kann man feststellen, in welcher Wassertiefe der Überschuß der oberhalb der Kompensationstiefe erzielten Produktion gerade das Defizit kompensiert, welches durch die Atmung der Phytoplankter im Wasser unterhalb der Kompensationstiefe entsteht. In Abb. 1.2 wird ein Beispiel gegeben, wo die Mischungstiefe größer ist als die Kritische Tiefe. Unter diesen Bedingungen kann keine Netto-Primärproduktion erzielt werden.

Unterhalb der euphotischen Lichtzone gibt es im Meer eine oligophotische Dämmerungszone (griechisch oligos, wenig, von anderen Autoren wird sie auch als dysphotische Zone bezeichnet, von griechisch dys-, miß-). Dort reicht das Sonnenlicht zwar nicht mehr für die Photosynthese aus, wohl aber noch zur optischen Orientierung der Tiere. Ab etwa 1000 m Tiefe folgt die aphotische Dunkelzone (griechisch a-, nicht), wo die Dunkelheit nur von den Leuchtblitzen der mit Leuchtorganen ausgestatteten Tiere unterbrochen wird.

1.4 Die sieben Schichten des Meeres

Im vorstehenden Abschnitt wurde die euphotische Oberflächenzone der Meere im Zusammenhang behandelt, ohne Rücksicht darauf, ob sie den Lebensraum des freien Wassers (also das "Pelagial", von griechisch pelagos, das offene Meer) oder den Lebensraum Meeresboden (also das "Benthal", von griechisch benthos, die Tiefe) beeinflußt. In den folgenden Abschnitten werden unabhängig vom Lichtfaktor die sieben Schichten behandelt, welche man in fast allen Meeresregionen wiederfindet:

Der Luftraum über der Meeresoberfläche,
die Grenzschicht Meerwasser—Atmosphäre,
das Pelagial,
die bodennahe Trübungszone,
die oxische Schicht am Meeresboden,
die Chemokline im Sediment,
die anoxische Schicht im Sediment.

1.4.1 Der Luftraum über der Meeresoberfläche

Hier fliegen die Meeresvögel. Hier atmen die Pinguine und die schwimmenden Meeressäuger die Luft der Atmosphäre. Die Gase Sauerstoff, Stickstoff und Kohlendioxid in der Luft stehen im Gleichgewicht mit den entsprechenden Konzentrationen der Gase, die physikalisch im Oberflächenwasser des Meeres gelöst sind und die durch die Grenzfläche Meerwasser-Atmosphäre hindurch ausgetauscht werden. Nitrat, Ammonium, Stickoxide, Schwermetalle und andere Spurenelemente werden innerhalb der Atmosphäre mit den Winden transportiert und gelangen durch Trockendeposition oder mit Regen und Schnee in das Oberflächenwasser der Meere. Seitdem der Mensch Schädlingsbekämpfungsmittel und technische Stoffe (z.B. Chlorierte Biphenyle, PCBs) herstellt, seitdem bei chemischen Prozessen giftige organische Stoffe als Nebenprodukte entstehen (z.B. Dioxine), also seit ungefähr vierzig Jahren, werden leider auch diese halogenierten Kohlenwasserstoffe mit Luftströmungen in die Meere eingebracht.

Verschiedene Stoffe werden aber auch vom Meer an die Atmosphäre über dem Meer abgegeben, vor allem mit der Gischt bei bewegter See, wenn Luftblasen an der Meeresoberfläche platzen. Ein Beispiel: wenn im Golf von Mexiko oder vor Miami die Dinoflagellaten der Art *Gymnodinium breve* eine Massenvermehrung erleben und sich das Meerwasser rot färbt (man spricht dann von einer "red tide"), dann beginnen bei auflandigem Wind die Menschen am Strand zu husten, weil Brevetoxin in die Atemluft gelangte, das Gift, welches diese Giftalgen produzieren.

1.4.2 Die Grenzschicht Meerwasser—Atmosphäre

Alles, was weniger dicht ("leichter") ist als das Meerwasser, treibt an der Meeresoberfläche, zum Beispiel Öl, Teer und Plastikmüll. Naturgegeben wird die Meeresoberfläche von treibenden Tangen, von Segelquallen und sogar von Wasserwanzen (*Halobates*) besiedelt. Diese Lebensgemeinschaft an der Oberfläche des Meeres ist vor allem in warmen Regionen ausgebildet. Was oberhalb des Meeresspiegels segelt, wird als "Pleuston" bezeichnet (griechisch plein, segeln). Die Lebensgemeinschaft unmittelbar an der Meeresoberfläche erhielt die Bezeichnung "Neuston" (griechisch neustos, schwimmend).

1.4.3 Das Pelagial

Alle Lebewesen des freien Wassers brauchen Auftrieb, damit sie nicht absinken. Durch eingelagerte Öltröpfchen können Copepoden (Ruderfußkrebse) ihr spezifisches Gewicht reduzieren. Mit Gasblasen regulieren Staatsquallen (Siphonophoren) ihre Dichte. Krillkrebse (Euphausiaceen) arbeiten mit den Schwimmbewegungen ihrer Beine gegen das Absinken an, Fische durch die Bewegung von Schwanz und Flossen, sofern sie nicht über Schwimmblasen verfügen. Alle Tiere, die sich aktiv schwimmend im Wasser bewegen, werden "Nekton" genannt (griechisch nektos, schwimmend), während das "Plankton" passiv driftet oder sich nur geringfügig durch das Wasser bewegt.

In den tieferen Wasserschichten des Meeres ist die Turbulenz geringer als nahe der wellenbewegten Meeresoberfläche, so daß alle Partikel, der Schwerkraft folgend, im tieferen Wasser schneller nach unten absinken als in den turbulenten Oberflächenschichten. Grundsätzlich findet überall ein vertikaler Partikeltransport in die Tiefe statt. Die Sinkgeschwindigkeit richtet sich überwiegend nach der Partikelgröße. Bakterien, Ton und andere Partikel in der Größenordnung von 1 µm (Mikrometer = Tausendstel Millimeter) sinken aus turbulenten Wassermassen so gut wie garnicht ab. Für Partikel von Phytoplanktongröße (10 µm) ergibt sich rechnerisch eine Sinkgeschwindigkeit von einigen Metern pro Tag. Bei größeren Kotballen der Zooplankter rechnet man mit 100 m pro Tag.

1.4.4 Die bodennahe Trübungszone

Die Wassermassen der Ozeane sind ständig in Bewegung. Selbst über dem Tiefseeboden wurden regelmäßig Strömungsgeschwindigkeiten in der Größenordnung von 1 cm pro Sekunde gemessen. Strömungsgeschwindigkeiten von 10 cm pro Sekunde gibt es häufig in Flachmeeren. Noch stärkere Strömungen gibt es dort, wo Gezeiteneinfluß herrscht. Das strömende Wasser "reibt sich" am Meeresboden. Dadurch kommt es in den Wasserschichten direkt über dem Meeresboden zu erhöhter Turbulenz. Partikel, die zunächst im relativ ruhigen (turbulenzarmen) Wasser des Pelagials in die Tiefe gelangten, werden im Wasser über dem Meeresboden durch die stärkere Turbulenz in der Schwebe gehalten. Bei vielen Messungen, zum Beispiel in 20 m Wassertiefe in der Kieler Bucht und in 3000 m Wassertiefe über dem Tiefseeboden wurde festgestellt, daß das Meerwasser in der bodennahen Schicht trüber ist als weiter oben. Man hat von einer "nepheloiden" Schicht gesprochen (griechisch nephos, die Wolke). In der trüben bodennahen Wasserschicht sind nicht nur die Ton- und Siltpartikel, sondern auch die organischen Partikel höher konzentriert als in den mittleren Wassertiefen darüber. Suspensionsfressende Zooplankter sind deshalb in der bodennahen Trübungszone besonders häufig, und auch Benthos-Tiere nutzen diese Nahrungskonzentrationen aus.

Für ein am Meeresboden lebendes Tier kommt der "Regen" absinkender Partikel nicht von oben, vielmehr treibt er fast horizontal über den Meeresboden. Das wird mit einer einfachen Rechnung klar: Eine vertikale Sinkgeschwindigkeit von 10 m pro Tag (entsprechend 0,1 mm pro Sekunde) ist hundertmal geringer als eine horizontale Bodenstrom-Geschwindigkeit von einigen Zentimetern pro Sekunde, wie sie am Meeresboden die Regel ist.

Die Wassermassen über dem Meeresboden strömen nicht gleichmäßig. Angeregt durch geophysikalische und ozeanographische Prozesse kommt es manchmal auch in der Tiefsee zu "benthischen Stürmen" mit Strömungen von 20 bis 50 cm pro Sekunde. Dadurch werden die obersten Sedimentschichten des Tiefseebodens erodiert und gelangen in Suspension. Suspendierte Sedimentpartikel werden anschließend selbst bei geringeren Strömungsgeschwindigkeiten in der Schwebe gehalten und können mit den Bodenströmungen weit transportiert werden. Schließlich sedimentieren sie bei nachlassender Turbulenz des Wassers erneut an anderen Stellen der Tiefsee.

Dieses Wechselspiel von Sedimentation und Resuspension führt überall dort, wo der Meeresboden nicht ganz eben ist, zu einem Hangabwärtstransport von feinkörnigem Material und von organischen Partikeln. Die tiefen Bereiche des Benthals werden nicht nur vom "Regen" der vertikal absinkenden Partikel, sondern auch durch die von der Seite kommende Hangabwärts-Zufuhr von Partikeln aus flacheren Bezirken mit Nahrung versorgt (Abb. 7.1).

1.4.5 Die oxische Schicht am Meeresboden

Organismen, die bei ihrem Stoffwechsel auf Sauerstoff angewiesen sind, bezeichnet man als "Aerobier" (griechisch aer, die Luft, auszusprechen a-er). Bis in welche Sedimenttiefe das Porenwasser noch Sauerstoff enthält, also "oxisch" ist, hängt von den örtlichen Gegebenheiten ab. In der Regel ist schon wenige Millimeter oder Zentimeter unter der Sedimentoberfläche kein freier Sauerstoff mehr vorhanden. Dann herrscht also schon dicht unter der Sedimentoberfläche Sauerstoffmangel. Tiefer im Meeresboden lebende Tiere pumpen sauerstoffreiches Wasser von der Meeresoberfläche durch die Gänge, in denen sie leben.

Sauerstoffmangel im Sediment entsteht (wie jeder Mangel), wenn die Nachlieferung nicht mit dem Verbrauch Schritt hält. Sauerstoff wird von allen aeroben Organismen, also sowohl von den Tieren als auch von den heterotrophen Bakterien (griechisch heteros, fremd, trophé, die Ernährung) verbraucht, wenn sie ihre Nahrung, organische Substanz, "veratmen". Immer dann, wenn durch Absinken aus dem Pelagial oder durch den Hangabwärtstransport viel organisches Material auf die Oberfläche des Sedimentes gelangt und wenn dieses Material anschließend durch die wühlende Tätigkeit der Bodentiere in die obersten Sedimentschichten eingearbeitet wird, immer dann wird beim "Veratmen" dieser Nahrung viel Sauerstoff verbraucht. Für den Sauerstofftransport aus dem überstehenden Wasser in das Porenwasser spielen Diffusionsvorgänge eine große Rolle, aber Diffusion ist ein langsamer Prozeß. Der Sauerstoffeintrag in das Sediment wird durch die Turbulenz des über den Meeresboden strömenden Wassers und durch die Wühltätigkeit der im Sediment lebenden Tiere verstärkt. Die Leistungsfähigkeit dieser beiden Prozesse ist jedoch begrenzt, deshalb kommt es bei hohem Sauerstoffverbrauch regelmäßig zum Sauerstoffmangel im Porenwasser.

1.4.6 Die Chemokline im Sediment

In allen Sedimenten gibt es eine "suboxische" Grenzschicht (lateinisch sub, unter), die zwischen der oxischen oberflächlichen Sedimentschicht und der tiefer liegenden Sedimentschicht liegt, in der anoxische Verhältnisse (griechisch an-, un-) herrschen, wo also kein Sauerstoff verfügbar ist. An der Grenze zwischen oxischen und anoxischen Verhältnissen, oder in einem Bereich, wo oxische und anoxische Verhältnisse häufig abwechseln, können solche Bakterien leben, die beides brauchen: einerseits brauchen sie energiereiche anorganische Verbindungen, die in der anoxischen Tiefenschicht produziert werden (Wasserstoff, Schwefelwasserstoff, Ammoniak und Methan). Andererseits brauchen diese Bakterien aber auch Sauerstoff, um die anorganischen Verbindungen zu oxidieren. Diese als "chemoautotroph" bezeichneten Bakterien decken ihren Energiebedarf aus anorganischen Verbindungen. Den zum Aufbau der organischen Substanz notwendigen Kohlenstoff gewinnen sie wie die grünen Pflanzen aus Kohlendioxid.

Weil in der suboxischen Sedimentschicht eine sprunghafte Veränderung der chemischen Verhältnisse erfolgt, redet man von einer chemischen Sprungschicht (Chemokline). Der Grad der Oxidation oder der Reduktion im Porenwasser des Sedimentes wird als Redoxpotential (Eh) bezeichnet und mit einer Platinelektrode gemessen. Im oxischen Bereich werden Eh-Werte bis 600 mV (Millivolt) erreicht, in anoxischen Sedimentschichten gehen die Eh-Werte bis -300 mV herunter. Dazwischen liegt die suboxische Schicht, wo es normalerweise weder freien Sauerstoff noch freien Schwefelwasserstoff gibt (Abb. 1.4).

Viele Tiere können anoxische Verhältnisse für begrenzte Zeit überleben, indem sie ihren Stoffwechsel auf "Anaerobiose" umstellen. Manche Tiere können dabei auch aktiv bleiben, die meisten allerdings überleben

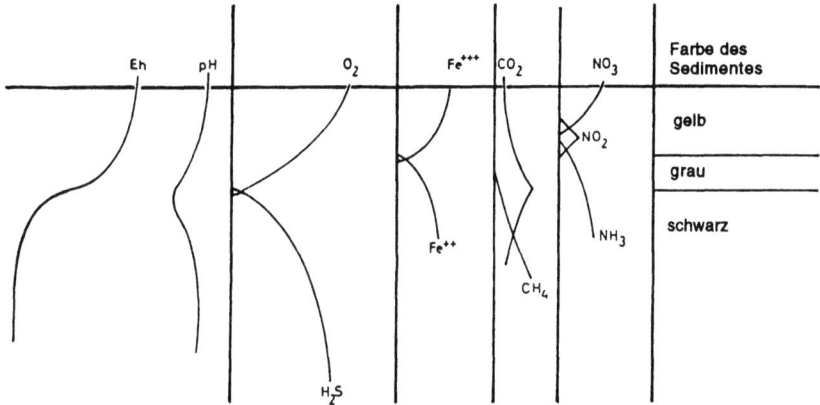

ABB. 1.4. Schema der vertikalen Verteilung chemischer Eigenschaften in einem Sediment, welches an der Oberfläche gelblich, darunter grau und in der Tiefe schwarz aussieht. Jeweils links liegen die niedrigen, rechts die hohen Werte bzw. Konzentrationen. Eh = Redoxpotential; pH = Wasserstoffionen-Konzentration; O_2 = Sauerstoff-Konzentration; H_2S = Schwefelwasserstoff-Konzentration; Fe^{+++} und Fe^{++} = dreiwertiges und zweiwertiges Eisen; CO_2 = Kohlendioxid-Konzentration; CH_4 = Methan-Konzentration; NO_3, NO_2 und NH_3 = Konzentrationen von Nitrat, Nitrit und Ammoniak. (Nach Fenchel, 1969)

Sauerstoffmangel inaktiv. Viele Bakterien können je nach den Sauerstoffbedingungen entweder aerob oder auch anaerob ihren Stoffwechsel betreiben. Unter anoxischen Verhältnissen können sie organische Substanzen "veratmen", indem sie Nitrat anstelle von Sauerstoff reduzieren. Dabei entstehen als Endprodukte Ammonium (NH_4, bei den "Nitrat-Ammonifizierern") oder elementarer Stickstoff (N_2) und Lachgas (N_2O) bei den "Denitrifizierern".

1.4.7 Die anoxische Schicht im Sediment

Meerwasser enthält sehr viel Sulfat (0,9 g Schwefel pro Liter). Von besonderer Bedeutung sind deshalb in den marinen Lebensräumen die "Sulfatatmer" unter den Bakterien, die das Sulfat unter anoxischen Bedingungen zu Schwefelwasserstoff reduzieren.

Bei den Sulfatatmern (und den Nitratatmern, genauer: Sulfatreduzierer und Nitratreduzierer) stammt die für die Reduzierung von Nitrat oder Sulfat erforderliche Energie aus organischer Substanz, die in der euphotischen Zone gebildet wurde, dann durch Absinken auf den Meeresboden gelangte, aber von den dort lebenden Tieren und Bakterien nicht aerob veratmet wurde. Im Laufe der Zeit gelangte die nicht abgebaute organische Substanz in immer tiefere, sauerstoffärmere Schichten des Sediments, weil sich neue Sedimentschichten darüberlagerten.

Es gibt in diesen tiefen Sedimenten auch fermentierende Bakterien, die mit Hilfe von anaeroben Gärungsprozessen organische Verbindungen spalten und dabei neben anderen Verbindungen auch Methan produzieren. Auch die in tieferen Sedimentschichten lebenden Archaebakterien produzieren Methan. Noch 36 m tief unter dem Meeresboden wurden lebende Bakterien angetroffen. In der anoxischen Tiefenschicht der Sedimente herrschen ähnliche Lebensbedingungen wie in der Frühzeit des Planeten Erde, als es noch keinen Sauerstoff in der Atmosphäre gab.

1.5 Bioturbation

Im Meeresboden leben Tiere in selbstgegrabenen Gängen. Sie zerstören durch ihre Bautätigkeit die Schichtung im Sediment. In die Gänge pumpen sie sauerstoffreiches Wasser von der Sedimentoberfläche. An den Gangwandungen entstehen dadurch oxische und suboxische Sedimentschichten. Maulwurfskrebse (*Callianassa*) graben ihre Gänge 50 cm und tiefer in den Meeresboden und schaffen dabei viel Sediment an die Oberfläche,

Sediment, welches möglicherweise schon vor Tausenden von Jahren abgelagert wurde. Bis in diese Tiefen reicht also die Biosphäre. Erst noch tiefer beginnt die dauerhafte Deponie von organischen Verbindungen, aus denen in der Zukunft vielleicht einmal "fossile" Brennstoffe werden.

1.6 Sauerstoffmangel im Meerwasser

Wenn von den Organismen am Meeresboden viel Sauerstoff verbraucht wird, aber die Nachlieferung von Sauerstoff aus dem überstehenden Wasser mit dem Verbrauch nicht Schritt hält, dann verlagert sich die Chemokline zunächst innerhalb des Sediments nach oben und erreicht schließlich die Sedimentoberfläche. Sauerstoffmangel kann sich dann auch im Wasser über dem Sediment ausbreiten. Mit anderen Worten, dann erhebt sich die Chemokline in das Meerwasser über dem Meeresboden. Das passierte zum Beispiel im Spätsommer 1981 in allen tiefer als 20 m liegenden Gebieten in der Kieler Bucht und in der Mecklenburger Bucht. Zu Recht beunruhigen seitdem abnehmende Sauerstoff-Konzentrationen im Tiefenwasser von Kattegat, Beltsee und Westlicher Ostsee die Umweltschützer. Gelegentlich wurde sogar in der Deutschen Bucht Sauerstoffmangel über dem Meeresboden beobachtet.

Wissenschaftler befürchten, daß die zunehmende Düngung mit Phosphor und Stickstoff aus den Haushalts- und Fäkalabwässern, aus der Landwirtschaft und durch den Stickstoffeintrag aus der Luft die pflanzliche Produktion in Küstengewässern stimuliert hat. Dadurch wird jetzt mehr organisches Material als früher gebildet. So gelangt auch mehr organisches Material auf den Meeresboden, wo beim mikrobiellen Abbau mehr Sauerstoff als früher verbraucht wird. Viele Indizien sprechen dafür, daß die Küstenmeere jetzt produktiver als vor 50 Jahren sind, weil sie seitdem "eutrophiert" wurden (griechisch eu-, gut; trophé, die Ernährung).

Sauerstoff wird aus der Atmosphäre in das Meerwasser eingetragen. Außerdem wird Sauerstoff in der euphotischen Zone des Meeres durch die Photosynthese der Meerespflanzen produziert, vor allem vom Phytoplankton. Wenn das Meerwasser ungeschichtet ist, dann sorgt die Turbulenz für eine Durchmischung bis hinab zum Meeresboden. Dadurch wird auch Sauerstoff bis an den Meeresboden transportiert. Oft ist aber das Meerwasser im Sommer geschichtet. Dann wird der kältere Tiefenwasserkörper durch eine Temperatur-Sprungschicht (Thermokline) von der wärmeren Oberflächenschicht getrennt. Dauert eine solche Schichtung über viele Monate an, dann hält die Nachlieferung von Sauerstoff durch

Diffusion aus der Oberflächenschicht nicht mit dem Verbrauch im Tiefenwasser Schritt. Die Thermokline wirkt wie ein Deckel. Am Meeresboden entsteht Sauerstoffmangel, wenn der gesamte Sauerstoff-Vorrat im Wasser über dem Meeresboden aufgebraucht ist.

Noch komplizierter sind die Verhältnisse in den tiefen Becken der Ostsee (s. Kapitel 9). In der Ostsee ist das Tiefenwasser fast doppelt so salzig wie das Oberflächenwasser. Die Salzgehalts-Schichtung bleibt auch im Winter bestehen und wird selbst durch Stürme nicht aufgehoben. In das Tiefenwasser wird nur dann Sauerstoff nachgeliefert, wenn bei besonderen Wetterbedingungen salzreiches (und sauerstoffreiches) Wasser aus dem Kattegat durch die engen und flachen Meeresstraßen der dänischen Gewässer strömt und später (wegen seiner hohen Dichte der Schwerkraft folgend) in die tiefen Becken der Ostsee abfließt. Dort wird

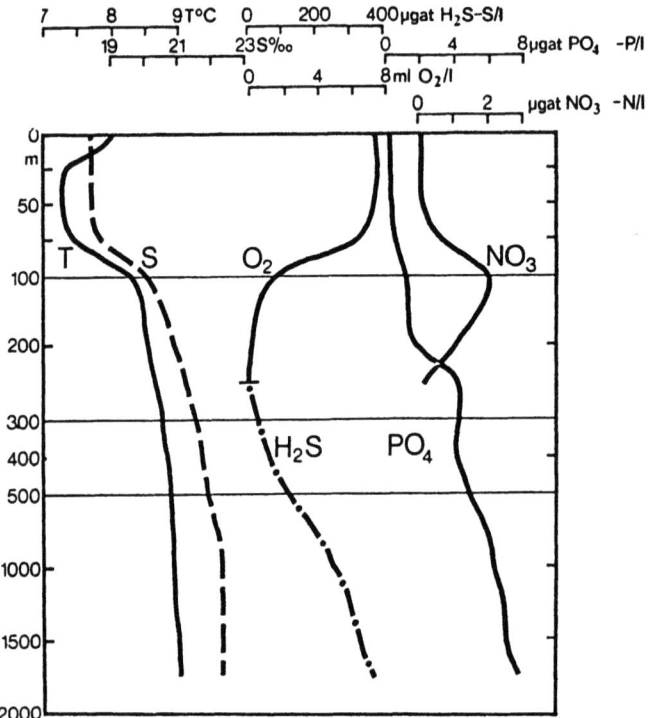

ABB. 1.5. Tiefenprofile von Temperatur (T), Salzgehalt (S), Sauerstoff-Konzentration (O_2), Schwefelwasserstoff-Konzentration (H_2S) und Konzentrationen von gelöstem Phosphat (PO_4) und Nitrat (NO_3) im April 1969 im Schwarzen Meer (µgat = µmol; Tiefenskala nicht linear). (Aus Grasshoff, 1974, mit Genehmigung durch Academic Press, London)

dann das sauerstofflose Bodenwasser verdrängt. Entscheidend für die Sauerstoff-Versorgung des Tiefenwassers der Ostsee sind die Wetterverhältnisse zwischen Nordsee und Ostsee.

Das Schwarze Meer steht nur durch die enge Meeresstraße des Bosporus mit dem Mittelmeer in Verbindung. Der Import von sauerstoffreichem Salzwasser aus dem Mittelmeer ist so gering, daß davon die Verhältnisse im Tiefenwasser des Schwarzen Meeres unterhalb von 120 m Wassertiefe kaum betroffen werden: dort gibt es seit Jahrtausenden keinen Sauerstoff, dafür findet man hohe Konzentrationen des giftigen Schwefelwasserstoffs (Abb. 1.5).

2 Die nährstoffarme Hochsee der warmen Meere

2.1 Der Begriff Hochsee

Für den Juristen beginnt die Hohe See drei oder heute meistens zwölf Seemeilen vom Land entfernt (1 Seemeile = 1,852 km), dort, wo die Hoheitsgewalt der Küstenstaaten endet. Der Wissenschaftler dagegen bezeichnet als Hochsee das Meer außerhalb der Schelfgebiete, wo die Wassertiefe mehr als 200 m beträgt. 93% der Weltmeere gehören zur Hochsee (Tab. 5.1), davon entfallen 8% auf die Nebenmeere. Jeweils zur Hälfte liegt die Hochsee in den kalten und kaltgemäßigten Klimaregionen und in den tropischen und warmgemäßigten Klimaregionen.

2.2 Das Nährstoffproblem der "Wüsten des Meeres"

In den warmen Meeren erscheint uns das Wasser blau. Vom Satelliten aus gesehen wirkt die Erde als blauer Planet. Blau bezeichnet man als die "Wüstenfarbe des Meerwassers", weil sie charakteristisch ist für sehr klares Wasser mit wenig Planktonorganismen und wenig anderen Partikeln, die das Licht absorbieren oder streuen könnten.

Wegen der starken Sonneneinstrahlung gibt es in den tropischen und in den warmgemäßigten Meeren das ganze Jahr über eine Schicht, wo das Wasser wärmer als 10 °C ist. Diese Oberflächenschicht nennt man Warmwassersphäre. Sie liegt wie ein Deckel auf dem kälteren und dadurch dichteren Tiefenwasser. Beide Wasserkörper werden durch eine "permanente Sprungschicht" oder "Hauptsprungschicht" getrennt. In den Tropen, wo es keine wesentlichen jahreszeitlichen Temperaturunterschiede gibt, liegt diese Hauptsprungschicht stellenweise nur 20 bis 50 m unter der Meeresoberfläche. Nach Norden und nach Süden vertieft sich die Warmwassersphäre. In den warmgemäßigten Regionen liegt sie bis 500 m tief.

In der vom Sonnenlicht beeinflußten euphotischen Oberflächenzone wachsen immer aufs neue Planktonalgen heran und werden vom Zooplankton gefressen. Aber wie alle Partikel, deren Dichte größer ist als die Dichte des Meerwassers, sinken die Kotpillen des Zooplanktons und sinken absterbende Planktonorganismen ab. Die absinkenden Partikel fallen durch die Sprungschicht in das Tiefenwasser. Die in den Partikeln enthaltenen Stoffe gehen der Oberflächenschicht verloren. Deswegen ist die Oberflächenschicht der warmen Meere so arm an Partikeln, deswegen ist die Wasserfarbe Blau.

In der Körpermasse der absinkenden Planktonorganismen und in den Kotpillen der Zooplankter sind (neben anderen Elementen) Phosphor und Stickstoff enthalten. Durch das Absinken gehen diese Pflanzennährstoffe in den warmen Meeren ständig der Oberflächenschicht verloren. Das Tiefenwasser unter der Sprungschicht ist dagegen reich an gelösten Pflanzennährstoffen, weil dort die Remineralisierung abgesunkener organischer Partikel stattfindet. Ein Transport von Tiefenwasser von unten nach oben bis in die Oberflächenschicht findet jedoch in den warmen Meeren nur gelegentlich statt, denn die Temperatur-Sprungschicht trennt wirkungsvoll die beiden Wassermassen und verhindert den Austausch durch Diffusion.

In den warmgemäßigten Roßbreitenregionen der Weltozeane (bei 30 Grad Nord und bei 30 Grad Süd) ist es oft windstill. Polwärts von diesen Flautenzonen strömen die Wassermassen sowohl auf der Nordhalbkugel als auch auf der Südhalbkugel mit der Westwindtrift nach Osten. Äquatorwärts von den Flautenzonen strömen in den Passatwindregionen die Wassermassen als Nordäquatorialströme und Südäquatorialströme nach Westen. Das warme Oberflächenwasser kreist also in den warmgemäßigten Ozeanen der Nordhalbkugel im Uhrzeigersinn, in den warmgemäßigten Ozeanen der Südhalbkugel entgegen dem Uhrzeigersinn (Abb. 2.1). Bei Wirbeln mit diesem Drehsinn verursacht die ablenkende Kraft der Erdumdrehung (Corioliskraft) kein Aufquellen von Tiefenwasser. Deshalb sind die Wassermassen der großen (subtropischen) Wasserkreisel (englisch gyre) extrem nährstoffarm.

Stürme können jedoch dafür sorgen, daß sich auch in den warmen Meeren nährstoffreiches Tiefenwasser mit dem Oberflächenwasser vermischt, denn durch die Wellenwirkung kann vorübergehend die Sprungschicht zerstört werden. Stürme verursachen auch starke lokale Meeresströmungen. Dank der ablenkenden Kraft der Erdumdrehung (Corioliskraft) kommt es zu einer Schrägstellung der Grenzflächen zwischen den strömenden und den umgebenden ruhenden Wassermassen. Es bilden sich Fronten aus, an denen Wasser entweder absinkt (Konvergenz, von la-

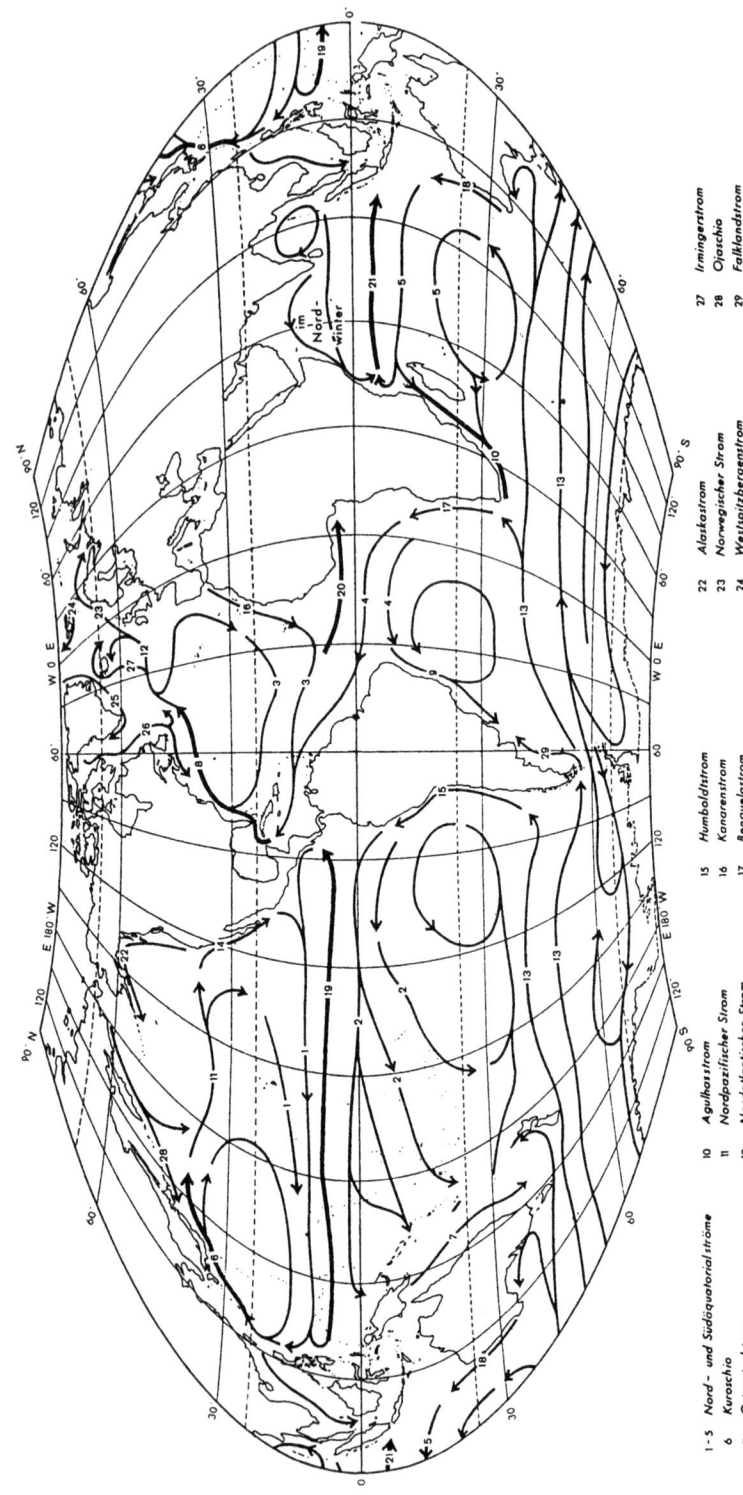

1–5	Nord- und Südäquatorialströme	10	Agulhasstrom
6	Kuroschio	11	Nordpazifischer Strom
7	Ostaustralstrom	12	Nordatlantischer Strom
8	Golfstrom	13	Westwinddrift
9	Brasilstrom	14	Kalifornischer Strom
15	Humboldtstrom	22	Alaskastrom
16	Kanarenstrom	23	Norwegischer Strom
17	Benguelastrom	24	Westspitzbergenstrom
18	Westaustralstrom	25	Ostgrönlandstrom
19–21	Äquatorialströme	26	Labradorstrom
27	Irmingerstrom		
28	Ojaschio		
29	Falklandstrom		
➔	besonders schmale, starke Strömungen		

ABB. 2.1. Oberflächenströmungen im Weltmeer. (Aus Dietrich und Ulrich, 1968, mit Genehmigung durch Bibliographisches Institut und F. A. Brockhaus, Mannheim)

teinisch convergere, sich hinneigen) oder aufsteigt (Divergenz, von lateinisch divergere, auseinanderstreben). In Divergenz-Gebieten werden mit dem Tiefenwasser auch Nährstoffe nach oben transportiert. Tiefenwasser gelangt aber auch dann an die Oberfläche, wenn an den Rändern von Meeresströmungen solche Wasserwirbel entstehen, die sich wie bei einem Tiefdruckgebiet drehen, auf der Nordhalbkugel entgegen dem Uhrzeigersinn, auf der Südhalbkugel im Uhrzeigersinn. Im Zentrum solcher Wirbel entsteht eine Aufwölbung von dichterem Tiefenwasser, und auf diese Weise werden Nährstoffe nach oben transportiert.

Der durch alle diese Prozesse bewirkte Vertikaltransport von unten nach oben ist nicht sehr intensiv, denn unmittelbar am Äquator ist die Corioliskraft Null, und beiderseits vom Äquator ist sie schwach. Deshalb ist die Konzentration der Pflanzennährstoffe Stickstoff und Phosphor im Oberflächenwasser der warmen Meere oft so niedrig, daß man sie mit den üblichen Methoden garnicht analysieren kann. Die Wissenschaftler reden von der "oligotrophen" Hochsee (griechisch oligos, wenig; trophé, die Ernährung), also von der schlecht mit Nährstoffen versorgten, der nährstoffarmen Hochsee in den warmen Klimaregionen.

Allerdings wirken sich schon in den warmgemäßigten Meeren die Unterschiede zwischen Sommer und Winter aus. In der Sargassosee bei 22 Grad Nord reicht in den meisten Monaten des Jahres die warme Oberflächenschicht 100 bis 150 m tief und ist extrem nährstoffarm. Im Dezember und Januar bewirken jedoch Abkühlung und Stürme, daß die Sprungschicht unterhalb dieser warmen Oberflächenschicht zerstört wird. Dann vermischen sich kurzfristig auch tiefere Wassermassen mit dem Oberflächenwasser. Kurzfristig gelangen so Pflanzennährstoffe aus 150 bis 500 m Tiefe in die euphotische Zone und lösen dort eine Phytoplanktonblüte aus.

2.3 Die Primärproduktion in der nährstoffarmen Hochsee

Die von dem dänischen Wissenschaftler Einar Steeman Nielsen entwickelte "C-14-Methode" zur Bestimmung der Primärproduktion des Phytoplanktons wurde im großen Maßstab zuerst bei der Galathea-Expedition 1950/52 eingesetzt. Wasserproben werden mit ihrem natürlichen Inhalt an Phytoplankton und anderen Kleinorganismen in eine Flasche gefüllt. Es wird dann Bikarbonat zugesetzt, bei dem das Kohlenstoffatom durch radioaktiven Kohlenstoff mit dem Atomgewicht 14 (C-14) ersetzt wurde.

Die Flaschen werden dann in einem "Inkubator" genannten Apparat beleuchtet. Man kann die Flaschen auch in die verschiedenen Wassertiefen versenken, aus denen die Proben stammen, und benutzt dann die Sonne als Lichtquelle. Die in den Flaschen eingeschlossenen Phytoplankter bilden mit Licht als Energiequelle organische Substanzen aus dem Bikarbonat-Kohlenstoff. Nach 6 bis 12 Stunden wird die Probe filtriert. Organische Partikel sammeln sich auf dem Filter, und man bestimmt, wieviel Radioaktivität sich darin wiederfindet. Man kann dann errechnen, welche Menge Kohlendioxid (CO_2) innerhalb von 24 Stunden von den Planktonalgen aus dem Meerwasser aufgenommen und in Zellmasse inkorporiert wurde.

Bei dieser Standardmethode der Planktonkunde gibt es zahlreiche Fehlerquellen. Man unterstellt, daß sich die Planktonalgen in den Flaschen genau so wohl fühlen wie im freien Meerwasser und daß sie die gleichen Leistungen erbringen. Man unterstellt, daß die Algen auf dem Filter als Partikel erhalten bleiben und nicht platzen, wodurch sich radioaktiv markierte gelöste organische Substanzen der Analyse entziehen würden. Aber auch unverletzte Planktonalgen geben regelmäßig einen Teil der gebildeten organischen Substanzen in gelöster Form an das Meerwasser ab, und auch diese gelöste organische Substanz wird nicht erfaßt. Algen atmen, mineralisieren also in derselben Zeit organische Substanzen zu Kohlendioxid, während sie durch Photosynthese neue organische Substanz aus Kohlendioxid produzieren. Man kann deshalb nur die Netto-Produktion bestimmen. Der gravierendste Einwand gegen die "C-14-Methode" kommt aber neuerdings aus der Erkenntnis, daß sich nicht nur die klassischen Phytoplankter aus dem Größenbereich des Nanoplanktons (2 bis 20 µm Durchmesser, griechisch nanos, der Zwerg) an der Photosynthese beteiligen, sondern auch die noch kleineren Picoplankter (von italienisch piccolo, klein), die nur 1 bis 2 µm groß sind. Die Zellen dieser winzigen Phytoplankter teilen sich alle paar Stunden und werden möglicherweise noch in den Inkubationsflaschen von einzelligen Zooplanktern gefressen, bevor überhaupt die Analyse zur Bestimmung der Primärproduktion erfolgen kann.

Cyanobakterien ("Blaualgen") der Gattung *Trichodesmium* sind in den vergangenen Jahren als wichtige Komponenten des pflanzlichen Picoplanktons erkannt worden. *Trichodesmium* hat die Fähigkeit, Luftstickstoff zu binden und in die Körpersubstanz einzubauen. Solche Cyanobakterien können also auch dann wachsen, wenn kein Nitrat im Meerwasser vorhanden ist. Lange hat man übersehen, daß *Trichodesmium* auch als pflanzlicher Großplankter eine Rolle spielt. Die winzigen Zellen lagern sich zu Kolonien von 0,5 bis 3 mm Größe zusammen. Da nur eine oder wenige dieser großen Kolonien pro Liter vorkommen, werden sie nur zufällig mit den üblichen Methoden der Planktologen erfaßt.

Andere Arten des Picoplanktons leben im Bereich der Sprungschicht, oft in 100 bis 150 m Wassertiefe. Dort ist es allerdings ziemlich dunkel. Aber diese Picoplankter sind "schattenliebend" und kommen mit extrem geringen Lichtmengen von weit weniger als ein Prozent der Bestrahlungsstärke an der Meeresoberfläche aus. Sie sind oft so zahlreich, daß man von einem "tiefen Chlorophyll-Maximum" redet (Abb. 2.2). Vermutlich ist nicht selten die Primärproduktion in dieser Tiefenschicht höher als die gesamte Primärproduktion in der durchmischten Oberflächenschicht darüber, denn in der Sprungschicht finden diese Picoplankter höhere Nährstoffkonzentrationen als im nährstoffarmen Oberflächenwasser. Chlorophyll wird als Maß für die Phytoplankton-Biomasse gewertet.

Viele Bakterien leben von den gelösten organischen Substanzen, die von Algen bei der Photosynthese gebildet und dann unmittelbar an das Meerwasser abgegeben werden. Die Bakterien werden anschließend von Nanoflagellaten gefressen, die selbst nur 2 bis 20 µm groß sind. Die Planktonkundler bezeichnen eine solche kurze Nahrungskette als "Mikrobielle Schleife" (englisch microbial loop) mit sehr schnellen Umsätzen bei

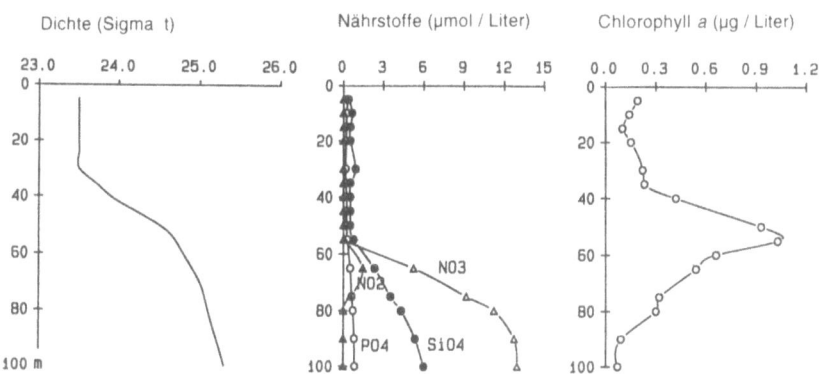

ABB. 2.2. Vertikalprofile, gemessen im Mai 1987 an einer Station im nördlichen Indischen Ozean (18 Grad Nord; 65 Grad Ost). Das Dichte-Profil zeigt eine durchmischte Schicht mit einer Mischungstiefe von 30 m. Darunter liegt zwischen 30 und 70 m Wassertiefe eine Temperatur-Sprungschicht mit starken Dichtegradienten. Pflanzennährstoffe sind im Wasser flacher als 55 m kaum vorhanden, darunter nehmen die Konzentrationen von Nitrat (NO_3), Nitrit (NO_2), Phosphat (PO_4) und Silikat (SiO_4) schnell zu. Die Ein-Prozent-Lichttiefe liegt bei 55 bis 60 m Wassertiefe (nicht dargestellt). Die Phytoplanktonmenge wird durch die Chlorophyll-Konzentrationen wiedergegeben. Im Oberflächenwasser sind die Chlorophyll-Konzentrationen gering. Das "tiefe Chlorophyll-Maximum" liegt in 55 m Wassertiefe. (Nach Pollehne et al., 1993)

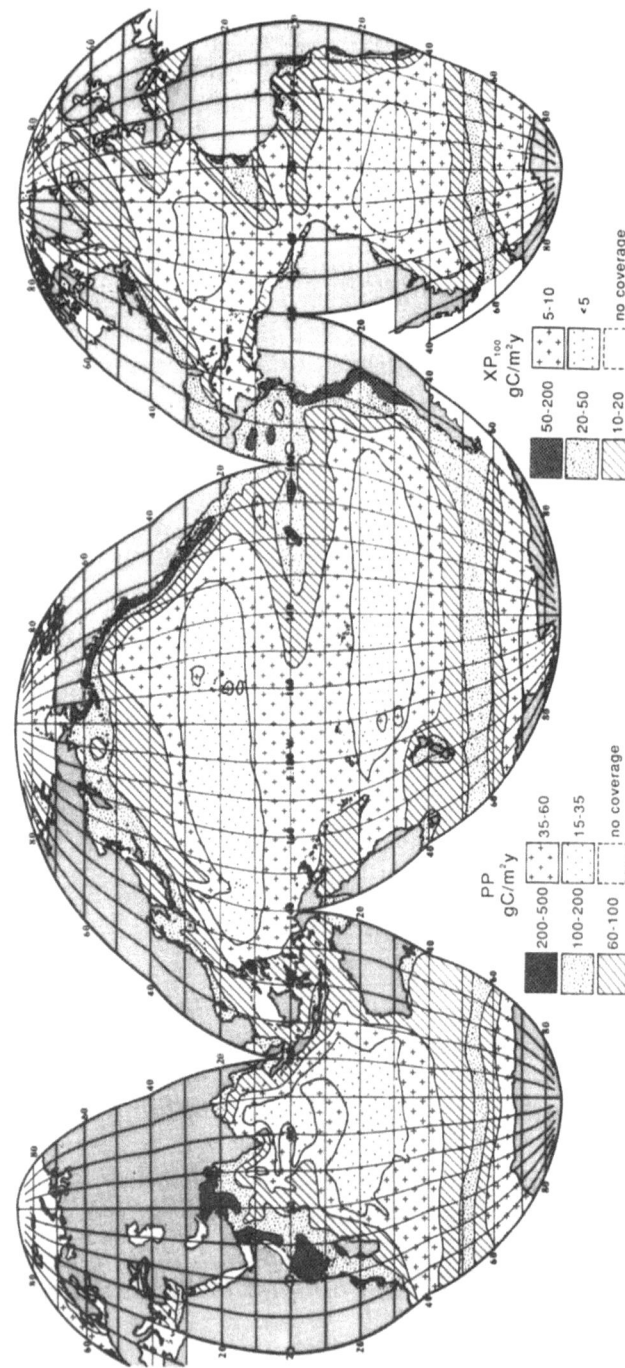

ABB. 2.3. "C-14-Primärproduktion" des Phytoplanktons (PP, g Kohlenstoff pro Quadratmeter und Jahr) und "Exportproduktion" (XP100, organische Partikel, die aus 100 m Wassertiefe absinken) in den verschiedenen Regionen der Weltmeere. (Aus Berger und Wefer, 1992)

Die Primärproduktion

TABELLE 2.1. Die Menge der durch das Phytoplankton erzielten "C-14-Primärproduktion" (in Milliarden Tonnen Kohlenstoff pro Jahr) in den wichtigsten Meeresgebieten, aufgeteilt auf sechs Produktionsklassen zwischen 15 und 500 g Kohlenstoff pro Quadratmeter und Jahr. Die Gesamt-Primärproduktion der Weltozeane liegt bei 26,9 Milliarden Tonnen Kohlenstoff pro Jahr. Bei dieser älteren Zusammenstellung wurde die Primärproduktion der polaren Meeresgebiete überschätzt, die der Küstengebiete unterschätzt. (Nach Berger et al., 1987)

Regionen Produktionsklasse (g C/m² und Jahr)	warme Meere 15–35	35 60	kalte Meere äquatorialer Auftrieb 60–100	100–200	Küstenauftrieb Küstengebiete 200–500	Summe
Flächenanteil vom Weltmeer	19,0%	34,6%	31,4%	14,9%	0,2%	100%
Offener Ozean						
Pazifik	0,9	2,4	2,5	1,1	0,1	7,0
Atlantik	0,2	1,7	1,3	0,2	–	3,4
Indischer Ozean	0,3	1,0	1,0	0,3	0,2	2,8
Nordpolarmeer	0,3	0,1	–	–	–	0,4
Südpolarmeer	–	0,1	1,6	3,4	–	5,2
Nebenmeere	–	–	0,3	0,2	–	0,5
Küstenzonen						
Pazifik	–	0,1	0,8	1,9	1,3	4,1
Atlantik	–	0,1	0,5	1,6	0,5	1,7
Indischer Ozean	–	–	0,4	0,5	1,0	1,9
Milliarden t C/Jahr	1,7	5,6	8,3	8,1	3,1	26,9

der Aufnahme von organischen Substanzen und bei der Mineralisierung der Pflanzennährstoffe. Dabei treten kaum Verluste durch absinkende Partikel auf, denn die beteiligten Organismen sind extrem klein und sinken im Wasser kaum ab. So erfolgt das "Recycling" der Nährstoffe weitgehend in der euphotischen Oberflächenzone.

Die vorstehenden Beispiele werden hier gebracht, um zu zeigen, warum es mit zunehmenden Erkenntnissen immer schwieriger wird, stichhaltige Angaben über die Höhe der Primärproduktion im Wasser der Weltmeere zu machen. Trotzdem behalten die klassischen Daten, die mit der "C-14-Methode" gewonnen wurden, ihre Bedeutung. Mit ihnen kann man verschiedene Regionen der Weltmeere miteinander vergleichen, und man kann abschätzen, wie hoch die Weltproduktion an partikulärer organischer Substanz durch das Nanophytoplankton ist. Eine flächengetreue Darstellung der bisher vorliegenden Daten wurde kürzlich von Wolfgang H. Berger und Gerold Wefer gegeben (Abb. 2.3; Tab 2.1). In der nährstoffarmen Hochsee der warmen Meere beträgt die "C-14-Primärproduktion" der Planktonalgen nach den bisherigen Vorstellungen weniger als 60 g Kohlenstoff pro Quadratmeter und Jahr. In den Zentren der großen Warmwasserkreisel, wo die Nährstoffkonzentrationen am geringsten sind, beträgt die Primärproduktion weniger als 35 g Kohlenstoff pro Quadratmeter und Jahr. Das ist dieselbe Größenordnung, wie sie auf dem Land für Wüsten ermittelt wurde. Es ist also berechtigt, von den Wüsten im Meer zu reden. Allerdings ist dieser Vergleich nicht sehr genau, weil Primärproduktion im Meer und Primärproduktion an Land mit verschiedenen Methoden gemessen und verschieden interpretiert wird. Aber beiden Lebensräumen ist gemeinsam, daß trotz intensiver Sonnenstrahlung keine hohe Pflanzenproduktion erfolgen kann, weil wichtige Stoffe knapp sind: in der Wüste fehlt das Wasser, in den warmen Meeren fehlen Stickstoff, Phosphor, Silicium, Eisen und andere Spurenelemente.

2.4 Die Sekundärproduktion und der Fischereiertrag in der nährstoffarmen Hochsee

Als Sekundärproduktion bezeichnet man die Fleischproduktion der Herbivoren (lateinisch herba, die Pflanze; vorare verschlingen), also der Tiere, die sich im Meer von den Planktonalgen ernähren. Da die Primärproduktion in der nährstoffarmen Hochsee der warmen Meere gering ist, kann dort auch die Sekundärproduktion nicht hoch sein. In den warmen Meeren ist allenfalls die Fischerei auf Thunfische und ihre Verwandten

Die Sekundärproduktion

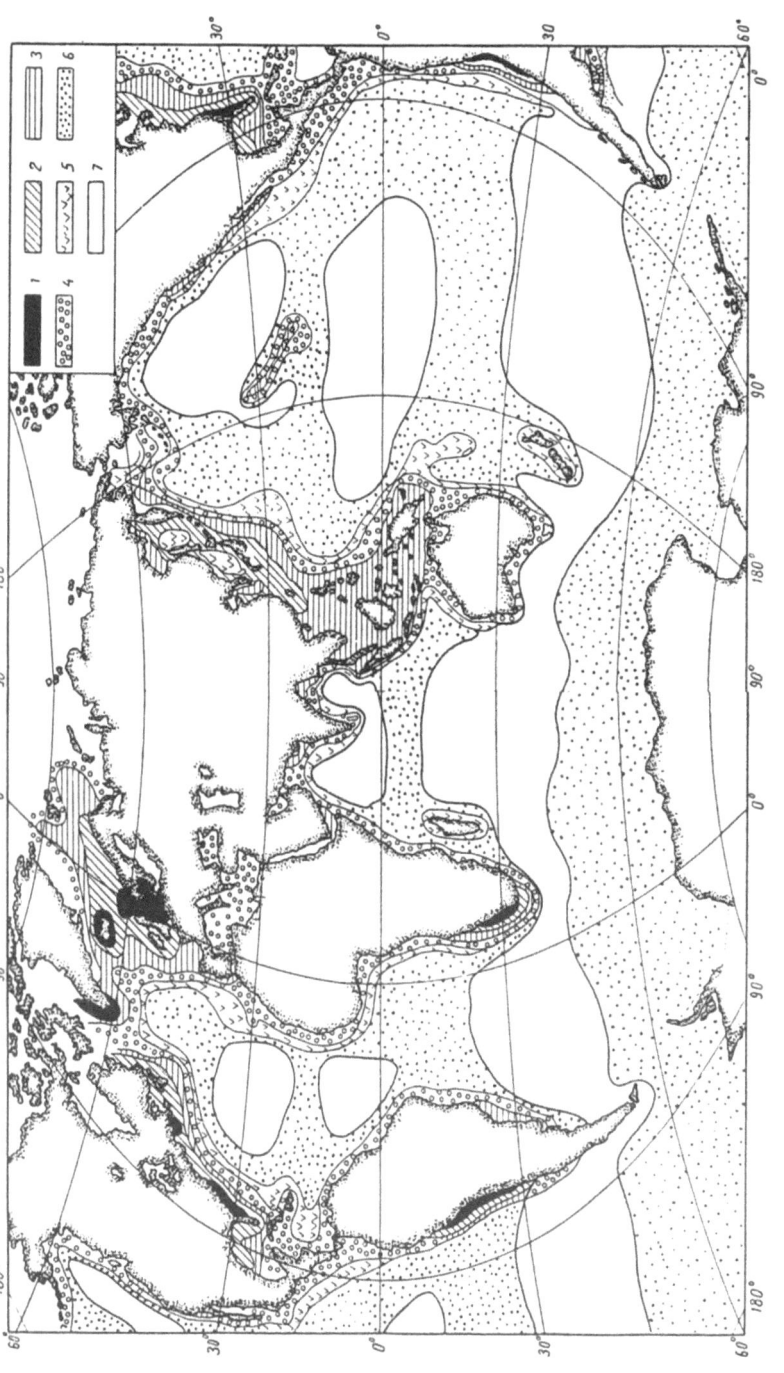

ABB. 2.4. Fischproduktion (g Feuchtgewicht pro Quadratmeter und Jahr) in den verschiedenen Regionen der Weltmeere in der Zeit 1966/67. (Aus Moiseev, 1971). Es bedeuten:
(1) über 3 g; (2) 1–3 g; (3) 0,5 – 1 g; (4) 0,2 – 0,5 g; (5) 0,1 – 0,2 g; (6) 0,01 – 0,1 g; (7) unter 0,01 g (Aus Moiseev, 1971)

von größerer Bedeutung und erbrachte 1989 4 Millionen Tonnnen, etwa 4% des Weltfischereiertrages. Allerdings stammt die Ausbeute überwiegend aus dem Bereich des äquatorialen Auftriebs (s. Kapitel 3), nur in geringem Maße aus den weniger produktiven nährstoffarmen Gebieten. Dort ist der Fischereiertrag umgerechnet weniger als 1 mg Kohlenstoff pro Quadratmeter und Jahr (Abb. 2.4). Aus der Nordsee werden dagegen jährlich 500 mg Kohlenstoff pro Quadratmeter von der Fischerei entnommen. Das Verhältnis zwischen Primärproduktion und Fischereiertrag ist in den warmen Meeren 50000:1, in der Nordsee 200:1. Das hängt auch mit der großen Zahl der Glieder zusammen, aus denen die Nahrungskette in den warmen Meeren besteht.

Thunfische sind Raubfische. Sie ernähren sich von mittelgroßen Fischen, die wiederum als Raubfische von kleinen Fischen und von Tintenfischen leben, und diese fressen entweder noch kleinere Fische oder sie ernähren sich vom Zooplankton, welches zum Teil auch wieder karnivor lebt (lateinisch caro, carnis, das Fleisch; vorare, verschlingen). Mindestens 5, oft 6 oder 7 Glieder der Nahrungskette sind beteiligt, bis aus der Primärproduktion des Phytoplanktons fischereilich nutzbare Thunfische entstehen. Nur 10 bis 20% der Sekundärproduktion finden sich als Tertiärproduktion beim nächsten Glied der Nahrungskette wieder. 80 bis 90% gehen jeweils beim Übergang von einem Glied der Nahrungskette zum nächsten "verloren". Diese organischen Substanzen werden im Stoffwechsel veratmet, werden exkretiert oder werden als Kot abgegeben. Wenn man dieses Rechenexempel fünf oder siebenmal wiederholt, kommt man zu sehr geringen Produktionswerten für die Raubfische am Ende der Nahrungskette.

Wollte man die Fischereierträge aus den warmen Meeren wesentlich steigern, dann müßte man sich auf den Fang von kleineren Tieren umstellen. Es gibt große Bestände von Tintenfischen, aber diese schwimmen so schnell, daß sie den Netzen ausweichen können. Es gibt auch große Bestände von Leuchtsardinen (Myctophidae), aber diese sind nur wenige Zentimeter lang und lassen sich kostengünstig weder fangen noch vermarkten.

2.5 Tierbeobachtungen auf der Hochsee

Heute fliegen die Menschen über die Ozeane und sehen weder Wale noch Haifische. Heute haben nur noch Weltumsegler, Meeresforscher und Kreuzfahrtreisende Gelegenheit, unmittelbar die an der Meeresoberfläche sichtbare Tierwelt zu beobachten. Pottwale waren früher in den warmen Meeren häufig. Große Haie suchten auf hoher See nach Beute, sind aber auch bereits dezimiert worden. Am auffälligsten sind heute noch die Fliegenden Fische (*Exocoetus*), die auf der Flucht vor Räubern aus dem Wasser schnellen.

Vögel sieht man selten. Zwar brüten auf den tropischen Inseln und an den Küsten der tropischen Meere 123 Seevogelarten, aber die meisten streifen nur in der Umgebung ihrer Brutplätze umher und sind deshalb für den Seefahrer das Anzeichen, daß er sich dem Land nähert. Seevögel der kalten Meere überqueren als Zugvögel bei ihren jahreszeitlichen Wanderungen die tropischen Ozeane, halten sich aber dort nur kurz auf. Am häufigsten sind Sturmvögel und Sturmschwalben, die ihre Nahrung überwiegend von der Meeresoberfläche aufsammeln.

2.6 Pleuston und Neuston

Im Oberflächenhäutchen des Meeres sind organische Verbindungen hoch konzentriert. Davon ernährt sich eine reiche Bakterienflora. Von den Bakterien leben Flagellaten und Ciliaten. Wenn Planktonorganismen von unten her die Meeresoberfläche berühren, kleben sie dort fest und können sich dann oft nicht mehr befreien. Davon leben die einzigen Hochsee-Insekten, die es gibt: flügellose Wasserläufer der Gattung *Halobates*. Diese Wasserwanzen laufen auf der Meeresoberfläche und saugen mit ihrem Stechrüssel Planktonkrebse aus, die von unten an der Meeresoberfläche gestrandet sind. Ihre Eier legen sie an Treibsel ab.

Im Oberflächenhäutchen reichern sich nicht nur ganz allgemein organische Substanzen an, sondern auch Chlorierte Kohlenwasserstoffe (zum Beispiel DDT und PCBs), die aus der Luftverschmutzung stammen, ebenso Blei und andere Schwermetalle. Deshalb sind alle Tiere besonders hoch belastet, die an der Meeresoberfläche leben oder dort ihre Nahrung suchen. Beim Wasserläufer *Halobates* beträgt die Cadmium-Konzentration 33 mg pro kg Trockengewicht, in der Leber von nordatlantischen Sturmvögeln wurden 49 mg/kg gemessen. Viele Argumente sprechen dafür, daß diese Cadmium-Belastung nicht vom Menschen verursacht wurde, denn Cadmium kommt auch naturgegeben im Meerwasser vor.

Die Schnecke *Janthina* schwimmt mit einem Schaumfloß an der Meeresoberfläche und ernährt sich räuberisch von den Segelquallen, die an der Oberfläche warmer Meere häufig sind. Es gibt zwei Formen von Segelquallen, die nicht näher miteinander verwandt sind. *Velella* aus der

Gruppe der Chondrophorida hat ein schräg gestelltes Segel, welches das rasche Durchqueren der Schaumstreifen an der Meeresoberfläche ermöglicht. Die Schaumstreifen verlaufen in Windrichtung, durch den Kurs schräg zum Wind verringern die Segelquallen die Gefahr, in Schaumstreifen festzusitzen. Die 20 bis 30 cm große *Physalia* aus der Gruppe der Staatsquallen (Siphonophora) ist ebenfalls schräg gebaut. Sie zieht meterlange schmerzhaft nesselnde Tentakel unter sich durch das Wasser. Erbeutet werden von den Segelquallen Fische, Fischlarven und Krebse, Tiere, die direkt unter der Meeresoberfläche häufiger sind als in größeren Tiefen.

Die Eier verschiedener Fische, zum Beispiel von *Scomberesox*, von Meeräschen, Spariden und Carangiden kleben von unten an der Meeresoberfläche und sind auf diesen Lebensraum für ihre Entwicklung angewiesen, obwohl sie dort den ultravioletten Strahlen der Sonne ausgesetzt sind. Charakteristisch für das Neuston ist unter den Copepoden (Ruderfußkrebsen) die Familie der Pontellidae. Der räuberische Copepode *Pontella* kann 15 cm hoch und ebensoweit aus dem Wasser springen.

Heute treiben Flaschen, Plastikbehälter und Teerballen an der Meeresoberfläche; Algen und verschiedene Tiere siedeln sich an diesen Gegenständen an, ebenso an den Rümpfen von Schiffen. Früher gelangten dagegen nur Holzstämme und Äste mit den Flüssen in das Meer und trieben dann lange an der Meeresoberfläche. Sie werden von "Entenmuscheln" besiedelt, von *Lepas*, einem gestielten Verwandten der Seepocke. Als Cypris-Larve heften sie sich an die treibenden Gegenstände an, bleiben dann zeitlebens daran festgewachsen und ernähren sich vom Plankton, welches sie mit den Rankenfüßen aus dem Wasser sieben.

2.7 Sargasso-Kraut

Sargassosee wird ein 4 Millionen km^2 großes Gebiet zwischen den Bahamas, den Azoren und den Kanarischen Inseln genannt, wo regelmäßig große Tange im Wasser treiben, vor allem *Sargassum natans* und *Sargassum hystrix* var. *fluitans*. Diese Großalgen wachsen an den Küsten der Karibik. Sie werden während der Hurrikan-Zeit losgerissen, treiben dann mit dem Florida-Strom und mit dem Golfstrom und gelangen schließlich in den großen Stromkreisel der Sargassosee. Im Wasser treibend vermehren sich die Tange zwar nur ungeschlechtlich, dabei können sie aber viele Meter lang werden. Durch ihre geringe Dichte und durch Luftblasen erhalten sie den Auftrieb, der sie direkt unter der Meeresoberfläche treiben läßt. Die Biomasse der in der Sargassosee treibenden Tange wird auf 4 bis 11 Millionen t Feuchtgewicht geschätzt (entsprechend 25 bis 225 mg Kohlenstoff pro Quadratmeter).

Auf den treibenden *Sargassum*-Tangen siedeln sich andere Algen, Hydropolypen, Aktinien, Bryozoen und Entenmuscheln an, dazu verschiedene Garnelen. Die Seenadel *Syngnathus pelagicus* und der Sargassofisch *Pterophryne histrio* kommen nur im Lebensraum des Sargasso-Krauts vor.

2.8 Kosmopoliten im Pelagial

Da die Wassermassen der warmen Ozeane langsam um die zentralen Flautengebiete kreisen, werden Organismen immer wieder von Ost nach West und wieder zurück von West nach Ost transportiert. Der Pazifische Ozean und der Indische Ozean stehen miteinander in breiter Verbindung. Um die Südspitze Afrikas herum dringen Indo-Pazifische Wassermassen als Benguela-Strom auch in den Südatlantik ein (Abb. 2.1). Das hat dazu geführt, daß viele Organismenarten des Pelagials kosmopolitisch in allen warmen Ozeanen verbreitet sind. Das gilt für manche Radiolarien und pelagische Foraminiferen aus der Gruppe der Globigerinen, für Staatsquallen (Siphonophora), für pelagische Muschelkrebse (Ostracoda) aus der Familie Halocypridae, für viele pelagische Copepoden (Ruderfußkrebse) aus der Gruppe der Calanoidea, für die meisten Euphausiaceen (Krill) und für die Hyperiidae unter den Amphipoden (Flohkrebse), ferner für viele Flügelschnecken (Pteropoda), Copelaten und Salpen (Manteltiere). Mit dieser Aufzählung sind zugleich die wichtigsten Tiergruppen genannt, aus denen sich die pelagische Fauna der Warmwassergebiete zusammensetzt. Es gibt natülich regionale Unterschiede in der Artenzusammensetzung, doch überwiegen die Gemeinsamkeiten, so daß die warmen Meere den größten einheitlichen Lebensraum dieser Erde darstellen.

Insbesondere in den nährstoffarmen Zentren der Warmwasserkreisel sind wegen der geringen Primärproduktion auch Biomasse und Anzahl der Tiere geringer als in den kälteren, nahrungsreicheren Ozeanen. Die Artenzahl ist jedoch sowohl beim Phytoplankton als auch beim Zooplankton sehr hoch. Für den tropischen Pazifik werden gemeldet: 131 Diatomeen-Arten (69), 226 Dinoflagellaten-Arten (29), 190 Calanoidea (23), 53 Arten der Euphausiacea (7), 75 Hyperiidae (7), 26 Chaetognathen (7), 32 Copelaten (10) und 21 Salpen-Arten (0). Die Zahlen in Klammern verweisen auf die Artenzahl in den nördlichen kaltgemäßigten und polaren Gebieten des Pazifiks.

2.9 Epipelagial und Mesopelagial

Die pelagischen Foraminiferen und Radiolarien leben wie das Phytoplankton in der euphotischen Zone nahe der Meeresoberfläche, denn sie beherbergen in ihrem Zellplasma symbiontische Algen, die dort Photosynthese treiben und damit zur Ernährung ihrer ansonsten räuberischen Wirte beitragen. Die meisten Zooplankter sind in etwa 50 m Wassertiefe am häufigsten. Oft ist das der Bereich der Sprungschicht, wo sich auch das "tiefe Chlorophyll-Maximum" befindet. Den gesamten Lebensraum der vom Sonnenlicht gut durchleuchteten Oberflächenschicht, der manchmal bis weit über 100 m Wassertiefe reicht, hat man als Epipelagial bezeichnet (griechisch epi, auf, über). Das Epipelagial entspricht der 'euphotischen' Lichtzone.

Es gibt verschiedene Größenklassen des Zooplanktons. Mit dem klassischen Planktonnetz fängt man das "Mesozooplankton" (griechisch mesos, die Mitte). Das sind Organismen von überwiegend 0,2 bis 20 mm Körperlänge. Dazu zählen auch koloniebildende Radiolarien von bis zu 5 cm Größe, die aus Tausenden von Einzelzellen bestehen und in nährstoffarmen warmen Meeren manchmal den größten Teil der pelagischen Biomasse stellen. Aber wie auch andere Tiere von gallertiger Beschaffenheit, werden die Radiolarienkolonien beim Fang mit dem Planktonnetz oft zerstört. "Midwater Trawls" haben eine Öffnung, die mehrere Quadratmeter groß ist. Damit fängt man das "Makrozooplankton" (griechisch makros, groß). Das sind Tiere von 2 bis 20 cm Größe. Außer den im Wasser treibenden Staatsquallen und Salpen fängt man mit diesem Netz aber auch Fische, Amphipoden (Flohkrebse), Garnelen und Euphausiaceen (Krill), also Tiere, die sich schwimmend durch das Wasser bewegen. Streng genommen gehören sie nicht zum Plankton, sondern sind Nekton. Schnell schwimmende Fische und Tintenfische flüchten vor dem Netz und werden überhaupt nicht auf diese Weise gefangen.

Die Biomasse der im Epipelagial der nährstoffarmen Hochsee gefangenen Tiere von Mesoplankton-Größe (das 'Netzplankton') liegt bei 20 bis 60 mg Feuchtgewicht pro Kubikmeter (Abb. 2.5). Die Tiere von Makroplankton-Größe dagegen beteiligen sich an der Zooplankton-Biomasse nur mit etwa 2 mg Feuchtgewicht pro Kubikmeter.

Der Lebensraum unterhalb vom Epipelagial wird als Mesopelagial bezeichnet (griechisch mesos, die Mitte). Das Mesopelagial reicht so weit nach unten, wie das Sonnenlicht eindringt, im klaren Wasser der nährstoffarmen Hochsee bis in 500 bis 1000 m Wassertiefe. Das Mesopelagial entspricht also der oligophotischen Dämmerzone. Im oberen Bereich

Epipelagial und Mesopelagial

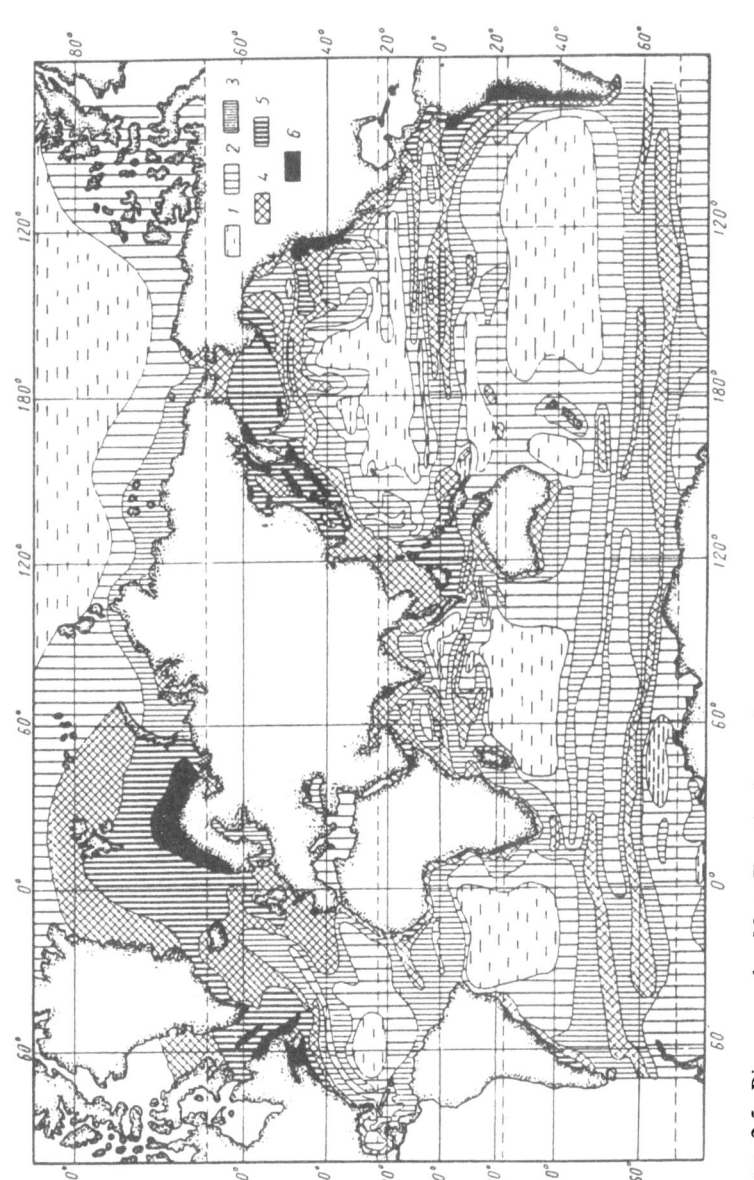

ABB. 2.5. Biomasse des Netz-Zooplanktons (Mesozooplankton, in mg Feuchtgewicht pro Kubikmeter bis 100 m Tiefe) in den verschiedenen Regionen der Weltmeere. (Aus Moiseev, 1971). Es bedeuten: (1) unter 25 mg; (2) 25–50 mg; (3) 50–100 mg; (4) 100–200 mg; (5) 200–500 mg; (6) über 500 mg

dieser Zone ist die Biomasse des Zooplanktons zunächst noch hoch, wird dann aber mit der Tiefe schnell geringer. Vor allem verschwinden solche Copepoden (Ruderfußkrebse), die sich filtrierend von Phytoplankton, von Kotballen und von anderen organischen Partikeln ernähren. Die Biomasse des Zooplanktons bis 1000 m Tiefe beträgt etwa 10 g Feuchtgewicht pro Quadratmeter. Die Biomasse der kleinen Fische einschließlich der Leuchtsardinen (Mikronekton) beträgt 2 g Feuchtgewicht pro Quadratmeter, die Biomasse der mittelgroßen Tagräuber (Makrelen und Fliegende Fische) 0,5 g pro Quadratmeter und die Biomasse der großen Räuber (Thunfische, Schwertfische, Haie und Delphine) 0,03 g pro Quadratmeter. Ähnliche Angaben sind in Tabelle 2.2 zusammengestellt. Ganz grob gerechnet entsprechen 10 g Feuchtgewicht 1 g Kohlenstoff.

Zwischen 200 und 800 m Tiefe, also noch im Tiefenbereich des Mesopelagials findet sich fast überall in den warmen Meeren eine Wasserschicht mit verringerten Sauerstoff-Konzentrationen, wo teilweise nur 0,5 bis 2 ml Sauerstoff pro Liter (1 ml = 1,43 mg) gemessen werden. Diese "Sauerstoffminimum-Zone" entsteht durch die Stoffwechseltätigkeit der heterotrophen Bakterien, die das bis dorthinab aus der Oberflächenschicht abgesunkene organische Material mineralisieren und dabei Sauerstoff verbrauchen. Es gibt in diesen Tiefen aber auch Nitrifizierer unter den Bakterien, die das bei der Mineralisation entstehende Ammonium zu Nitrat oxidieren und dabei ebenfalls Sauerstoff verbrauchen.

TABELLE. 2.2. Charakteristische Umweltdaten für die Hochsee der kaltgemäßigten Regionen, für die Gebiete des äquatorialen Auftriebs und für die nährstoffarme Hochsee der warmen Meere. (Nach Blackburne, 1981)

Meeresregion	Kalt-gemäßigt	Äquatorialer Auftrieb	Warm-gemäßigt
Mischungstiefe Sommer	15–30	25–65	15–50 m
Winter	über 120	25–65	65–120 m
Euphotische Zone bis	20–50	45–85	75–150 m
Nitrat Oberfläche	5–25	5–10	0–1 µmol/l
100 m Tiefe	10–25	10–25	0–5 µmol/l
Primärproduktion	0,1–0,5	0,1–0,5	unter 0,1 g C pro m^2 u. Tag
Chlorophyll a	15–150	15–30	5–25 mg/m^2
Zooplankton bis 1000 m	150	8–13	9 g FG/m^2
Mikronekton bis 1000 m	2	1–3	1 g FG/m^2
Makrozoobenthos	0,1–1	0,1–1	unter 0,05 g FG (Feuchtgew.)/m^2

In welcher Tiefe die Tiefsee beginnt, ist nicht eindeutig definiert: Innerhalb des Mesopelagials findet ein allmählicher Übergang zum Tiefseelebensraum des Bathypelagials statt. Zwei Drittel der Zooplankton-Biomasse leben oberhalb von 500 m Wassertiefe, nur ein Drittel findet sich in den unteren 7500 m Wassersäule.

Die ersten Menschen, welche sich aus eigener Anschauung ein Bild der Verhältnisse im Mesopelagial machen konnten, waren William Beebe und Otis Barton. Sie erreichten mit ihrer Tiefseekugel "Bathysphere" am 11. Juni 1930 13 km südlich von Bermuda die Tiefe von 435 m, am 15. August 1934 dann 923 m. Die Tiefseekugel hatte einen Durchmesser von 144 cm. Drei Quarzfenster von 20 cm Durchmesser erlaubten die Beobachtung mit oder ohne Scheinwerferlicht. Die Kugel wurde von einem Leichter aus an einem Stahlseil abgelassen. Bei 120 m Wassertiefe konnte man Buchdruck gerade noch lesen. Das Farbspektrum bestand bei 135 m Wassertiefe nur noch aus Violett und einem schwachen Grün. In 240 m Tiefe herrschte ein tiefes, schwarzes Blau, unterhalb von 579 m Wassertiefe war vom Tageslicht nichts mehr wahrnehmbar. Leuchtblitze von Tiefseetieren wurden ab 240 m Wassertiefe beobachtet und waren ab 335 m Tiefe sehr häufig. Den Wissenschaftlern gelangen hervorragende Photographien von Tieren, welche sie bis dahin nur zerquetscht und unansehnlich aus den Netzfängen kannten.

Wenig ist bekannt über große Tiere, die in den Tiefen des Mesopelagials vorkommen könnten, denn wie soll man sie fangen? Pottwale tauchen auf der Jagd nach Tintenfischen regelmäßig bis in Tiefen von mehr als 1000 m und bleiben dabei länger als eine Stunde unter Wasser. Die von ihnen erbeuteten Tintenfische haben meistens eine Größe von wenigen Metern, aber Pottwale jagen auch Riesenkalmare mit 40 cm großen Augen und mit Saugnäpfen, die einen Durchmesser von 15 bis 25 cm haben. Das geht aus dem Mageninhalt erlegter Pottwale hervor. Riesenkalmare aus der Familie der Architheuthidae mit 6 bis 8 Meter Körperlänge und mit 10 bis 14 m langen Fangarmen kennt man auch von einigen Strandfunden. Wie zahlreich solche und andere Großtiere im Mesopelagial sind, läßt sich noch nicht abschätzen.

2.10 Vertikalwanderungen

Viele Vertreter des Mesozooplanktons und des Makrozooplanktons lassen sich nicht eindeutig dem Epipelagial oder dem Mesopelagial zuordnen, da sie täglich zwischen beiden Zonen hin und her wandern. Tagsüber halten sie sich unterhalb der Temperatur-Sprungschicht im kalten Mesopelagial auf, nachts wandern sie nach oben in das warme Epipelagial und schnappen dort nach Beute. Die Intensität dieser täglichen Vertikalwanderungen ist so groß, daß man im Echolot die sich abends nach oben bewegenden Organismen als Echostreuschicht erkennen kann. An der Vertikalwanderung sind Zooplankter aus allen Tiergruppen und auch

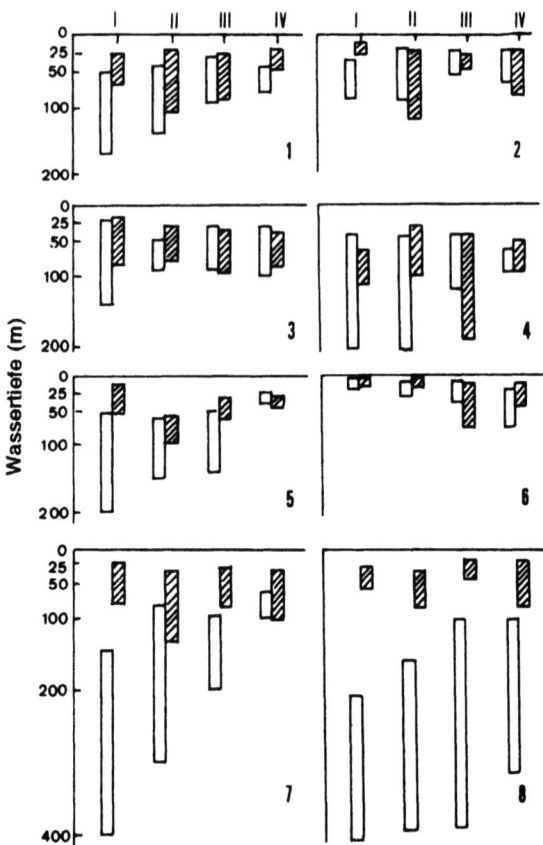

ABB. 2.6. Tiefenverbreitung bei Tag (weiße Balken) und bei Nacht (gestreifte Balken) von acht verschiedenen Zooplankton-Arten in vier verschiedenen Regionen des Pazifischen Ozeans. 1 = *Undinula*, 2 = *Calocalanus*, 3 = *Euchaeta*, 4 = *Scolecithrix*, 5 = *Pontellina*, 7 = *Neocalanus*, (alles Copepoda, Ruderfußkrebse), 6 = *Creseis*, 8 = *Limacina* (beides Pteropoda, Flügelschnecken). I = Zentrales Gebiet, II = Gebiete des Äquatorialen Gegenstroms und des Nordäquatorialstroms, III Gebiete des Südäquatorialstroms, IV Gebiete des äquatorialen Auftriebs. (Nach Vinogradov, 1968, und Pérès, 1982)

Fische beteiligt (Abb. 2.6). Die Tiere kommen aus 300 bis 800 m Tiefe nach oben, Fische manchmal auch aus größeren Tiefen, aber wohl nicht tiefer, als daß ihre Augen den Tag-Nacht-Wechsel erkennen könnten. Zweimal täglich werden Strecken zurückgelegt, die 10 000 bis 50 000 Körperlängen entsprechen. Bei einem Menschen wären das jeweils 40 km am Tag. Viele deutsche Arbeitnehmer legen täglich solche Strecken zurück, allerdings mit dem Auto. Man kann dieses Wanderverhalten auch mit dem Umherziehen von Vögeln vergleichen, die zur Nahrungsbeschaffung viele Kilometer weit fliegen und trotz des damit verbundenen Energieaufwandes eine positive Energiebilanz haben.

Die Vorteile der Vertikalwanderungen für die Tiere sind klar: sie fressen nachts in der nahrungsreichen Oberflächenschicht, wenn die Dunkelheit sie vor Freßfeinden verbirgt. Sie halten sich tagsüber in Tiefenzonen auf, wo niedrige Temperaturen einen sparsamen Energiestoffwechsel ermöglichen. Sie können außerdem davon profitieren, daß unterhalb der Sprungschicht die Meeresströmungen oft in entgegengesetzter Richtung ziehen wie an der Meeresoberfläche. Wenn sich die Organismen abwechselnd oben und unten aufhalten, verdriften sie kaum. Nicht zuletzt ergeben sich für Vertikalwanderer bessere Chancen bei der Fortpflanzung, weil sich die Geschlechtspartner regelmäßig in bestimmten Wasserschichten konzentrieren.

3 Auftriebsgebiete

3.1 Auftrieb düngt das Oberflächenwasser

In einem Liter Tiefenwasser aus dem Atlantik gibt es ungefähr 20 µmol Nitrat und 2 µmol Phosphat (Mikromol; 1 µmol Nitrat entspricht 0,014 mg Stickstoff, 1 µmol Phosphat entspricht 0,032 mg Phosphor). Im Tiefenwasser des Nordpazifiks sind die Zahlen ungefähr 40 µmol Nitrat und 3 µmol Phosphat. Insgesamt sind in den $1{,}35 \times 10^{21}$ Liter Wasser der Weltozeane 920 Milliarden t Stickstoff und 120 Milliarden t Phosphor enthalten. Das ist ein ungeheures Potential an Pflanzennährstoffen. Mit Flußwasser werden jährlich nur etwa 50 Millionen t Stickstoff und über die Luft weitere 50 Millionen t Stickstoff in die Weltmeere eingetragen. Ungefähr die Hälfte dieser Einträge stammt aus den Abwässern der Städte, aus der Landwirtschaft und aus Verbrennungsgasen, die andere Hälfte ist natürlichen Ursprungs. Diese jährlich insgesamt ungefähr 100 Millionen t Stickstoff können nicht meßbar die zehntausendfach größeren Mengen an Nitratstickstoff verändern, die im dunklen Tiefenwasser der Weltozeane gelöst sind.

Mit dem Wort "Auftrieb" (englisch: upwelling) beschreibt man den Vertikaltransport von Wassermassen aus der Tiefe an die Oberfläche. Da das Tiefenwasser der Weltozeane reicher an Nährstoffen ist als das Oberflächenwasser, kommt es in der euphotischen Zone von Auftriebsgebieten zu einer üppigen Primärproduktion des Phytoplanktons.

3.2 Könnte man mit künstlich erzeugtem Auftrieb die nährstoffarme Hochsee düngen?

Könnte man durch Heraufpumpen von Tiefenwasser die Nährstoffarmut im Oberflächenwasser der warmen Meere beheben? Grundsätzlich ja. Wenn man von unterhalb der Sprungschicht kaltes, nährstoffreiches

Wasser an die Meeresoberfläche pumpt, dann wird diese Nährstoffzufuhr unter der Einwirkung des Sonnenlichtes ein intensives Wachstum von Planktonalgen bewirken. Von dieser Primärproduktion könnten sich Muscheln oder herbivore Zooplankter ernähren. Vielleicht könnte man durch geeignete Aquakulturmaßnahmen sogar einen interessanten Fischereiertrag erzielen. Die Universität von Columbia, USA, betrieb auf St. Croix (Virgin Islands) eine Versuchsanlage, wohin das Tiefenwasser durch ein 1,5 km langes Kunststoffrohr gepumpt wurde. Übrigens kann man aus der Temperaturdifferenz zwischen kaltem Tiefenwasser und warmem Oberflächenwasser auch Energie gewinnen, zum Beispiel nach dem Prinzip der Wärmepumpe. Von den Hawaii-Inseln aus erreicht man mit Rohrleitungen große Meerestiefen. Dort sind Versuchsanlagen betrieben worden, die mehr Elektrizität lieferten, als für das Heraufpumpen von Tiefenwasser benötigt wird.

3.3 Äquatorialer Auftrieb

Von den Südostpassatwinden und von den Nordostpassatwinden werden große Wassermassen über die Ozeane nach Westen getrieben, so daß der Meeresspiegel an der Atlantikküste von Südamerika und an der Pazifikküste von Japan deutlich höher liegt als westlich von Afrika oder an der Pazifikküste von Südamerika (Abb. 3.1). Zwischen den Passatregionen liegt bei 5 bis 10 Grad nördlicher Breite die Flautenzone der Mallungen (englisch: doldrums). Im Bereich der Mallungen strömt das Wasser mit dem Nordäquatorialen Gegenstrom von Westen nach Osten zurück. An der Nordflanke des Nordäquatorialen Gegenstroms kommt es bei 10 Grad Nord zu Auftriebserscheinungen.

Außerdem entsteht Auftrieb auch unmittelbar am Äquator im Bereich des Südostpassats, der über den Äquator hinweg bis auf die Nordhalbkugel weht. Der vom Südostpassat angetriebene Südäquatorialstrom wird von der ablenkenden Kraft der Erdumdrehung (Corioliskraft) auf der Südhalbkugel nach links, auf der Nordhalbkugel nach rechts abgelenkt: so entsteht Auftrieb. Außerdem gibt es in 20 bis 300 m Wassertiefe den Äquatorialen Unterstrom, der nach Osten fließt und das Bild weiter kompliziert (Abb. 3.2). Die Meereskundler reden allgemein von den Äquatorialen Auftriebsgebieten. Am stärksten ist der Äquatoriale Auftrieb jeweils in den östlichen Teilen der Ozeane, also östlich von 30 Grad West im Atlantik und östlich von der Datumsgrenze im Pazifik.

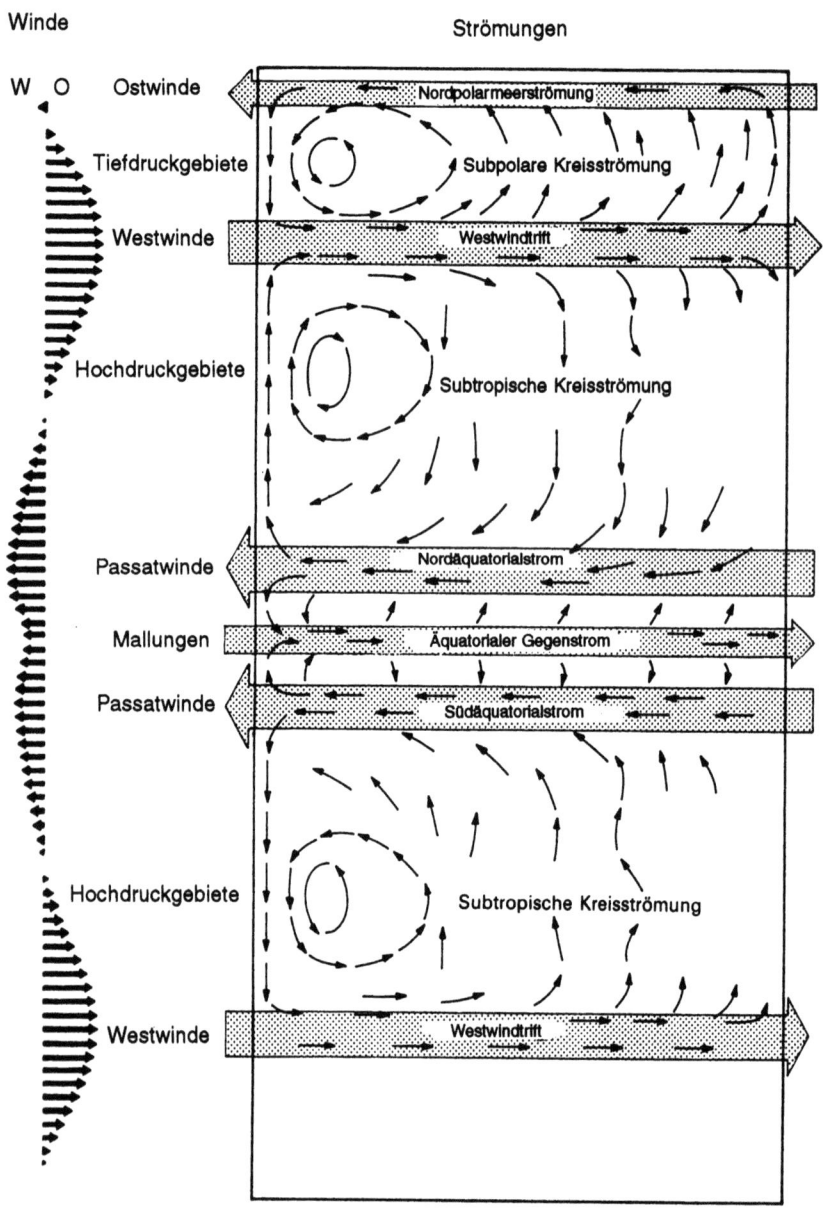

Äquatorialer Auftrieb

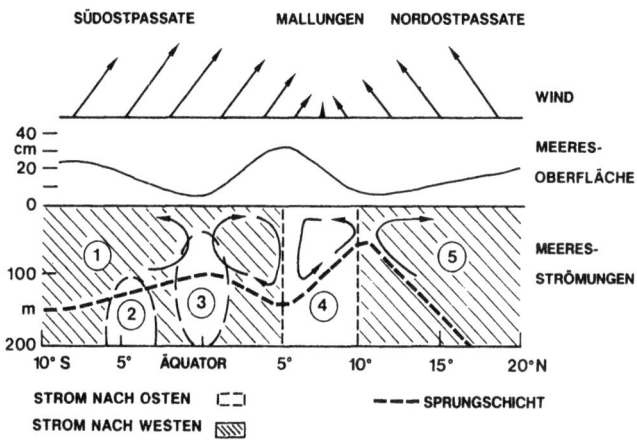

ABB. 3.2. Schematischer Schnitt durch das äquatoriale Strömungs-System. 1 = Südäquatorialstrom; 2 = Südäquatorialer Gegenstrom; 3 = Äquatorialer Unterstrom; 4 = Nordäquatorialer Gegenstrom; 5 = Nordäquatorialstrom. (Aus Arntz und Fahrbach, 1991, mit Genehmigung durch Birkhäuser Verlag, Basel)

Großräumig gesehen bewirkt der Äquatoriale Auftrieb zwar nur einen Vertikaltransport von wenigen Zentimetern pro Tag. Kleinräumig gesehen steigen jedoch einzelne Linsen kälteren Wassers schneller an die Meeresoberfläche auf und begünstigen dort fleckenhaft eine intensive Primärproduktion. Die nach der "C-14-Methode gemessene Primärproduktion" kann 0,3 g Kohlenstoff pro Quadratmeter und Tag überschreiten. Über das Jahr gemittelt ergeben sich in den Gebieten des Äquatorialen Auftriebs Leistungen der Primärproduktion bis zu 90 g Kohlenstoff pro Quadratmeter und Jahr. In den vom Äquatorialen Auftrieb beeinflußten Gebieten beträgt die Biomasse des Zooplanktons teilweise 13 g Feuchtgewicht pro Quadratmeter (Tab. 2.2). Deshalb können hier mehr Fische als in anderen tropischen Regionen leben, deshalb gibt es hier auch die großen Thunfische als Endglieder der Nahrungskette in solchen Mengen, daß sich der Fang lohnt.

ABB. 3.1. Schema der Windsysteme (links) und der ozeanischen Strömungs-Systeme (rechts). Tiefdruckgebiete = Kreisströmung entgegen dem Uhrzeigersinn in der nördlichen kaltgemäßigten Region; Hochdruckgebiete = Kreisströmung in der warmgemäßigten Region, im Uhrzeigersinn auf der Nordhalbkugel, entgegen dem Uhrzeigersinn auf der Südhalbkugel. (Nach Munk, 1955, und Seibold und Berger, 1993)

3.4 Küstenauftrieb

Die klassischen Auftriebsgebiete liegen dort, wo das Oberflächenwasser von einer Küste weggetrieben wird, so daß zum Ausgleich Wasser aus der Tiefe nachströmen, "auftreiben" muß. Dieses Wasser muß nicht immer kälter oder besonders nährstoffreich sein. Da aber in den warmen Ozeanen das vom Sonnenlicht durchflutete nährstoffarme warme Oberflächenwasser in der Regel über kälterem und nährstoffreichem Wasser liegt, sind in Auftriebsgebieten in der Regel die Voraussetzungen für hohe Primärproduktion gegeben, auch wenn kein "echtes" Tiefenwasser von unterhalb der Sprungschicht an die Oberfläche gebracht wird.

Für den Laien ist leicht verständlich, daß ablandiger Wind das Oberflächenwasser von der Küste wegtreibt und daß dann Wasser aus der Tiefe nachströmt: jeder Badegast am Strand fühlt den Temperaturunterschied, wenn der Wind mal vom Land, mal von See her weht. Die großräumigen Auftriebsgebiete werden jedoch nicht von ablandigen Winden, sondern von küstenparallelen Winden erzeugt (Abb. 3.3). Trotzdem werden dabei erhebliche Wassermassen von der Küste weg transportiert. Dafür ist die ablenkende Kraft der Erdumdrehung verantwortlich, die man auch als Corioliskraft bezeichnet.

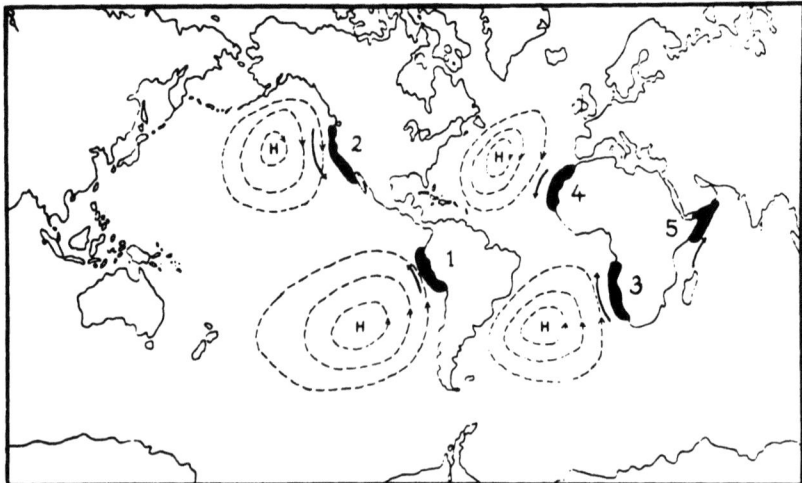

ABB. 3.3. Die wichtigsten Auftriebsgebiete und die antreibenden ozeanischen Hochdruckgebiete. 1 Humboldt-Strom, 2 Kalifornien-Strom, 3 Benguela-Strom, 4 Kanaren-Strom, 5 Somali-Strom. (Nach Hartline, 1980)

Küstenauftrieb

Die Corioliskraft lenkt strömendes Wasser auf der Nordhalbkugel nach rechts, auf der Südhalbkugel nach links ab. Zum Äquator hin verringert sich der Effekt, am Äquator selbst ist die Corioliskraft Null. Zur Tiefe hin wird die Ablenkung immer stärker, jedoch nimmt die Strömungsgeschwindigkeit mit der Tiefe ab. Insgesamt wird nur der Tiefenbereich bis in 40 bis 100 m Wassertiefe von der ablenkenden Corioliskraft erfaßt. Über diesen Tiefenbereich gemittelt ergibt sich ein Massentransport quer zur Windrichtung. Dieses Phänomen hat als erster Fritjof Nansen beobachtet, dessen Polarschiff "Fram" im Nordpolarmeer nicht in Windrichtung, sondern schräg nach rechts driftete. Die Theorie dieser Ablenkung wurde von Sven Ekman näher ausgeführt, Ozeanographen sprechen deshalb vom "Ekman-Transport".

Wenn auf der Südhalbkugel der Wind an einer Küste entlang so weht, daß die Küste links liegt, dann bewirkt die Corioliskraft, daß die Strömung dicht an der Küste entlang fließt. Wenn aber die Küste rechts liegt (Beispiel Humboldt-Strom an der südamerikanischen Küste, Abb. 2.1; Abb. 3.3; Abb. 3.4), dann entsteht durch den Ekman-Transport ein ablandiges Wegströmen von Oberflächenwasser. Der Wasserverlust wird durch Auftrieb von "Tiefenwasser" kompensiert. Dieses Wasser stammt meistens aus weniger als 200 m Tiefe, ist also kein Tiefseewasser. In der Regel ist dieses Wasser mit einer Temperatur von 14 bis 16 °C aber deutlich kälter als das Oberflächenwasser, und meistens ist dieses Wasser auch viel reicher an Nährstoffen als das Oberflächenwasser.

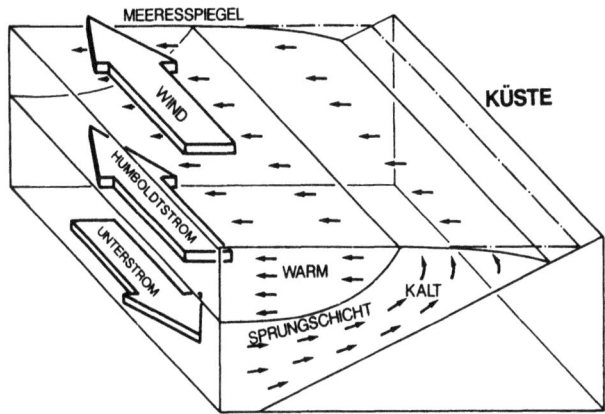

ABB. 3.4. Schematische Darstellung des Küstenauftriebsgebietes vor der südamerikanischen Pazifikküste. Der Wind treibt den küstenparallelen Humboldt-Strom (Peru-Strom) nach Norden, die Corioliskraft bewirkt, daß sich das Wasser dabei von der Küste entfernt. (Aus Arntz und Fahrbach, 1991, mit Genehmigung durch Birkhäuser Verlag, Basel)

Großräumig gesehen bewegt sich das Tiefenwasser nur langsam nach oben, pro Tag nur einen oder wenige Meter. Der Auftrieb ist von Tag zu Tag verschieden, je nach Windstärke und Windrichtung. An der Oberfläche erscheint das Tiefenwasser fleckenhaft in kilometergroßen Linsen. Diese Flecken sind etwa 5 °C kälter als die Umgebung und sind bräunlich grün gefärbt, weil die hohen Nährstoff-Konzentrationen des auftreibenden Tiefenwassers eine reiche Entwicklung von Diatomeen (Kieselalgen) bewirken.

Im Atlantik gibt es Auftriebsgebiete vor Portugal und vor Nordwestafrika, wo der Nordostpassat den Kanaren-Strom antreibt, ferner vor Südwestafrika, wo der Südostpassat den Benguela-Strom treibt. Vor Peru und Chile wird der Humboldt-Strom (Peru-Strom) vom Südostpassat nach Norden getrieben und es kommt zu Auftrieb. Unter "normalen" Verhältnissen wehen im Atlantik und im Pazifik die Passatwinde das ganze Jahr über, wenn auch mit unterschiedlicher Intensität in den einzelnen Teilgebieten. Dagegen gibt es nur in der Zeit von Februar bis Oktober Auftrieb an den Küsten zwischen Oregon und Kalifornien, weil nur dann Nordwestwinde wehen und den Kalifornien-Strom antreiben. Im Indischen Ozean treibt der Südwestmonsun von Juli bis Oktober den Somali-Strom, der an der Nordostküste Afrikas Auftrieb erzeugt. In der gleichen Zeit gibt es auch an der südarabischen Küste Auftrieb.

Weltweit sind die Küstengebiete, in denen unmittelbar nährstoffreiches Wasser aus tieferen Schichten vor den Küsten aufquillt, nur 0,36 Millionen km^2 groß. Jedoch werden ungefähr 3 Millionen km^2 vom Auftriebswasser beeinflußt. Das entspricht etwa 1% der Fläche der Weltmeere.

3.5 Produktion in Gebieten mit Küstenauftrieb

In Auftriebsgebieten sind Leistungen der "C-14-Primärproduktion" von mehr als 500 g Kohlenstoff pro Quadratmeter und Jahr gemessen worden. Als Mittelwert für die eigentlichen Auftriebsgebiete wird mit 225 g Kohlenstoff pro Quadratmeter und Jahr gerechnet (Tab. 2.1, Tab. 10.2, Abb. 2.3). Das ist viel mehr, als sonst großräumig in den warmen Ozeanen produziert wird, die ja überwiegend nährstoffarm sind.

In den Auftriebsgebieten beginnt die Entwicklung des Phytoplanktons in etwa 50 m Tiefe, wo die Lichtintensität gerade ausreicht für die Photosynthese. Die Menge der Diatomeen (Kieselalgen) steigert sich im Laufe von etwa einem Monat in dem Maße, wie das nährstoffreiche Wasser mit den Algen in immer lichtreichere Zonen aufsteigt. An der Meeresoberfläche breiten sich die Flecken des Auftriebswassers in ablandiger Richtung weiter aus und lassen sich im Verlauf weiterer Monate mehrere hundert Kilometer weit verfolgen, bis schließlich die Nährstoffe im Wasser erschöpft sind. Wo unmittelbar das Tiefenwasser auftreibt, gibt es nur wenig Zooplankton. Deshalb sinken hier große Mengen von Diatomeen ungefressen nach dem Absterben auf den Meeresboden. Erst im Laufe von Wochen entwickelt sich im Auftriebswasser das herbivore Zooplankton so reichlich, daß es als Fischnahrung eine Rolle spielen kann. Sardellen der Gattung *Engraulis* (die man oft auch als Anchovis oder Anchovetta bezeichnet) kommen in dichten Schwärmen vor. Mehr in den Randgebieten des Auftriebs leben die Sardinen der Gattungen *Sardinops* und *Sardina*. Vor Peru laichen die Sardellen in der Zeit zwischen Spätwinter und Frühsommer, wenn der Auftrieb am stärksten ist.

Strittig ist noch, in welchem Umfang Sardellen und Sardinen direkt das Phytoplankton als Nahrung nutzen können, und welchen Anteil die Copepoden (Ruderfußkrebse) und anderes Zooplankton an der Fischnahrung haben. Das nächste Glied der Nahrungskette sind Raubfische (Seehechte, Bastardmakrelen und Makrelen), Seevögel (Kormorane, Tölpel und Pelikane) und Seesäuger (Wale und Robben). Sardellen und Sardinen werden aber auch vom Menschen ausgebeutet. Allerdings werden sie dann nur zum geringsten Teil unmittelbar für die menschliche Ernährung genutzt. Überwiegend handelt es sich um Industriefisch für die Gewinnung von Fischmehl und Fischöl, oder die Sardellen und Sardinen werden als Viehfutter und Dünger verwertet.

In den sechziger Jahren war die Sardelle der chilenisch-peruanischen Auftriebsgebiete, *Engraulis ringens*, die mengenmäßig wichtigste Fischart für die Welt-Hochseefischerei. 1964 wurden 9,8 Millionen t Sardellen angelandet, und Peru war die größte Fischfangnation. Dann gingen die Fänge zurück (Kapitel 3.6). 1979 wurden aus den vier wichtigsten Auftriebsgebieten der Welt insgesamt nur noch 10,3 Millionen t Fisch angelandet (Tab. 3.1). Die Menge war aber immer noch fast ein Siebtel von den 71,3 Millionen t Weltfischerei-Ertrag 1979, bei dem 7,9 Millionen t Süßwasserfisch und 7,6 Millionen t Krebse, Muscheln und Tintenfische eingerechnet sind. Angaben, daß die Hälfte der Weltfischerei-Erträge aus Auftriebsgebieten stammt, sind übertrieben.

Der Mensch nutzt die hohe Primärproduktion in den Auftriebsgebieten nicht nur durch Fischfang, sondern auch indirekt durch den Abbau des Guanos. Guano ist der Kot der Seevögel, der sich in meterdicken Schichten auf Inseln und Küsten in der Nachbarschaft von Auftriebsgebieten

TABELLE 3.1 Die Anlandungen der fischereilich wichtigsten Fische aus den vier wichtigsten Auftriebsgebieten im Jahr 1979. Angaben in Tonnen. (Nach Gulland, 1983)

Gebiet	Kalifornien	Peru/Chile	NW-Afrika	SW-Afrika
Seehecht	142 000	186 000	37 000	470 000
Sardelle	303 000	1 413 000	46 000	584 000
Sardine	186 000	3 347 000	590 000	303 000
Bastardmakrele	17 000	1 287 000	247 000	767 000
Makrele	36 000	213 000	112 000	35 000
insgesamt	684 000	6 446 000	1 032 000	2 159 000

ablagert. Bezeichnungen wie Cabo Blanco weisen auf den weißen Vogelkot hin. Vor der Erfindung des Mineraldüngers spielte Guano eine große Rolle in der Landwirtschaft Europas. Schon seit 1909 wurden deshalb die Kormorane, Tölpel und Pelikane an den Küsten von Peru geschützt, damit sie ungestört Guano produzieren können. Ende der fünfziger Jahre gab es dort 20 bis 30 Millionen Guanovögel. Dann aber begannen die Peruaner, den Guanovögeln Konkurrenz zu machen und selbst Sardellen und Sardinen in großem Maßstab zu fischen. Durch die Überfischung ging die Zahl der Guanovögel zurück.

In den Auftriebsgebieten sinkt viel organisches Material auf den Meeresboden ab. Im Sediment unterhalb von Auftriebsgebieten ist deshalb die Konzentration der organischen Substanz hoch. Bei der Mineralisation dieser organischen Substanz verbrauchen die Sedimentbakterien viel Sauerstoff. In Wassertiefen von 40 bis 800 m gibt es deshalb vor Peru im Wasser über dem Meeresboden nur geringe Sauerstoff-Konzentrationen (Abb. 3.5). Unter ungünstigen Bedingungen kommt es zeitweise oder dauernd sogar zum völligen Sauerstoffmangel im Bodenwasser über dem Sediment. Dann stirbt dort die Bodenfauna. Wenn geringe Mengen Sauerstoff im Bodenwasser vorhanden sind, können sich "Spaghetti-Bakterien" der Gattung *Thioploca* ansiedeln. Diese mehrere Zentimeter langen, fadenförmigen Bakterien bilden Matten auf dem Meeresboden. Sie leben vorzugsweise dort, wo im Porenwasser die energiereichen Verbindungen Methan und Schwefelwasserstoff verfügbar sind. Sie brauchen aber zugleich auch Sauerstoff aus dem überstehenden Wasser. Unter günstigen Bedingungen kann die Biomasse der Spaghetti-Bakterien 1 g Kohlenstoff pro Quadratmeter Meeresboden betragen und ist dann ebenso hoch wie die Biomasse der Makrofauna.

In vielen Auftriebsgebieten sinkt mehr organisches Material auf den Meeresboden ab, als dort von den Sedimentbakterien mineralisiert werden

Produktion in Gebieten mit Küstenauftrieb 49

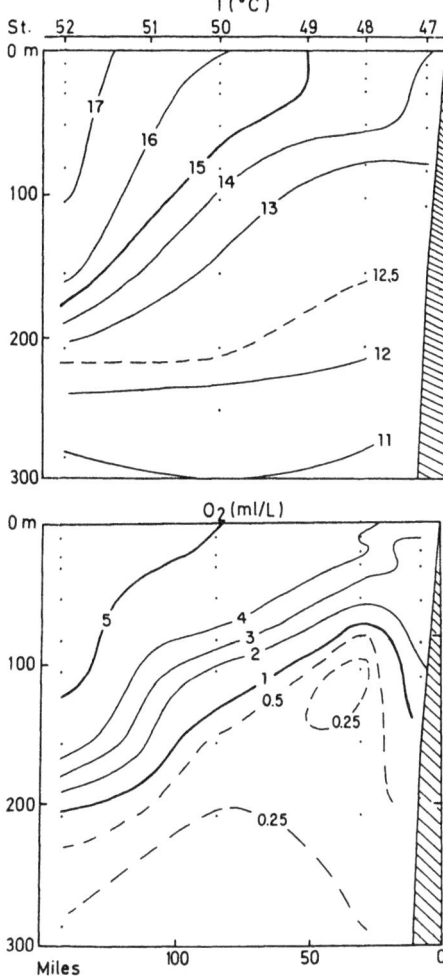

ABB. 3.5. Temperaturverteilung und Sauerstoff-Konzentrationen (ml pro Liter; 1 ml = 1,43 mg Sauerstoff) in der Wassersäule bis 300 m Wassertiefe an 6 Stationen (St. 47 bis 52) bis 150 Seemeilen entfernt von der Küste von Peru, im September 1968. Unterhalb des Auftriebsgürtels ist die Sauerstoff-Konzentration sehr gering. (Nach Zuta et al., 1978)

kann. Bei hohen Sedimentationsraten gelangt dann unzersetztes organisches Material schnell auch in tiefere Sedimentschichten. Lagerstätten von Erdöl sind in der erdgeschichtlichen Vergangenheit unterhalb von Auftriebsgebieten entstanden. Auch die Phosphorit-Vorkommen, aus denen die Landwirtschaft den Phosphor-Dünger bezieht, haben sich unter Auftriebsgebieten gebildet. Der Phosphor war einmal in den Zellen von Phytoplanktonalgen enthalten.

3.6 El Niño, oder wenn der Auftrieb ausbleibt

Der Südostpassat weht an der Westküste Südamerikas fast ganzjährig und treibt das kalte Wasser des Humboldt-Stroms (Peru-Stroms) nach Norden. Deshalb gibt es vor Nordchile, Peru und Ecuador fast ganzjährig Auftrieb. In unregelmäßigen Abständen findet aber "El Niño" statt. Dann dringt warmes Wasser von Norden aus der Tropenregion nach Süden vor und verändert die Lebensbedingungen nicht nur im Auftriebsgebiet, sondern auch an Land. In den Wüstengegenden gibt es dann Platzregen und Überschwemmungen. Zwischen 1900 und 1983 wurden 20 El-Niño-Ereignisse registriert. Ihre Intensität war 1925/26 und 1982/83 so stark, daß man von Naturkatastrophen reden kann. Aber auch die "normalen" El-Niño-Ereignisse, die ungefähr alle vier Jahre auftreten, bedeuten jeweils eine drastische Veränderung der ökologischen Verhältnisse vor den Küsten.

Die Bezeichnung "El Niño" (spanisch: der Knabe) bezieht sich auf das Christkind, denn El Niño-Ereignisse beginnen um die Weihnachtszeit. Sie haben eine längere Vorgeschichte im Wettergeschehen über dem Pazifischen Ozean. Die Wechselbeziehungen werden von den Meteorologen als "Südliche Oszillation" bezeichnet. Bei einem klassischen El Niño-Ereignis sinkt der Meeresspiegel im westlichen Pazifik um 20 cm, steigt dagegen im östlichen Pazifik um 10 cm. Es wird also viel warmes Wasser ostwärts transportiert und es kommt zu einer Erwärmung des Wassers vor der südamerikanischen Küste. Gleichzeitig senkt sich dort die Temperatur-Sprungschicht von 40 m auf mehr als 100 m Wassertiefe ab. Die warme Oberflächenschicht wird also dicker. Der Passatwind weht unverändert. Nach wie vor bewirkt der Passatwind Auftrieb und bringt Wasser aus der Tiefe an die Meeresoberfläche. Unter den Normalbedingungen in der Zeit vor dem El Niño-Ereignis war dieses Wasser kalt und nährstoffreich, denn es stammte aus den Wassermassen unterhalb der Temperatur-Sprungschicht. Bei El-Niño-Ereignissen kommt zwar das Auftriebswasser weiterhin aus 50 bis 100 m Tiefe. Von dort wird aber jetzt nur warmes, nährstoffarmes Wasser an die Meeresoberfläche gebracht. Die Spungschicht war ja in die Tiefe abgesunken. Mit dem nährstoffarmen Auftriebswasser gibt es keine hohe Primärproduktion. Es kommt zu nährstoffarmen Verhältnissen, wie sie sonst allgemein in den warmen Meeren vorherrschen.

Die Auswirkungen des extrem intensiven El-Niño-Ereignisses 1982/83 an den Küsten von Peru sind in einem Buch von Wolf E. Arntz und Eberhard Fahrbach dokumentiert worden. Nach dem Ausbleiben der Nährstoffzufuhr hatte das Auftriebs-Ökosystem gleichzeitig zwei ganz verschiedene Belastungen zu verkraften: Extreme Verringerung der Ernährungsgrundlage und Steigerung der Wassertemperaturen um bis zu 8 °C.

Viele an das Leben in kalten Auftriebsregionen angepaßte Tier- und Pflanzenarten konnten diese Erwärmung nicht ertragen und verschwanden, dafür drangen Arten aus tropischen Gebieten von Norden her nach Süden bis an die peruanische Küste vor. Das waren beim Phytoplankton verschiedene Dinoflagellaten, Coccolithophoriden und große Diatomeen, während vorher kleine Diatomeen die Phytoplankton-Gemeinschaft dominiert hatten. Die Biomasse der Planktonkrebse (Copepoden) nahm auf etwa ein Sechstel ab, denn ihnen fehlte die Nahrungsgrundlage. Zugleich erschienen größere Zooplankter, Salpen und Staatsquallen, die sonst nur in den wärmeren tropischen Gewässern weiter nördlich leben. In den flachen Küstenregionen starben die Kaltwasserformen ab, dafür wanderten Garnelen und tropische Fische von Norden her ein. Pilgermuscheln (*Argopecten*) konnten sich reichlich vermehren. Die Sauerstoffverhältnisse am Meeresboden verbesserten sich (Abb. 3.6).

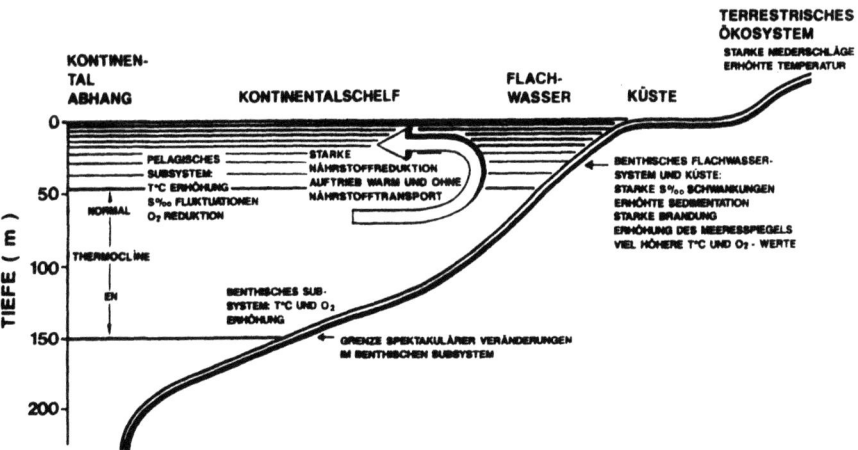

ABB. 3.6. Durch das El-Niño-Ereignis 1982/83 bewirkte Veränderungen der Umweltverhältnisse im Küstengebiet vor Peru. EN = Lage der Sprungschicht (Thermokline) während des El-Niño-Ereignisses. (Aus Arntz und Fahrbach, 1991, mit Genehmigung durch Birkhäuser Verlag, Basel)

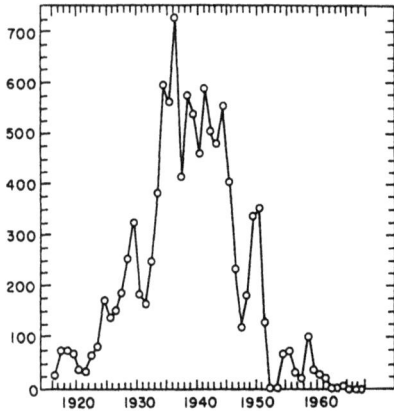

ABB. 3.7. Anlandungen von Pazifischen Sardinen, *Sardinops caerulea*, an den Küsten von Washington, Oregon, Kalifornien und Baja California 1916 bis 1966. Angaben in tausend Tonnen. (Nach Longhurst, 1971)

Da sich Biomasse und Produktion des Phytoplanktons verringerten, fehlte den Sardellen und Sardinen in den Auftriebsgebieten die Nahrungsgrundlage. Sie wanderten ab, zogen sich in größere Wassertiefen zurück und starben wohl überwiegend den Hungertod. Das wiederum hatte Auswirkungen vor allem auf die Kormorane und Tölpel, weniger stark auch auf die Pelikane. Schätzungen gehen dahin, daß beim El-Niño-Ereignis 1982/83 an den Küsten von Peru 72 % der Guanovögel starben, nämlich alle Jungvögel und 58 % der Altvögel. Die Fischerei auf Sardellen und Sardinen brach zusammen.

El-Niño-Ereignisse sind das klassische Beispiel, wie stark die meteorologischen und ozeanographischen Verhältnisse kurzfristig ein großes Ökosystem von 1000 km^2 Ausdehnung verändern können. 1971 wirkten an der Küste von Peru Überfischung und ein starker El Niño zusammen bei der Vernichtung der Sardellenbestände. 1945 brach die kalifornische Ölsardinenfischerei zusammen, die in den Jahren davor jährlich Erträge von etwa 0,6 Millionen t gebracht hatte (Abb. 3.7). Während vorher der Sardinenfang auch vor Vancouver, Washington und Nordkalifornien erfolgte, verlagerten sich nach 1945 die Sardinenbestände südwärts bis an die Küste von Mexiko. Auch von anderen Auftriebsgebieten sind starke Veränderungen im Vorkommen der Schwarmfische bekannt. Das gilt auch für vergangene Zeiten, als Überfischung noch nicht die heutige Rolle spielte.

4 Die Hochsee der kalten Meere

4.1 Die Hochsee der kaltgemäßigten Klimaregionen

Als Konvergenz (lateinisch convergere, sich hinneigen) bezeichnen die Ozeanographen eine Wassermassengrenze, an der das Wasser absinkt. Die "Subtropischen Konvergenz-Zonen" trennen die warmen Wassermassen der windarmen Roßbreitenregionen von den kälteren Wassermassen weiter polwärts, wo Westwinde vorherrschen (Abb. 3.1). Im Nordpazifik und auf der Südhalbkugel liegen die Subtropischen Konvergenz-Zonen auf einer geographischen Breite von etwa 40 Grad. Im Nordatlantik zieht sich die Subtropische Konvergenz schräg von Südwesten nach Nordosten bis in die Gegend von Irland und erreicht dort 55 Grad nördlicher Breite (Abb. 4.1). An dieser Wassermassengrenze finden viele wärmeliebende Organismen polwärts ihre Verbreitungsgrenze.

Im Winter steht in den kaltgemäßigten Klimaregionen die Sonne so niedrig, daß Photosynthese nur bei sehr klarem Wasser und nur dicht unter der Meeresoberfläche erfolgen kann. Auch im Frühling, wenn die Sonne wieder steigt und dadurch das Lichtangebot besser wird, sind die Bedingungen für die Photosynthese des Phytoplanktons zunächst noch ungünstig. Denn die Wassermassen sind vom Winter her noch bis tief hinab abgekühlt und durchmischt. Eine individuelle Phytoplanktonzelle verbringt unter diesen Bedingungen jeweils nur kurze Zeit dicht an der Meeresoberfläche, wo das Sonnenlicht intensiv genug für die Photosynthese ist. Meistens befindet sie sich im Dunkel, denn die Mischungstiefe ist größer als die Kritische Tiefe (Abb. 1.2). Die kurzen Zeiten der Belichtung reichen nicht aus für Wachstum und Vermehrung des Phytoplanktons.

Mit steigendem Sonnenstand im Frühling beginnt sich das Oberflächenwasser zu erwärmen. Falls ruhiges Wetter herrscht, bildet sich schnell eine ganz flache Oberflächenschicht erwärmten Wassers. Sie wird durch eine zunehmend stabilere Temperatur-Sprungschicht vom kalten tieferen Wasser getrennt. Die an der Meeresoberfläche von den Windwel-

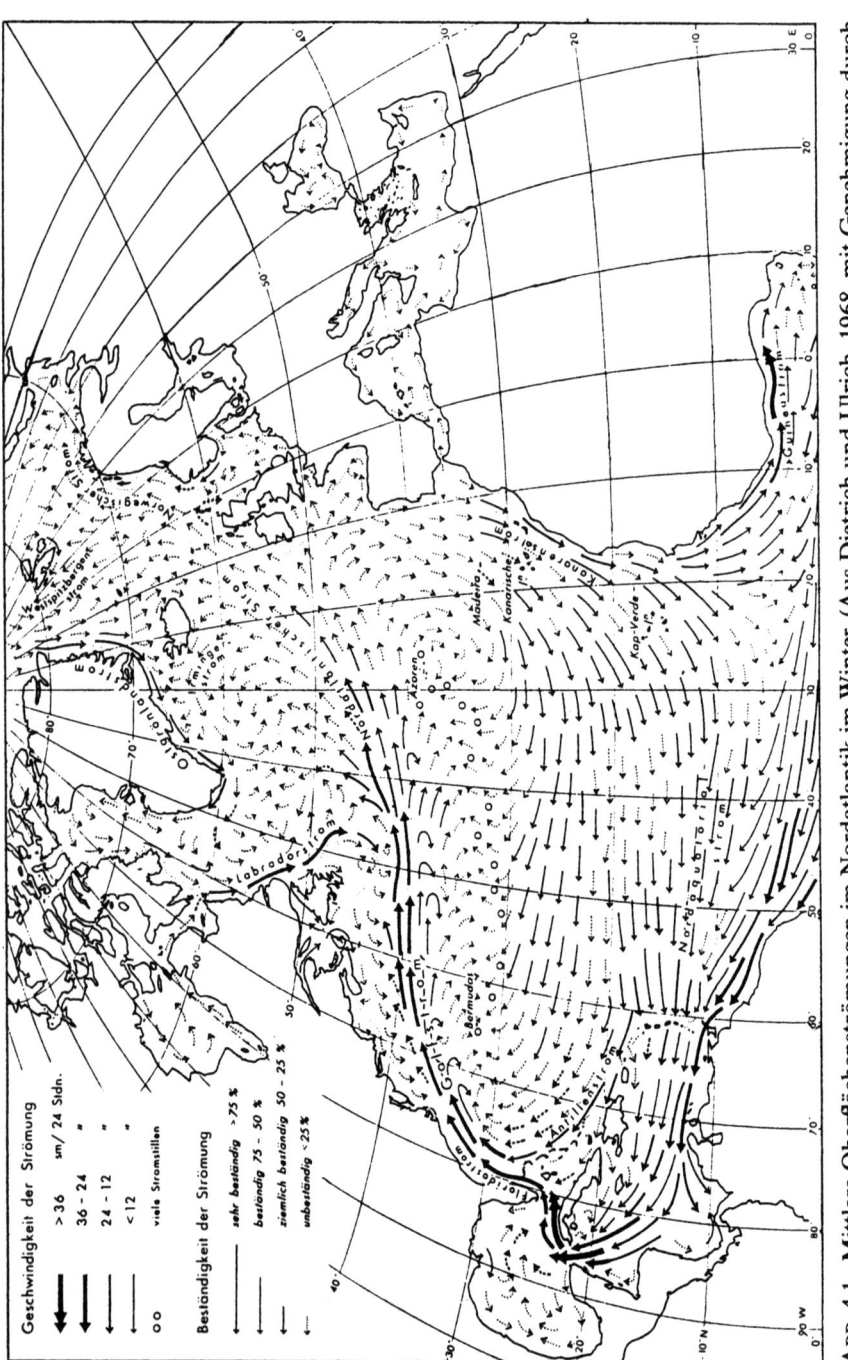

ABB. 4.1. Mittlere Oberflächenströmungen im Nordatlantik im Winter. (Aus Dietrich und Ulrich, 1968, mit Genehmigung durch Bibliographisches Institut und F. A. Brockhaus, Mannheim)

len ausgehende Turbulenz (Verwirbelung) des Wassers bleibt auf die Oberflächenschicht beschränkt. Die Mischungstiefe ist also gering. In der Oberflächenschicht kann eine Algenzelle tagsüber ständig Photosynthese treiben, kann wachsen und sich vermehren. So entsteht schnell eine "Frühjahrsblüte", eine Massenentwicklung des Phytoplanktons, an der vor allem die Kieselalgen (Diatomeen) beteiligt sind.

In der kaltgemäßigten Klimaregion des Nordatlantiks ist unter den Zooplanktern der Copepode (Ruderfußkrebs) *Calanus finmarchicus* die dominierende Art. Die Hungerzeit des Winters verbringen die Jugendstadien (Copepodite) von *Calanus* inaktiv in größeren Wassertiefen. Während der Frühjahrsblüte des Phytoplanktons steigen sie auf und finden dann reichlich Phytoplankton-Nahrung für Wachstum, Reifung und Eiproduktion. *Calanus finmarchicus* ist zu dieser Zeit aber noch nicht zahlreich genug, um durch Wegfraß die sich entwickelnde Phytoplanktonblüte wesentlich zu beeinflussen. Deshalb bleiben viele Phytoplanktonzellen ungefressen und sinken nach dem Absterben auf den Meeresboden ab. Die nächste Generation der Copepoden entwickelt sich erst im Laufe des Sommers. Bei bestimmten hydrographischen Bedingungen können aber auch erwachsene Copepoden schon so früh auftreten, daß sich ihre Nauplius-Larven und Jugendstadien zusammen mit der Frühjahrsblüte entwickeln. Im Nordpazifik gibt es *Calanus*-Arten, die regelmäßig als Erwachsene überwintern. Sie legen ihre Eier zeitlich abgestimmt so ab, daß die Naupliuslarven und die Jugendstadien sich gleichzeitig mit dem Phytoplankton entwickeln können. Durch Wegfraß (englisch grazing) verhindern sie, daß es zu ausgesprochenen Frühjahrsblüten des Phytoplanktons kommt.

Die Frühjahrsblüte des Phytoplanktons endet, wenn die Nährstoffe im Wasser der Oberflächenschicht erschöpft sind, weil sie nämlich vollständig von den Planktonalgen aufgenommen wurden. In der Regel wird Nitrat schneller von den Algen verbraucht als Phosphat, aber auch durch Silikatmangel kann das Algenwachstum begrenzt werden. Mit zunehmender Erwärmung wird die Oberflächenschicht immer dicker und stabiler, falls nicht Stürme das verhindern. Eine kräftige Temperatur-Sprungschicht (Thermokline) trennt im Sommer das warme Oberflächenwasser vom kalten Tiefenwasser. Pflanzennährstoffe sind während des gesamten Sommers in der Oberflächenschicht knapp, denn was am Ende des Winters an Stickstoff, Phosphor und Silicium im Oberflächenwasser vorhanden war, wurde von den Planktonalgen ja bereits während der Frühjahrsblüte in Algen-Biomasse eingebaut und ist später mit abgestorbenen Algen oder mit den Kotballen des Zooplanktons in die Tiefe abgesunken. Die kräftige Temperatur-Sprungschicht verhindert, daß im

Sommer von unten her Nährstoffe nach oben transportiert werden. Unter diesen nährstoffarmen Bedingungen kommen vor allem Dinoflagellaten, Coccolithophoriden und andere Flagellaten im Phytoplankton vor. Im Sommer sind die Verhältnisse in den Meeren der kaltgemäßigten Klimaregionen also ähnlich wie die Verhältnisse, die in den warmen Meeren während des ganzen Jahres herrschen.

Im Herbst kühlen die oberflächlichen Wasserschichten ab. Dadurch verringert sich die Stabilität der Oberflächenschicht. Stürme greifen dann immer leichter die Sprungschicht an, immer häufiger kommt es zur Zumischung von Tiefenwasser. Wenn dann nach einem solchen Sturm wieder ruhiges Wetter einsetzt und die Wasserschichtung sich erneut stabilisiert, kommt es zu Herbstblüten des Phytoplanktons. Deren Intensität ist von den Wetterverhältnissen abhängig.

Im Gegensatz zur dauernd nährstoffarmen Hochsee der warmen Meere gibt es in den Meeren der kaltgemäßigten Klimaregionen wenigstens zur Zeit der Frühjahrsblüte beides, Nährstoffe und Licht. Deswegen liegt die Leistung der "C-14-Primärproduktion" bei ungefähr 100 g Kohlenstoff pro Quadratmeter und Jahr und ist damit etwa doppelt so hoch wie in der nährstoffarmen Hochsee der warmen Meere (Abb. 2.3). Entsprechend hoch sind die Zooplanktonmengen (Tab. 2.2)

4.2 Die Hochsee der polaren Klimaregionen

Die Polarmeere liegen polwärts von den Polarfronten. Wenn man eine Polarfront durchquert, kann man innerhalb weniger Stunden den Temperaturabfall verfolgen. Meistens wird dann auch die Luft schlagartig kälter, oft kommt Nebel auf. Möglicherweise kann man dann bald mit den ersten Eisschollen rechnen. Im Bereich der Polarfronten sinkt kaltes polares Oberflächenwasser unter wärmeres Wasser ab. Die Ozeanographen sprechen von der Antarktischen und der Arktischen Konvergenz-Zone.

Auf der Südhalbkugel liegt die Polarfront im Bereich der Westwindtrift, die den Antarktischen Zirkumpolarstrom antreibt. Diese ostwärts gerichtete Strömung umkreist seit 15 bis 20 Millionen Jahren den Antarktischen Kontinent und isoliert das kalte Meeresgebiet des Südpolarmeeres vom übrigen Weltozean. Im Südatlantik und im südlichen Indischen Ozean liegt die Polarfront bei etwa 50 Grad Süd, im Südpazifik teilweise bei 60 Grad Süd. Vom Antarktischen Kontinent her wehen die Winde überwiegend ablandig und treiben Eis und Oberflächenwasser in nördliche Richtung. So entsteht ein Auftriebsgürtel am Antarktischen Kontinentalhang (Abb. 4.2).

Dieses Auftriebswasser hat extrem hohe Nährstoff-Konzentrationen von mehr als 25 µmol/l Nitrat, 2 µmol/l Phosphat und 66 µmol/l Silikat. Als Antarktisches Oberflächenwasser driftet das Auftriebswasser nach Norden und bleibt auch während des Südsommers nährstoffreich, denn die geringe Primärproduktion des Phytoplanktons führt nicht zur Erschöpfung der hohen Nitrat- und Phosphat-Konzentrationen. Nur die Silikat-Konzentrationen sind im Oberflächenwasser geringer als im Tiefenwasser. Das könnte ein Anzeichen für Silikatverbrauch durch das Diatomeenplankton sein. Eine Sprungschicht liegt in 50 bis 200 m Tiefe.

Der Arktische Ozean steht durch Framstraße und Beringstraße mit Atlantik und Pazifik in Verbindung. Kalte Meeresströmungen transportieren Wasser aus dem Arktischen Ozean weit nach Süden. Mit dem Labrador-Strom gelangt es bis in die Gegend von Neufundland (Abb. 4.1) und mit dem Ojaschio-Strom bis nach Nordjapan (Abb. 2.1). Eine gut ausgebildete Polarfront gibt es auch an der Ostflanke des Ostgrönland-Stroms (Abb. 4.1). Diese kalte Strömung fließt am Grönländischen Kontinentalhang entlang nach Süden und Südwesten und kompensiert den

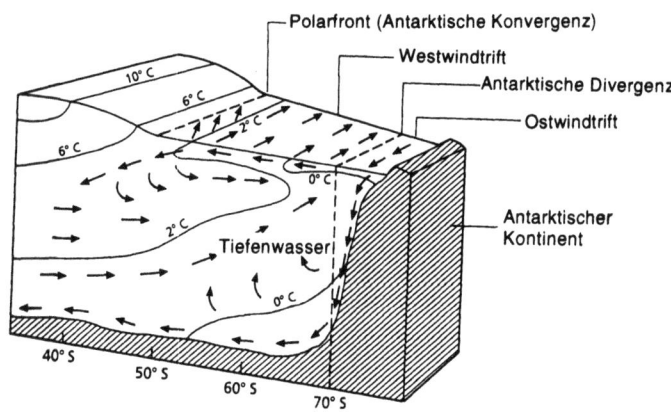

ABB. 4.2. Schema des Südpolarmeeres. Links die Subtropische Konvergenz als Grenze zur Warmwassersphäre, wo das Oberflächenwasser wärmer als 10 °C ist. Rechts der antarktische Kontinent, wo sehr kaltes Wasser absinkt und sich in mehr als 4000 m Tiefe als Antarktisches Bodenwasser nach Norden ausbreitet. Die Antarktische Divergenz ist ein Auftriebsgürtel, wo nährstoffreiches Wasser an die Oberfläche gelangt. Dieses Wasser breitet sich als Antarktisches Oberflächenwasser in nördliche Richtung aus und sinkt dann an der Polarfront ab, wo es von weniger dichten kaltgemäßigten Wassermassen überschichtet wird. (Nach Mann und Lazier, 1991)

Westspitzbergen-Strom, der warmes Atlantikwasser in den Arktischen Ozean bringt. Weil der Arktische Ozean aus vielen Flüssen jährlich 3500 km^3 Süßwasser erhält, beträgt der Salzgehalt im Oberflächenwasser stellenweise nur 31 ‰. Das Wasser im Arktischen Ozean ist deshalb gut geschichtet, die Salzgehalts-Sprungschicht (Halokline, griechisch hals, halos, das Salz) liegt in etwa 200 m Wassertiefe. Die Nährstoffkonzentrationen im Oberflächenwasser des Arktischen Ozeans sind zwar nur halb so hoch wie im Tiefenwasser, sie wären aber ausreichend für ein gutes Phytoplankton-Wachstum. Aber das Phytoplankton-Wachstum wird in den Polarregionen durch Lichtmangel begrenzt.

Das bezieht sich nicht so sehr auf die Bestrahlungsstärke an der Meeresoberfläche, denn weite Gebiete der polaren Meere liegen auf einer geographischen Breite zwischen 50 und 60 Grad und haben also Lichtbedingungen ähnlich wie in Mitteleuropa. Erst weiter polwärts, also auf der geographischen Breite der Polarkreise bei 67 Grad, beginnen vom Lichtangebot her definiert Arktis und Antarktis. Dort bleibt es im Winter auch mittags dunkel, während es im Sommer 24 Stunden täglich Sonnenlicht gibt. Im Sommer ist die Tagesmenge der Sonnenstrahlung an der Meeresoberfläche in den Polargegenden ebenso groß wie in den Tropen. Allerdings reflektiert bei einer Sonnenhöhe von weniger als 30 Grad eine glatte Meeresoberfläche über ein Drittel der Sonnenstrahlung. Im übrigen reduzieren Wolken und Nebel oft die Sonnenstrahlung. Trotzdem wären in den Polargegenden vom sommerlichen Lichtangebot her hohe Photosynthese-Leistungen möglich.

Deshalb überrascht es, daß im offenen Südpolarmeer die Leistung der "C-14-Primärproduktion" oft unter 0,1 g Kohlenstoff pro Quadratmeter und Tag liegt. Die Jahresproduktion im freien Wasser wird auf nur 16 g Kohlenstoff pro Quadratmeter geschätzt. Die Schätzungen für den Arktischen Ozean liegen mit 9 g Kohlenstoff pro Quadratmeter und Jahr noch darunter. Trotz der reichlich vorhandenen Nährstoffe ist die Primärproduktion im offenen Wasser der Polarmeere also noch geringer als in der nährstoffarmen Hochsee der warmen Klimaregionen.

Die Ursache für diese geringe Produktivität wird heute in der fehlenden oder nur schwach ausgebildeten Wasserschichtung gesehen. Oft ist das Wetter stürmisch. Es kommt deshalb in den polaren Hochseeregionen nur selten längerfristig zur Ausbildung einer erwärmten Oberflächenschicht, nur selten ist die Mischungstiefe kleiner als die Kritische Tiefe (Abb. 1.3). Phytoplanktonzellen werden regelmäßig durch die Turbulenz (Verwirbelung) des Wassers in lichtlose Tiefen transportiert und bekommen deshalb, über ihre Lebensspanne gesehen, zu wenig Licht. Ob auch Eisenmangel dafür verantwortlich ist, daß die Phytoplankton-Biomasse im Südpolarmeer so gering ist, wird gegenwärtig noch kontrovers diskutiert.

Das Phytoplankton in den Polarmeeren besteht aus kleinen Diatomeen (überwiegend aus der Ordnung der Pennales) und aus Flagellaten. Die meisten im Südpolarmeer gefundenen Phytoplankton-Arten sind endemisch, sind also in ihrer Verbreitung auf die Antarktis beschränkt, die ja schon seit mehr als 15 Millionen Jahren ein vom übrigen Weltmeer abgeschlossener Kaltlebensraum ist. Dagegen unterscheidet sich das Phytoplankton der nördlichen polaren Meere nicht so stark von dem Phytoplankton, welches in den kaltgemäßigten Meeren der Nordhalbkugel vorkommt. Erst im späten Tertiär, vor 3 Millionen Jahren wurde es im Nordpolarbereich kalt, erst seitdem konnten sich dort arktische Kaltwasser-Arten spezialisieren. Einige Phytoplankton-Arten sind bipolar verbreitet, sie kommen also in der Arktis und in der Antarktis vor. Vielleicht diente das Gefieder von Küstenseeschwalben als Transportmittel, denn diese Vögel brüten in der Arktis und wandern regelmäßig im Herbst nach Süden bis zum antarktischen Packeis.

Das Zooplankton in den Polarmeeren setzt sich in erster Linie aus Copepoden (Ruderfußkrebsen), Euphausiaceen (Krill), Salpen und Flügelschnecken (Pteropoda) zusammen. Den Winter überleben viele Zooplankter in Tiefen von mehr als 1000 m. Wenn über ihnen die Sonne steigt und die Phytoplankton-Entwicklung beginnt, wandern die Copepoden-Weibchen an die Oberfläche und legen ihre Eier. Die Jugendstadien entwickeln sich dann im Sommer. Die Zooplankton-Biomasse ist nicht höher als in den Meeren der kaltgemäßigten Klimaregion. Die Fische in der Antarktis haben insofern ein besonderes Problem, als ihre Körperflüssigkeit einen geringeren Salzgehalt hat als das Meerwasser. Die Körperflüssigkeit würde also bei sinkenden Minus-Temperaturen im umgebenden Meerwasser eher als das Meerwasser selbst gefrieren. Frostschutzmittel verhindern das.

Die neuen Erkenntnisse über die vergleichsweise geringe Primärproduktion in den Polarmeeren beziehen sich nur auf die Hochsee, nicht auch auf die Schelfgebiete. Vom Wasser über dem Antarktischen Schelf sind Leistungen der "C-14-Primärproduktion" von 3 g Kohlenstoff pro Quadratmeter und Tag bekannt. Dort können also auch größere Bestände von Phytoplankton-Fressern (Herbivoren) ernährt werden, zum Beispiel Krill. Allerdings machen diese Schelfgebiete weniger als 5 % der Fläche des Südpolarmeeres aus. Auf der Nordhalbkugel spielen die Schelfgebiete dagegen eine viel größere Rolle. Dort gibt es große Ansammlungen von Fischen, welche den Fang lohnen. Aber bisher ist noch nicht genau analysiert worden, welchen Beitrag die Schelfgebiete, welchen die Hochsee zur Primärproduktion der polaren Meere leisten. Dazu kommt die Primärproduktion im Eis und in den Eisrandzonen.

4.3 Das Packeis

Man kann die Polarmeere auch als Eismeere definieren. Im Arktischen Ozean sind im Winter 14 Millionen km^2 vom Eis bedeckt. Im Verlauf des Sommers schmilzt das Eis auf einer Fläche von 7 Millionen km^2, das Packeis zieht sich also auf die Hälfte zurück. Im Südpolarmeer ist im Winter eine Fläche von 20 Millionen km^2 vom Packeis bedeckt. Das ist etwa die Hälfte der gesamten Meeresfläche südlich der Polarfront. Im Sommer bedeckt das antarktische Packeis nur 5 Millionen km^2. Auf 15 Millionen km^2 schmilzt im Sommer das Eis und wird im Herbst neu gebildet (Abb. 4.3). Von Jahr zu Jahr sind die Eisbedingungen sehr verschieden. Auch im Winter gibt es zwischen den Eisschollen viele offene Wasserflächen. Einjähriges Eis kann mehr als einen Meter dick werden.

Meerwasser gefriert bei Temperaturen unter minus 1,8 °C. Zunächst bilden sich im abgekühlten Wasser wenige Millimeter große Kristalle von Süßwassereis, die zur Meeresoberfläche aufsteigen und dort Eisbrei bilden. Das Meerwasser wird durch diesen Kristallisationsprozeß salzreicher und sinkt ab. Der Eisbrei verdichtet sich zu Pfannkucheneis und dieses verschmilzt zu Eisschollen. Wenn das Eis einige Zentimeter dick ist, isoliert es die Wassermassen unter dem Eis gegenüber der kalten Luft. Weiteres Eis kristallisiert dann unmittelbar an der Unterseite der Eisschollen. Im ruhigen Wasser bilden sich säulenförmige Eiskristalle. Im festen kristallinen Meereis ist nur wenig Salz enthalten. Poren und Kanäle, die im Eis ein Netzwerk bilden, sind ein Lebensraum, den man mit dem Lückensystem im Sand vergleichen kann. Der Salzgehalt in den Poren im Eis ist aber viel höher als der Salzgehalt des Meerwassers, und die Temperaturen liegen wegen der kalten Lufttemperatur weit unter 0 °C. Trotzdem kommen in den Poren im Eis Algen und Tiere vor. Diatomeen wachsen noch beim dreifachen Salzgehalt des Meerwassers. Die Foraminiferen der Art *Neogloboquadrina pachyderma* überleben den doppelten Salzgehalt des Meerwassers, vermehren sich dabei aber nicht. Außer Diatomeen und Foraminiferen wurden im antarktischen Meereis Flagellaten, Ciliaten und Strudel-Würmer (acocle Turbellarien) gefunden. Die Eiscopepoden (Ruderfußkrebse) der Gattung *Drescheriella* vermehren sich im Eis. Nachdem das Eis geschmolzen ist, überleben sie den Südsommer im Pelagial (Abb. 4.4).

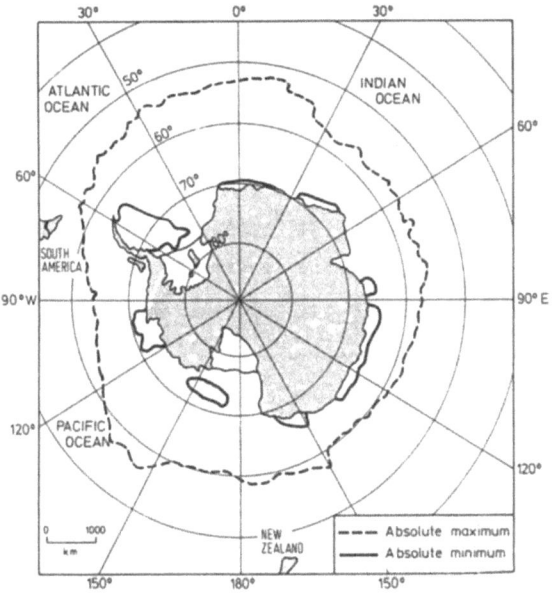

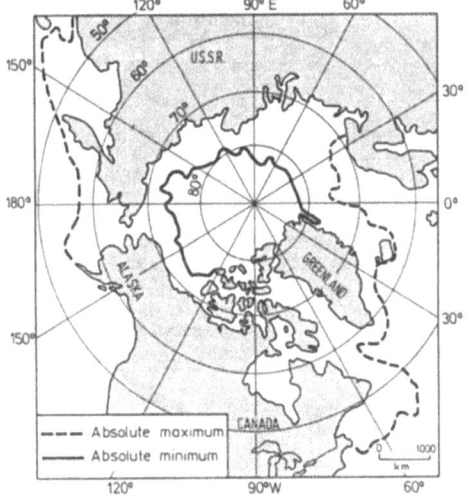

ABB. 4.3. Größte Ausdehnung des Packeises im Winter (unterbrochene Linie) und geringste Ausdehnung im Sommer (ausgezogene Linie). a Antarktisches Packeis, b Arktisches Packeis. (Nach Maykut, 1986, aus Spindler, 1988, mit Genehmigung durch Kluwer Academic Publishers, Dordrecht)

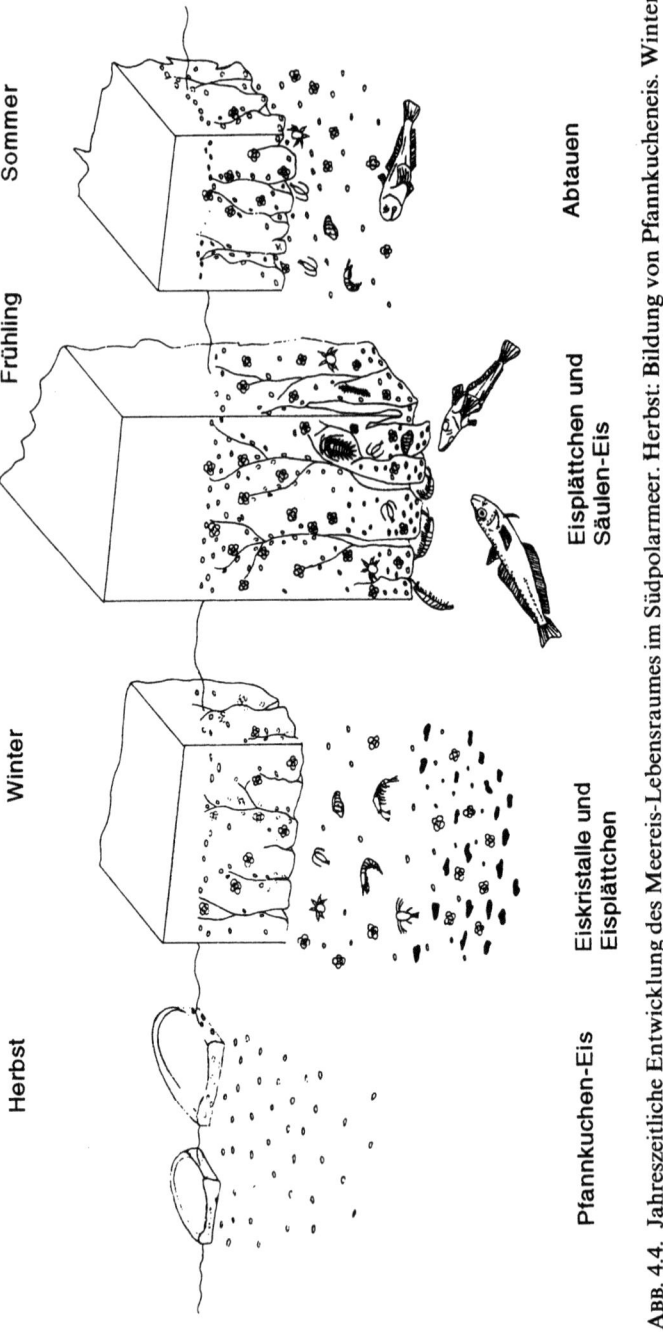

ABB. 4.4. Jahreszeitliche Entwicklung des Meereis-Lebensraumes im Südpolarmeer. Herbst: Bildung von Pfannkucheneis. Winter: Eiskristalle und Eisplättchen lagern sich von unten an das Packeis an. Frühling: Größte Eisdicke, Säuleneis mit Lakunen. Diatomeen und Foraminiferen wurden in das Eis eingeschlossen. Sommer: Das Eis beginnt zu tauen, Diatomeen und andere Eisbewohner vermehren sich, Krill ernährt sich von den Algen an der Unterseite des Eises. Dann verschwindet das Eis, Meereis-Organismen überleben im freien Wasser. (Nach Spindler, 1988)

Ernährungsbasis für diese Meereis-Lebensgemeinschaft sind die Diatomeen. In der Arktis wurden 300 Arten, in der Antarktis wurden 200 Diatomeenarten gefunden, die sowohl im Meereis als auch im Phytoplankton des freien Wassers vorkommen. Stäbchenförmige Diatomeen aus der Ordnung der Pennales überwiegen. In manchen Eisproben wurden mehr als 100 000 Zellen pro Kubikzentimeter gezählt. Die Algenbiomasse entspricht im Sommer 100 bis 300 mg Chlorophyll pro Quadratmeter. Das ist mehr, als man sonst bei Phytoplanktonblüten im Wasser messen kann. Dem Beobachter fallen die hohen Konzentrationen der Diatomeen als bräunliche Schichten im Eis auf.

Die etwa 20 cm dicke untere Schicht der Eisschollen ist am dichtesten von Diatomeen besiedelt. Hier vergrößern sich die Kanäle des Lückensystems und es findet ein Austausch des Porenwassers mit dem Meerwasser statt. In der Arktis schmilzt das Meereis vor allem von unten her ab. Dann hängen Matten und Fäden der Diatomee *Melosira* nach unten in das Wasser und können dort gefressen werden.

Lange bevor das Eis aufbricht, ist das Sonnenlicht im Frühling schon kräftig genug, um im Meereis Diatomeen wachsen zu lassen. Davon leben die Tiere der Untereis-Fauna. Im Nordpolarmeer gehört der Flohkrebs *Apherusa glacialis* dazu. Dieser wird gern von ein- und zweijährigen Polardorschen (*Boreogadus saida*) gefressen, die unter dem Eis besonders häufig sind. Der Polardorsch ist die Hauptnahrung der Sattelrobbe, die im März ihr Junges auf dem Eis wirft. Endglied dieser Nahrungskette ist der Eisbär.

Schon wenige Zentimeter dicke Lagen von trockenem Schnee sind für das Sonnenlicht undurchlässig. Aber nachdem der aufgelagerte Schnee geschmolzen ist, bilden sich Schmelzwassertümpel an der Oberfläche der Eisschollen, in denen sich Diatomeen entwickeln. Das Meereis selbst ist gut lichtdurchlässig. Auch an der Unterseite der Eisschollen herrschen deshalb gute Lichtbedingungen. Wo sich Eisschollen übereinandertürmen, kann es sogar einen Oberlicht-Effekt geben, weil dann auch die Strahlen der tiefstehenden Sonne nach unten umgeleitet werden. Die Eisalgen werden also, solange die Sonne scheint, gut mit Licht versorgt. Die Primärproduktion der antarktischen Meereis-Gemeinschaft wurde auf 5 bis 10 g Kohlenstoff pro Quadratmeter und Jahr geschätzt.

Man hat lange gerätselt, wie der antarktische Krill (*Euphausia superba*) den Winter überlebt. Die dunkle Winterzeit ohne Primärproduktion bedeutet ja eigentlich Hungerzeit für einen Phytoplanktonfresser. Krill ernährt sich aber auch als Karnivor und frißt im Aquarium sogar seine Schwarmgenossen. Er könnte diese im Winter gewissermaßen als lebende Konserve ausnutzen. Aber Artgenossen sind nicht die einzige Nahrungsquelle. Als das Polarforschungsschiff "Polarstern" im Südwinter 1986 im Weddell-Meer forschte, beobachtete Hans-Peter Marschall große Krillmengen, die direkt unter dem Eis fraßen. Mit den Schwimmbeinen kratzten sie die Eisalgen aus dem Eis heraus. Der Krill kann sich an der rauhen Unterseite des Eises festhalten und sinkt nicht in die Tiefe ab. Auch Fische wurden unter dem antarktischen Eis beobachtet. Noch ist allerdings für das Gesamtgebiet der Antarktis noch nicht klar, welche Rolle das Packeis als Überwinterungsort spielt. Die Krill-Biomasse in der Antarktis wird auf 200 bis 600 Millionen t Feuchtgewicht geschätzt.

4.4 Der Rand des Packeises

Da das Meereis nur einen geringen Salzgehalt hat, entsteht beim Schmelzen Brackwasser. Dieses Wasser hat gegenüber dem Meerwasser einen verminderten Salzgehalt und bildet im Frühling an der Packeisgrenze eine dünne Oberflächenschicht, die durch eine Salzgehalts-Sprungschicht (Halokline) vom dichteren Tiefenwasser getrennt wird. Die nahe Eiskante verhindert stärkeren Seegang, so daß sich die Wasserschichtung ungestört weiter verstärken kann. In der Oberflächenschicht entwickelt sich innerhalb von drei Wochen eine intensive Phytoplanktonblüte, denn es herrschen wegen der geringen Mischungstiefe gute Lichtverhältnisse und es gibt reichlich Nährstoffe. Aber diese günstigen Verhältnisse bleiben nicht lange erhalten. Wenn nach dem Abschmelzen des Eises die Zufuhr von Brackwasser endet, verlagert sich die Halokline nach unten. Nach zwei Monaten endet in diesem Wasserkörper die Planktonblüte, denn dann wird die Mischungstiefe größer als die Kritische Tiefe (Abb. 1.2). Die Eiskante hat sich inzwischen durch Abschmelzen mehr als 50 km entfernt und überdeckt beim Rückzug immer neue Wasserkörper. Die im Oberflächenwasser enthaltenen Nährstoffe wurden nacheinander von der sich polwärts verlagernden Phytoplanktonblüte genutzt, aber in der Regel nicht erschöpft (Abb. 4.5).

Im Südpolarmeer schätzt man die Produktion des Phytoplanktons in der Nähe des Packeisrandes auf 0,9 g Kohlenstoff pro Quadratmeter und Tag. Für die Fläche des gesamten Südpolarmeeres, soweit es zeitweise von Eis bedeckt ist (15 Millionen km^2), wurden als Primärproduktion am Packeisrand 333 Millionen t Kohlenstoff pro Jahr errechnet. Das entspricht 22 g Kohlenstoff pro Quadratmeter und Jahr.

Diese Schätzungen sind noch nicht so gut belegt, daß man damit Modelle bauen könnte. Aber man weiß jetzt: man muß drei Daten

Der Rand des Packeises 65

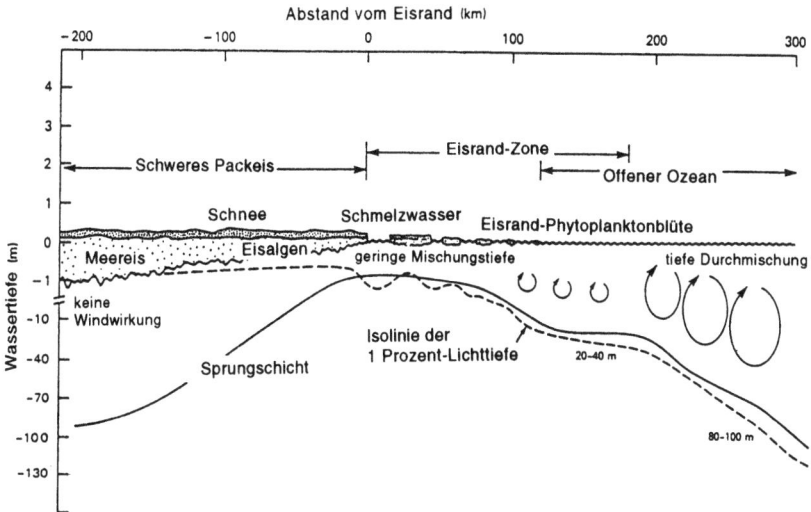

ABB. 4.5. Situation am Rande des antarktischen Packeises. Das Packeis wird im Sommer durch Abschmelzen dünner und zerfällt dann in der Region der Eisrandzone. Direkt unter der Eiskante bildet sich durch das Schmelzwasser eine flache Brackwasserschicht, die durch eine Salzgehalts-Sprungschicht vom salzigeren Wasser darunter getrennt ist. Die Mischungstiefe ist geringer als die Kritische Tiefe, es entwickelt sich eine Eisrand-Phytoplanktonblüte. Mit zunehmendem Abstand von der Eiskante nimmt der Schmelzwassereinfluß ab und nimmt die Windwirkung zu. Dadurch vertieft sich die Mischungstiefe, die Lichtbedingungen für das Phytoplankton verschlechtern sich. Aber noch in 120 m Tiefe an der Sprungschicht entspricht die Bestrahlungsstärke 1 % der Oberflächenstrahlung und reicht aus, damit sich dort ein tiefes Chlorophyll-Maximum ausbilden kann. Tiefenmaßstab nicht linear. (Nach Sullivan et al., 1988)

addieren, wenn man eine Abschätzung der Primärproduktion im zeitweise eisbedeckten Polarmeer anstrebt. Erstens die Primärproduktion im offenen Wasser während der gesamten Vegetationsperiode (9 bis 16 g Kohlenstoff pro Quadratmeter und Jahr?), zweitens die Primärproduktion der Eisalgen im und auf dem Eis (5 bis 10 g Kohlenstoff pro Quadratmeter und Jahr?), und drittens die Primärproduktion an der Eiskante (22 g Kohlenstoff pro Quadratmeter und Jahr?). Zusammengerechnet ergeben sich für die Hochseegebiete der polaren Regionen trotzdem keine höheren Zahlen als für die nährstoffarmen Hochseegebiete der warmen Klimaregionen. Der Unterschied ist, daß es in den polaren Meeren kurzfristig und regional zu hohen Leistungen der Primärproduktion kommt.

Aus dem schmalen Gürtel an der jeweiligen Packeis-Kante sinken viele Diatomeen ungefressen in die Tiefe ab. Auch mit dem Kot von Krill und anderen herbivoren Zooplanktern gelangt viel Diatomeen-Material auf den Meeresboden. Im Südpolarmeer und im polaren Bereich des Nordpazifik haben deshalb die Kieselschalen der Diatomeen einen großen Anteil an der Zusammensetzung der Tiefseesedimente. Die Geologen sprechen von Diatomeenschlämmen.

4.5 Polare Nahrungsketten

Vereinfachend wurde früher argumentiert, daß in der Antarktis drei Glieder der Nahrungskette die überwiegende Rolle spielen: große Diatomeen, Krill und die krillfressenden Pinguine, Robben und Bartenwale. Wenn aber tatsächlich die Primärproduktion in den Hochseegebieten der polaren Meere so gering ist, wie das jetzt den Anschein hat: Wovon leben dann mehrere hundert Millionen Tonnen Krillkrebse?

Große Krillmengen überwintern unter dem Packeis. Krill ist also immer dann schon vorhanden, wenn es am jeweiligen Packeisrand für kurze Zeit eine Phytoplankton-Eisrandblüte mit hohen Zelldichten gibt. Davon kann sich selbst ein dichter Krillschwarm ernähren, der regelrecht Schneisen in die Phytoplanktonwolken frißt. Anschließend ist aber an dieser Stelle die Nahrung verbraucht. Der Packeisrand verlagert sich weiter südlich. Die Schwärme der 5 cm großen Krillkrebse müssen wie Nomaden auf der Suche nach immer neuen Nahrungsgründen wandern. Man hat sie tagelang verfolgt, als sie mit einer Geschwindigkeit von 18 km pro Tag durch das Meer zogen. Die Krillschwärme können den sich verlagernden Packeisrändern folgen und überall dort auftauchen, wo gerade eine intensive Planktonblüte erfolgt. Die Krillforscher können ein Lied davon singen, denn immer wieder machten ihnen die Krillschwärme einen Strich durch ihre Forschungsplanung. Sie waren ein Jahr später nicht dort, wo man sie erforschen wollte.

Diese fleckenhafte Verteilung wird nicht nur durch die extremen jahreszeitlichen Unterschiede in den Polargebieten bewirkt. Auch von Jahr zu Jahr sind die Unterschiede in der Eisbedeckung und in der Lage der Packeisränder sehr groß. Damit Krill und Krillfresser überleben, ist Mobilität gefordert. Außerdem brauchen sie die Fähigkeit, Hungersituationen zu überstehen.

Die krillfressenden Pinguine, Krabbenfresser-Robben und Bartenwale sind bei ihrer Nahrungssuche darauf angewiesen, daß Krill in dichten Schwärmen auftritt. Auch sie haben deshalb die Lebensweise von Nomaden und die Fähigkeit, Krillschwärme aufzuspüren. Offensichtlich zahlt sich bei den Krillfressern der große Aufwand für die Nahrungssuche aus. Während des antarktischen Sommers setzen die Wale so viel Fett an, daß sie mit dieser Speicherenergie bis in die Tropen schwimmen, dort ihr Junges gebären, es mit Milch ernähren und zurück in die Antarktis geleiten können. Auf der langen Reise finden die Wale kaum Nahrung und verlieren deshalb die Hälfte ihres Körpergewichts. Aber das wird im Südsommer schnell dadurch ausgeglichen, daß sie dichte Krillschwärme als Nahrung aufspüren.

5 Die Tiefsee

5.1 Die Tiefenzonen

Für Geologen beginnt die Tiefsee an der Schelfkante (Tab. 5.1). Diese liegt in der Regel bei 200 m Wassertiefe, in der Antarktis tiefer, um 500 m Wassertiefe. An den Kontinentalhängen zwischen 200 und 2000 m Wassertiefe wird viel Material aus den Schelf- und Küstengebieten hangabwärts transportiert. Hier rutschen hin und wieder auch ganze Schichtenpakete des Meeresboden-Sedimentes ab. Wie nach einem Erdrutsch bedecken die Schlamm-Massen dann den Tiefseeboden über Hunderte von Kilometern. Der Kontinentalsockel, an dem sich solches Material ablagert, erstreckt sich oft bis in mehr als 3000 m Wassertiefe. Die Tiefsee-Ebenen finden sich überwiegend zwischen 3000 und 6000 m Wassertiefe. Die ebenen Flächen des Tiefseesedimentes überdecken die Strukturen des geologischen Untergrundes. Etwa ein Drittel des Tiefseebodens gehört aber in den Bereich der mittelozeanischen Rücken und anderer untermeerischer Gebirge, die bis 2000 m Wassertiefe aufragen.

TABELLE 5.1. Die Tiefenstufen im Weltmeer und ihr prozentualer Anteil an der Fläche der Weltozeane (362 Millionen km^2). (Aus Dietrich et al., 1975)

Tiefenstufe		Millionen km^2	Anteil (%)
0– 200 m	Schelf	27,12	7,5
200– 1000 m	Kontinentalhang	16,01	4,4
1000– 2000 m	Kontinentalhang	15,84	4,4
2000– 3000 m	Kontinentalhang	30,76	8,5
3000– 4000 m	Tiefsee-Ebene	75,82	20,9
4000– 5000 m	Tiefsee-Ebene	114,71	31,7
5000– 6000 m	Tiefsee-Ebene	76,75	21,2
6000– 7000 m	Tiefsee-Gräben	4,45	1,2
7000– 8000 m	Tiefsee-Gräben	0,38	0,1
8000–11000 m	Tiefsee-Gräben	0,15	0,04

Die Tiefenzonen

Für den Ozeanographen beginnt im Bereich der Warmwassersphäre die Tiefsee dort, wo die Wassertemperaturen auf unter 4 °C abfallen. Das ist meistens zwischen 800 und 1300 m Wassertiefe der Fall. Auch die Plank-tonkundler lassen die Tiefsee erst bei 1000 m Wassertiefe beginnen. Denn viele Organismen, die in der oligophotischen Wasserschicht des Mesopelagials leben, steigen nachts in die warme Oberflächenschicht des Epipelagials auf (s. Kapitel 2.10).

Für Benthosbiologen beginnt die Tiefsee am Kontinentalhang unterhalb der Schelfkante, also in ungefähr 500 bis 1000 m Wassertiefe. In dieser Tiefe liegt die Verbreitungsgrenzen für viele Tierarten, die entweder nur im Flachwasser oder nur in größeren Tiefen vorkommen. Biologen bezeichnen mit Bathyal (griechisch bathys, tief) die obere Tiefenzone zwischen 1000 und 3000 m Wassertiefe und mit Abyssal (griechisch abyssos, der Abgrund) die Tiefenzone bis 6000 m Wassertiefe (Abb. 5.1). Den Lebensraum der Tiefseegräben bis 11 000 m Wassertiefe nennt man Hadal (griechisch Hades, Gott der Unterwelt).

Von Deutschland aus gesehen ist das Skagerrak das nächstgelegene Tiefseegebiet. In 400 bis 700 m Tiefe lebt hier bei gleichmäßig 5 bis 6 °C Wassertemperatur eine Bodentiergemeinschaft mit für die Tiefsee charakteristischen Seefedern, Schlangensternen und Muscheln (Abb. 5.2). Schon in 150 bis 400 m Wassertiefe kommt der Grenadier-Fisch *Coryphaenoides rupestris* vor, ein Vertreter der für die Tiefsee charakteristischen Familie

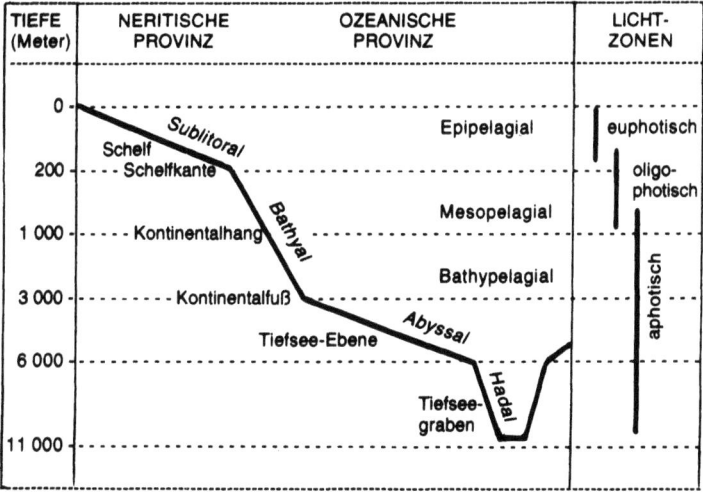

ABB. 5.1. Tiefenzonen und Provinzen des Weltmeeres

ABB. 5.2. Schema des Tierlebens in 400 bis 700 m Wassertiefe im Skagerrak. Links ragen zwei Seefedern (*Kophobelemnon stelliferum*) in das Wasser, rechts schwimmt ein Silberdorsch (*Gadiculus thori*). Darunter liegt eine glasklare Kammuschel (*Pecten vitreus*): sie ist mit einem Byssusfaden im Schlick verankert. Im Boden eingegraben links die Muscheln *Cuspidaria obesa* und *Thyasira equalis* und der Polychaet *Orbinia norvegica*, rechts und links davon Schlangensterne der Art *Amphilepis norvegica*. Zeichnung Kaj Olsen, aus Thorson et al., 1979)

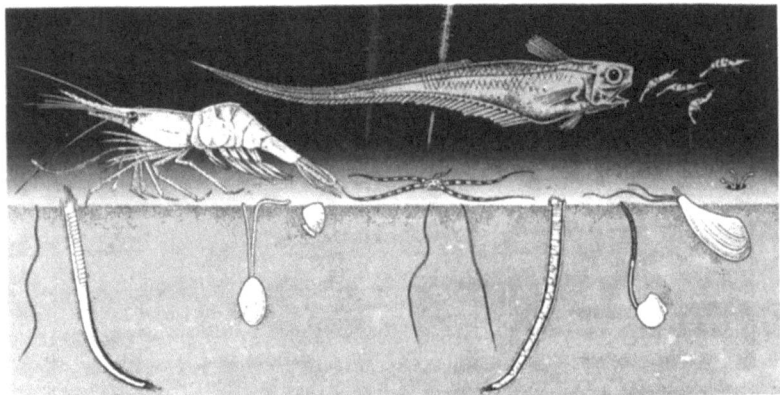

ABB. 5.3. Schema des Tierlebens in 150 bis 400 m Wassertiefe im Skagerrak. Links im Wasser eine rote Tiefseegarnele (*Pandalus borealis*), in der Mitte ein Grenadierfisch (*Coryphaenoides rupestris*), der nach Tiefseegarnelen jagt, dahinter zwei Seefedern *Funiculina quadrangularis*, davor ein Schlangenstern *Ophiura sarsi*. Im Boden eingegraben links die nur nähnadeldicke Röhre des Polychaeten *Myriochele*, daneben der Polychaet *Melinna* und die Muscheln *Abra nitida* und *Nucula tenuis*, weiter rechts der Polychaet *Maldane sarsi*, ganz rechts die Muscheln *Thyasira equalis* und *Nuculana pernula*. Darüber streckt der Herzigel *Brissopsis lyrifera* seine Ambulakralfüße an die Sedimentoberfläche. (Zeichnung Kaj Olsen, aus Thorson et al., 1979)

der Macruridae (Rattenschwanzfische) (Abb. 5.3). Vertreter dieser "Tiefseegemeinschaft" leben in manchen norwegischen Fjorden schon in 100 m Wassertiefe, weil auch im Sommer dort die Wassertemperaturen dank der besonderen hydrographischen Bedingungen unter 6,5 °C liegen.

5.2 Druck und Kälte

Jeweils mit 10 m Wassertiefe nimmt der Druck um ein bar (100 000 Pascal) zu, der Druck beträgt also in 200 m Wassertiefe 20 bar, in 2000 m Tiefe 200 bar. Luftatmende Tiere wie der Pottwal benötigen extreme Anpassungen, um minutenschnell beim Tauchen Tiefenunterschiede von 1000 m zu überwinden. Aber auch Organismen ohne Lungen und ohne gasgefüllte Schwimmblasen, ja sogar Bakterien brauchen besondere biochemische Anpassungen an den hohen Druck von mehr als 200 bar, um in mehr als 2000 m Wassertiefe zu leben. Denn bei steigendem Druck ändert sich nicht nur die Löslichkeit von Gasen im Meerwasser und in Körperflüssigkeiten, sondern es verändert sich auch die Wirkung der Enzyme, welche den Zellstoffwechsel steuern. Es gibt "barophile" Bakterien (druckliebende, von griechisch baron, die Schwere, philos, der Freund), die bei hohem Druck besser wachsen, als wenn man sie unter Oberflächendruck kultiviert. Es wurden auch Bakterienstämme gefunden, die überhaupt nur unter Druckbedingungen von über 200 bar aktiven Stoffwechsel zeigen. Es gibt andererseits auch viele "barotolerante" Bakterien, die zwar am besten unter Oberflächenverhältnissen gedeihen, die aber auch bei Drucken bis zu 400 bar in Kulturen wachsen. Einige "eurybathe" (griechisch eurys, breit) Tierarten kommen vom Flachwasser bis in die Tiefsee vor.

Im Pazifischen Ozean liegen die Wassertemperaturen in 2000 m Tiefe bei 2 °C und in 4000 m Tiefe bei 1,5 °C; noch kälteres Wasser mit weniger als 1 °C strömt als "Antarktisches Bodenwasser" über dem Tiefseeboden nach Norden. Im Atlantischen Ozean sind die Wassertemperaturen in 2000 m Tiefe 3,5 °C und in 4000 m Tiefe 2 °C. Auch im Atlantischen Ozean strömt "Antarktisches Bodenwasser" von Süden her ein. Darüber liegt das etwas wärmere "Nordatlantische Tiefenwasser", welches sich durch Abkühlung im nördlichen Nordatlantik bildete (Abb. 5.4). Zu Beginn des Winters kühlt sich dort das Oberflächenwasser stark ab und wird durch das Auskristallisieren von Meereis auch salzreicher. Dieses sehr dichte ("schwere") Wasser sinkt schnell in die Tiefe und fließt dann über die flachen Schwellen zwischen Grönland, Island und den Färöer in die Tiefen des Atlantiks.

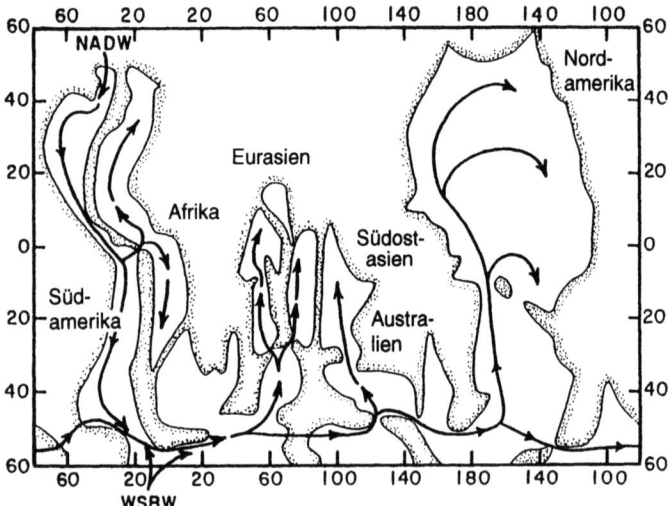

ABB. 5.4. Zirkulation des im nördlichen Nordatlantik absinkenden kalten und salzreichen Wassers, welches als Nordatlantisches Tiefenwasser (NADW = North Atlantic Deep Water) im Atlantischen Ozean nach Süden strömt, dann nach Osten abgelenkt wird und im Indischen und Pazifischen Ozean wieder nach Norden fließt. WSBW = Weddell Sea Bottom Water, Zustrom von sehr kaltem Antarktischen Bodenwasser. Die Karte zeigt nur die Meeresgebiete, wo die Wassertiefe größer als 4000 m ist. (Nach Broecker und Peng, 1982)

Tiefseeorganismen sind also in der Regel nicht nur barophil, druckliebend, sondern auch psychrophil (kälteliebend, griechisch psychros, kalt). In den Tiefseegebieten des Mittelmeeres beträgt die Wassertemperatur jedoch 12 bis 13 °C, im Roten Meer 22 °C. Psychrophile Tiefseetiere können in diesen Gebieten nicht leben, dort kommen eurytherme Tiefseetiere vor.

5.3 Das Alter der Tiefseefauna

Seit der Abkühlung der Erdkruste vor 4 Milliarden Jahren hat es wohl immer Tiefseeregionen gegeben, aber unter sehr verschiedenen hydrographischen Bedingungen. Es gibt Hinweise, daß die Wassermassen der Tiefsee im Tertiär wesentlich wärmer als heute waren. Erst im Mittleren Miozän, vor 16 Millionen Jahren, wurde das Klima auf der Erde kälter, entstanden die Eiskappen der Polargebiete. Kaltes salzreiches Wasser

Das Alter der Tiefseefauna 73

sank in die Tiefe ab. Damals verringerte sich die Temperatur des Tiefseewassers um etwa 10 °C. Noch heute sind die Verhältnisse ähnlich. Das "Nordatlantische Tiefenwasser" strömt im Atlantik über den Äquator hinaus nach Süden, fließt dann südlich um Afrika herum nach Osten und dringt schließlich im Indischen Ozean und im Pazifik nach Norden vor (Abb. 5.4).

Auf der jahrelangen Reise des 'Nordatlantischen Tiefenwassers' verringert sich dessen Sauerstoffgehalt in dem Maße, wie Bakterien, Plankton und Bodentiere davon zehren. Im Indischen Ozean und in weiten Bereichen des Pazifischen Ozeans beträgt die Sauerstoffkonzentration im Wasser über dem Meeresboden weniger als 5 ml pro Liter, im Nordostpazifik nur 2 bis 3,5 ml pro Liter (1 ml = 1,43 mg). Mit diesen geringen Sauerstoffkonzentrationen muß dort die Tiefseefauna auskommen (Abb. 5.5).

In Warmzeiten wie dem Tertiär fehlte die starke Abkühlung in den Polargebieten. Deshalb war die Tiefenzirkulation in den Weltozeanen nicht so intensiv wie heute. Man kann sich vorstellen, daß im Tertiär die Sauerstoffkonzentration in der Tiefsee noch geringer war als heute, daß Sauerstoff im Abyssal und im Hadal eventuell ganz fehlte. Wahrscheinlich ist im Laufe der Erdgeschichte die Fauna des Abyssals wegen Sauerstoff-

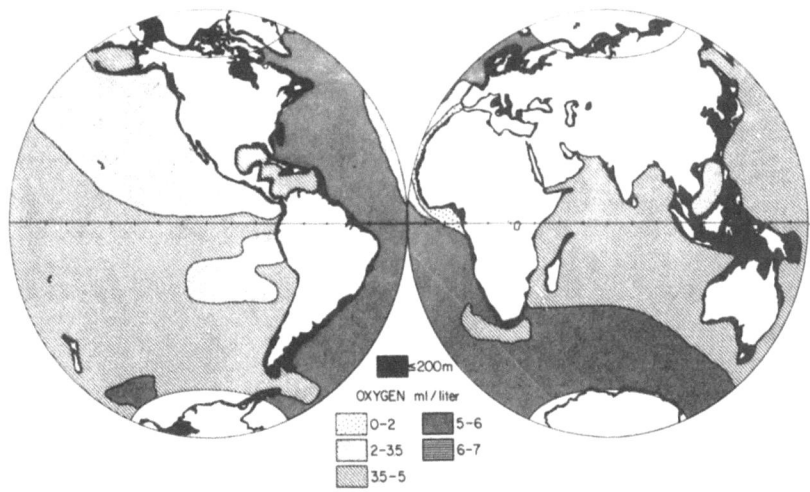

ABB. 5.5. Sauerstoff-Konzentration (ml Sauerstoff pro Liter; 1 ml = 1,43 mg Sauerstoff) im Wasser über dem Meeresboden der Weltozeane. Schwarz: Schelfgebiete flacher als 200 m. (Aus Smith und Hinga, 1983)

mangel mehr als einmal ausgestorben. Anschließend wurden die Abyssalgebiete dann jeweils neu besiedelt.

Im Tiefenbereich des Bathyals herrschten dagegen im Laufe der Erdgeschichte wohl immer gute Lebensbedingungen. Deshalb ist in dieser Tiefenzone die Vielfältigkeit der Fauna am höchsten. Aber es gibt keinen Grund für die Annahme, der Lebensraum Bathyal sei "älter" als die Lebensräume auf dem Schelf und im Flachwasser. In den vergangenen Jahrzehnten sind ebensoviele "lebende Fossilien" im Flachwasser wie in den Tiefseelebensräumen neu entdeckt worden. Viele Ähnlichkeiten zwischen der Fauna des Abyssals und der Fauna der antarktischen Meeresgebiete ergeben sich daraus, daß vor 16 Millionen Jahren diese beiden Kaltlebensräume gleichzeitig entstanden und besiedelt wurden. In den verschiedenen Tiefseebecken und Tiefseegräben konnte sich seitdem die Fauna getrennt entwickeln, da durch flachere Schwellen der Austausch zwischen den Becken behindert wird.

5.4 Die Tiefsee-Sedimente

Im küstenfernen Abyssal besteht der Meeresboden außer aus Ton fast nur aus solchen Partikeln, welche von der Meeresoberfläche abgesunken sind; man redet deshalb von "pelagischen Sedimenten". Abgesehen von wenigen vulkanischen Körnern, von Wüstenstaub und etwas Flußtrübe, sind die meisten Partikel "biogen" (griechisch bios, das Leben, genés, hervorgebracht), denn sie wurden von Organismen gebildet. Die Schalen und Skelette vieler Planktonalgen bleiben nämlich erhalten, nachdem der Zellinhalt der Alge längst vergangen ist. Bei den Kieselalgen (Diatomeen) und bei den Silikoflagellaten bestehen die Hartteile aus Opal (wasserhaltige Kieselsäure), bei den Coccolithophoriden aus Kalk. Die meisten Radiolarien haben Skelette aus Kieselsäure, pelagische Foraminiferen haben Kalkschalen und Kalknadeln, auch Flügelschnecken hinterlassen Schalen aus Kalk. Von Fischen bleiben die Schuppen und die Wirbel, von Haien die Zähne erhalten, nachdem ihr Fleisch längst von anderen Tieren und Bakterien als Nahrung verwertet wurde. Geologen nutzen die Hartteile, welche sie in den einzelnen Sedimentschichten finden, um daraus Rückschlüsse auf die Lebewelt vergangener Epochen zu ziehen. Sie können so auch die Umweltbedingungen rekonstruieren, die damals an der Meeresoberfläche herrschten. Allerdings verändern sich die Hartteile nach der Ablagerung in der Tiefsee. Unter dem hohen Druck löst sich Kalk auf.

In Wassertiefen von mehr als 4500 m gibt es kaum kalkige Reste im Sediment. Deshalb findet man nur bis in 4000 m Wassertiefe den kalkigen "Globigerinenschlamm", benannt nach den pelagischen Foraminiferen der Gattung *Globigerina*. In einem Jahrtausend sammeln sich in solchen Tiefen 10 bis 20 mm Sediment an. In noch tieferen Regionen, wo der Kalk aufgelöst wird, ist die Sedimentationsrate nur 1 mm pro Jahrtausend. Das Sediment dort wird "Roter Tiefseeton" genannt. In den Gebieten des Äquatorialen Auftriebs überwiegt dagegen oft die Sedimentation von Radiolarienskeletten, in den kaltgemäßigten Gebieten die Sedimentation von Diatomeenschalen.

Im Bereich der mittelozeanischen Rücken und an den Plattenrändern der Erdkruste gibt es auch Tiefsee-Felsböden. Sie bilden den Lebensraum für am Untergrund angewachsene Tiere wie Korallen und Schwämme.

5.5 Das Tiefsee-Pelagial

Den Tiefenbereich des freien Wassers zwischen 1000 und 3000 m Wassertiefe nennt man Bathypelagial. Die Häufigkeit der pelagischen Tiere nimmt bei 3000 m Wassertiefe schnell ab, weil hier das Vorkommen solcher Pfeilwürmer (Chaetognathen) und Kleinfische aufhört, die sich räuberisch vom Zooplankton ernähren. Unterhalb von 3000 m Wassertiefe beginnt der Lebensraum des Abyssopelagials. Hier gibt es überwiegend omnivore Amphipoden (Flohkrebse, die sowohl als Räuber als auch von toten Partikeln leben; lateinisch omnia, alles, vorare, verschlingen), dazu nur wenige räuberische Fische, Medusen, Staatsquallen (Siphonophoren) und Pfeilwürmer. In 4000 m Tiefe ist die Biomasse des Zooplanktons nur noch etwa 1 Prozent der Biomasse im Epipelagial. In der hadopelagischen Zone der Tiefseegräben (6000 bis 11 000 m Wassertiefe) ist die Zooplankton-Biomasse auf sehr geringe Werte um 0,02 mg Feuchtgewicht pro Kubikmeter reduziert (Abb. 5.6).

In der Tiefenverteilung des Planktons spiegelt sich die Tatsache, daß mit zunehmender Wassertiefe die verfügbare Nahrung immer geringer wird, weil in jedem Stockwerk neue Konsumenten an den absinkenden Partikeln partizipieren. Abgesehen von den heißen Schwefelquellen am Tiefseeboden gibt es ja in den dunklen Tiefseegebieten keine Primärproduktion. Die Organismen der Tiefsee leben nur von Partikeln, welche durch Photosynthese im Epipelagial oder in den Küstengebieten entstanden.

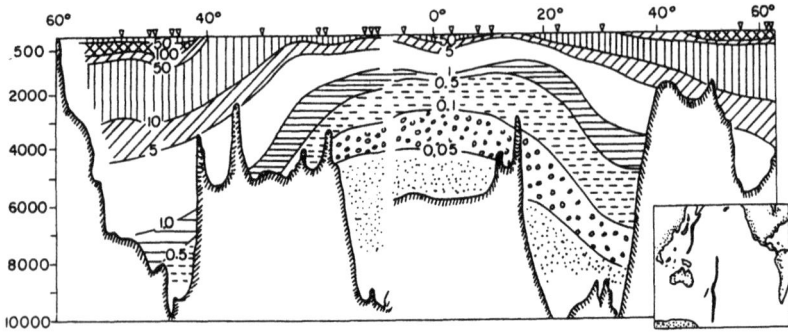

ABB. 5.6. Tiefenverteilung der Zooplankton-Biomasse (Mesozooplankton, in mg Feuchtgewicht pro Kubikmeter) auf zwei Nord-Süd-Schnitten durch den Pazifischen Ozean: Von 60 Grad Nord bis 10 Grad Nord auf 140 bis 160 Grad östlicher Länge, von 5 Grad Nord bis 62 Grad Süd auf 180 bis 170 Grad östlicher Länge. (Nach Vinogradov und Tseitlin, 1983)

5.6 Die bodennahe Trübungszone und die benthopelagische Fauna

Auch am Tiefseeboden wirken Gezeitenkräfte. Auch in den abyssalen Tiefen wechseln die Gezeitenströmungen ungefähs alle sechs Stunden ihre Richtung. Manchmal sind die Strömungen am Tiefseeboden besonders stark, weil Wirbelströmungen ihre Energie von der Meeresoberfläche bis in die Tiefsee übertragen konnten. Seitdem man messend die Wasserströmungen am Tiefseeboden verfolgen kann, sind auch immer wieder "benthische Stürme" dokumentiert worden. Das sind Ereignisse am Tiefseeboden, bei denen Strömungsgeschwindigkeiten von 15 cm pro Sekunde und schneller auftreten. Diese Strömungen halten manchmal wochenlang an. Von solchen Strömungen werden Sedimentpartikel am Tiefseeboden erodiert und schweben dann im Wasser. Wenn die Strömung nachläßt, setzen sich die Partikel wieder am Meeresboden ab und bilden dann eventuell zentimeterdicke neue Sedimentlagen.

Messungen mit Geräten, welche die Lichtdurchlässigkeit des Meerwassers registrieren, ergaben in der 10 bis 200 m dicken "bodennahen Trübungszone" unmittelbar über dem Tiefseeboden höhere Partikelkonzentrationen als im Wasser weiter oben. Die Partikel sind zum Teil organisch und haben Nahrungswert. Im Wasser über dem Tiefseeboden sind deshalb auch die Zooplankton-Konzentrationen doppelt so hoch wie weiter oben in der Wassersäule.

Man bezeichnet diesen Lebensraum als Hyperbenthal (griechisch hyper, über). Für die Organismen, die hier leben, hat sich die Bezeichnung "benthopelagische Tiere" eingebürgert. Aber ihre Erforschung steht noch am Anfang, denn erst seit wenigen Jahren ist es möglich, Schleppnetze so exakt über dem Tiefseeboden zu schleppen, daß sie gezielt einzelne Schichten des Hyperbenthals beproben.

5.7 Die Epifauna

Besser bekannt ist die Epifauna (griechisch epi, auf), die mit Schleppnetzen und Spezialdredgen unmittelbar auf dem Tiefseeboden gefangen wird. In 2000 m Wassertiefe sind das oft mehr als hundert verschiedene Arten von Fischen, Garnelen, Seegurken und Schlangensternen. Die Biomasse beträgt oft mehr als 2 g Feuchtgewicht pro Quadratmeter. In 5000 m Wassertiefe beträgt die Biomasse dann allerdings nur noch etwa 0,1 g Feuchtgewicht pro Quadratmeter.

Das Netz fängt alle Tiere, die vom Boden aufgewirbelt werden, sofern sie nicht fliehen können. Zerbrechliche Organismen überstehen den Transport bis zum Deck des Forschungsschiffes nicht. Aber Unterwasserphotos ergänzen die Schleppnetzbefunde. Auf Photos aus dem Bathyal kann man oft mehrere Schlangensterne pro Quadratmeter erkennen. In den ärmeren Regionen des Abyssals
kommt jedoch allenfalls ein Bodentier auf zehn Quadratmeter Tiefseeboden.

Die Epifauna wird auch als Megafauna bezeichnet (griechisch megas, groß), weil vor allem größere Tiere von mehr als 1 g Körpergewicht mit den Netzen gefangen werden und auf den Photos erkennbar sind. Dazu zählen auch die Xenophyophoriden, riesige Einzeller, die verwandtschaftlich in die Nähe der beschalten Amöben gestellt werden. Das Plasma ist vielkernig und wird von einem System verzweigter Röhren eingeschlossen, die aus organischer Substanz bestehen. Der scheibenförmige oder halbkugelige Körper wird mehrere Zentimeter groß. Xenophyophorida wurden bisher fast ausschließlich in Wassertiefen über 1000 m gefunden. Stellenweise kommen 10 Exemplare pro Quadratmeter vor.

Charakteristisch für das Bathyal sind die Glasschwämme (Hexactinellidae), die mit Silikatnadeln im Tiefseeboden verankert sind. Ihre Biomasse, als Feuchtgewicht gerechnet, kann um Größenordnungen höher sein als die Biomasse der gesamten übrigen Fauna. Wie bei Xenophyophoriden ist aber auch bei Glasschwämmen der Anteil des lebenden Plasmas am Feuchtgewicht gering. Es gibt bisher noch keine Abschätzungen, welche Bedeutung die Schwämme tatsächlich für den Stoffwechsel am Tiefseeboden haben. Auch Hydroidpolypen, Seefedern, Zylinderrosen, Seelilien, Armfüßer und primitive "Entenmuscheln" (Scalpellidae, gestielte Seepocken) gehören zur 'sessilen' Epifauna (lateinisch sessilis, zum Sitzen geeignet). Sie gewinnen ihre Nahrung aus der Suspension organischer Partikel, die mit den Bodenströmungen vorbeitreibt.

Durch die Tiefseephotographie werden immer wieder Tiere dokumentiert, die noch nie erbeutet werden konnten. Schon 1962 wurden Aufnahmen eines 5 bis 10 cm langen Wurmes gemacht, der sich keiner bekannten Tiergruppe eingliedern läßt. Das verbreiterte Vorderende wischt wie ein Staubsauger über die Sedimentoberfläche, während das Tier vorankriecht. Am Hinterende gibt das Tier einen Kotstrang ab, der als spiraliges oder mäandrierendes Ornament auf der Oberfläche des Tiefseebodens liegen

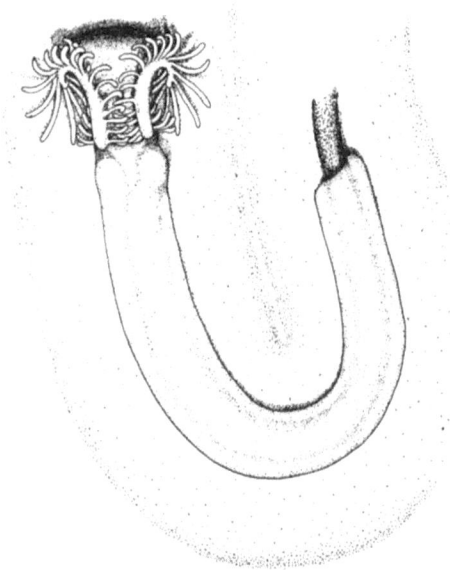

ABB. 5.7. Rekonstruktion eines "Lophenteropneusten" nach Tiefseephotos aus dem Südwest-Pazifik. Erkennbar sind eine rüsselartige Proboscis und zwei gefiederte Tentakel, die beim Vorankriechen eine breite Spur auf dem Sediment hinterlassen. Am Hinterende wird ein Kotstrang abgegeben. (Aus Lemche et al., 1976)

bleibt. Einen wissenschaftlichen Namen kann dieses Tier erst bekommen, wenn es gelingt, es zu fangen, zu konservieren und näher zu untersuchen. Bis dahin reden die Tiefseeforscher von "Lophenteropneusten" und vermuten, daß verwandtschaftliche Beziehungen zu den Enteropneusten (Eichelwürmern) bestehen (Abb. 5.7).

5.8 Die große Endofauna

Photodokumente vom Tiefseeboden zeigen, daß es dort Tiere von Megafauna-Größe gibt, die zur Endofauna (griechisch endon, innen) gehören und die im Meeresboden eingegraben leben. Sie konnten bisher nur selten mit Netzen erbeutet werden, weil sie nicht an der Oberfläche kriechen. Häufig erkennt man auf Photos nur die Löcher im Meeresboden oder die von den Tieren gebildeten Sedimenthaufen und andere Lebensspuren.

Es gibt in der Tiefsee grasgrüne Würmer aus der Gruppe der Echiuriden (Verwandte von *Bonellia viridis*, die in Felsspalten an den Küsten des Mittelmeeres lebt), von denen man allenfalls den einige Zentimeter großen gurkenförmigen Körper erbeutet, nicht aber das Vorderende. Auf einigen Photos vom Tiefseeboden kann man den zugehörigen schmalen Mundlappen erkennen, der im weiten Umkreis den Meeresboden bestreichen kann, ohne daß der Wurm aus seinem Bau herauskriechen muß. Auf manchen Photos sind nur die sternförmigen Spuren erkennbar, welche der Mundlappen auf der Sedimentoberfläche hinterlassen hat. Der Mundlappen kann sich auf einen Meter in die Länge strecken. Selbst wenn nur ein Tier auf mehrere Quadratmeter Meeresboden kommt, kann ein solcher Echiuride alles aufsammeln, was sich an der Oberfläche des Tiefseebodens ablagert.

In 1400 m Wassertiefe westlich von Norwegen wurden in 33 untersuchten Bodengreiferproben insgesamt drei Zylinderrosen der Gattung *Cerianthus* (Verwandte der Seeanemonen) gefunden, was rechnerisch eine Zylinderrose pro drei Quadratmeter Tiefseeboden ergibt. Jede Zylinderrose besitzt eine meterlange Röhre, die in 10 bis 20 cm Tiefe unter der Sedimentoberfläche verläuft. Im gleichen Gebiet wurden beim sorgfältigen Durchsuchen des Sedimentes auch Enteropneusten (Eichelwürmer) der Gattung *Stereobalanus* gefunden, die in horizontalen Gängen etwa 10 cm unter der Sedimentoberfläche wohnen. Beim üblichen Schlämmen von Sedimentproben durch ein Sieb werden diese empfindlichen Tiere zerstört.

5.9 Die Makrofauna

Besser als über die Megafauna sind wir über die im Tiefseeboden lebende Makrofauna informiert (griechisch makros, lang, groß). Sie wird mit Bodengreifern gesammelt, die in der Regel 0,25 m^2 Meeresboden ausstechen. Das Sediment wird gesiebt. Man findet pro Quadratmeter einige hundert Würmer, Krebse und Muscheln. Ihre Biomasse beträgt oberhalb von 2000 m Wassertiefe mehr als 1 g Feuchtgewicht pro Quadratmeter, in 3000 m Wassertiefe weniger als 1 g. In den ärmsten Regionen der Weltozeane rechnet man mit weniger als hundert Tieren pro Quadratmeter und mit einer Biomasse von nur 0,05 g Feuchtgewicht pro Quadratmeter.

Weltweit gab es bis 1983 nur 709 miteinander vergleichbare Bodengreifer-Untersuchungen aus der Tiefsee, trotzdem lassen sich bereits regionale Unterschiede erkennen. Sie lassen sich aus den Ernährungsbedingungen erklären. Am höchsten ist die Makrofauna-Biomasse im Bathyal, weil in den küstennahen Gebieten am Kontinentalhang der Eintrag von organischen Partikeln aus den benachbarten Küsten- und Schelfregionen hoch ist. Die Tiere im Bathyal können außer den vertikal absinkenden Partikeln auch solche Partikel fressen, welche hangabwärts aus dem Flachwasser herantransportiert wurden (Abb. 7.1). Im küstenfernen Abyssal dagegen stammen alle Nahrungspartikel aus der Primärproduktion im Wasser darüber. Ein Quadratmeter Tiefseeboden erhält also nur soviel Nahrung, wie ein Quadratmeter Epipelagial liefert, abzüglich der Mengen, welche in den verschiedenen Stockwerken des Mesopelagials und des Bathypelagials bereits vom Zooplankton verzehrt oder von Bakterien abgebaut wurden. Am ärmsten sind die Tiefseegebiete dort, wo an der Meeresoberfläche die nährstoffarmen Gebiete der warmen Ozeane liegen (Abb. 5.8).

In ihrer Zusammensetzung unterscheidet sich die Makrofauna der Tiefsee nicht sehr von der Makrofauna der Flachwassergebiete. Überwiegend sind es dieselben Familien, die in beiden Lebensräumen vorkommen. Mehr als die Hälfte aller gefundenen Individuen wird regelmäßig von den Polychaeten (Ringelwürmern) gestellt, die in manchen Tiefseegebieten mit 400 verschiedenen Arten vertreten sind. Hohe Artenzahlen stellen auch die Krebse aus der Gruppe der Peracarida, also Amphipoden, Cumacea und vor allem Isopoda und Tanaidacea. Außerdem gibt es Muscheln, Schnecken, unter den Würmern Sipunculiden und Nemertinen und sogar Oligochaeten aus der Gruppe der Tubificiden.

In 2100 m Wassertiefe am Kontinentalhang vor Neu-England (USA) wurden insgesamt 21 m^2 Meeresboden untersucht. 798 verschiedene Arten

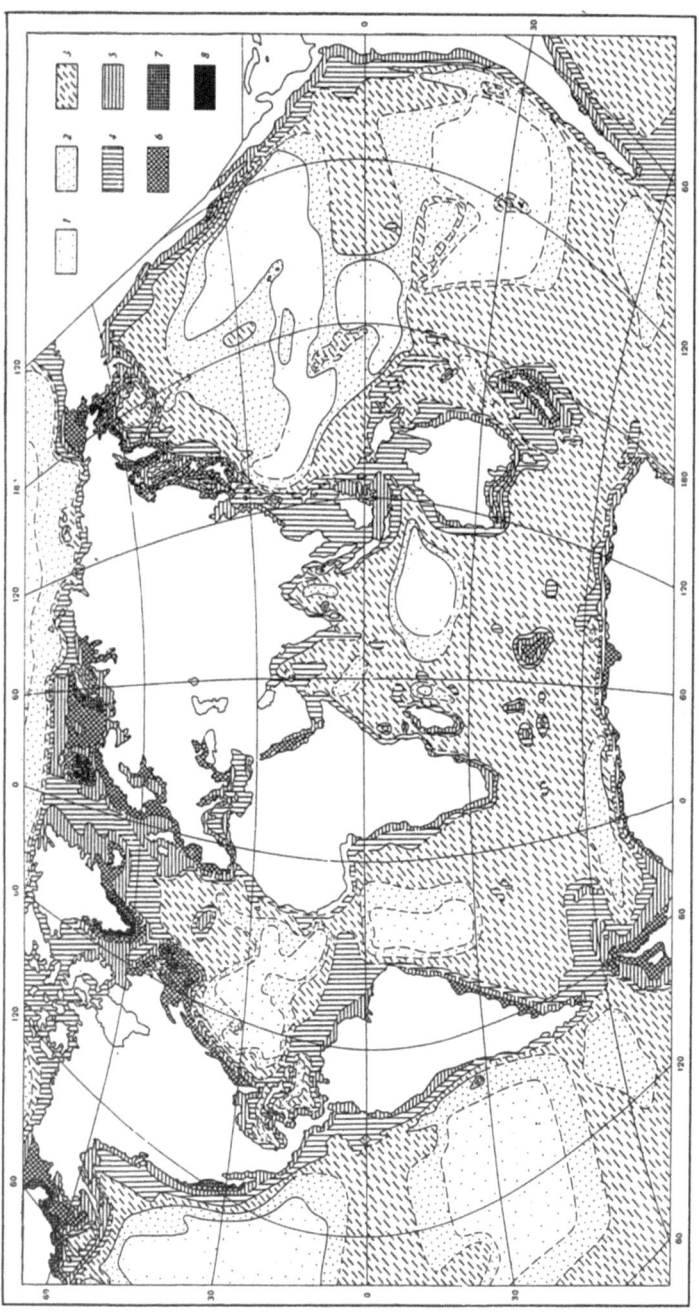

ABB. 5.8. Die Biomasse der Makrofauna (Feuchtgewicht) am Boden der Weltozeane. (Nach Zenkevich et al., 1971, aus Belyayev et al., 1973) 1 = unter 0,05 g/m^2; 2 = 0,05–0,1 g/m^2; 3 = 0,1–1 g/m^2; 4 = 1–10 g/m^2; 5 = 10–50 g/m^2; 6 = 50–300 g/m^2; 7 = 300–1000 g/m^2; 8 = über 1000 g/m^2

der Makrofauna wurden gefunden. In 1400 m Wassertiefe auf dem Vöring-Plateau westlich von Norwegen wurden aus dem Material von 2 m² Meeresboden 70 verschiedene Makrofauna-Arten bestimmt. Die meisten waren klein. Nur 61 Exemplare aus der Größenkategorie 10 mg bis 1 g Feuchtgewicht wurden gefunden. Sie verteilen sich auf 25 verschiedene Arten, die also nur mit jeweils ein bis zwei Exemplaren pro Quadratmeter vorkommen. Aus Tiefseeproben des Pazifiks wurden 493 Isopoden (Asseln) gesammelt, die sich auf 130 verschiedene Arten verteilen. Auch in diesem Material kommen also viele Arten nur mit jeweils ein bis zwei Exemplaren vor. Man kann daraus den Schluß ziehen, daß es in der Tiefsee viele Arten gibt, die extrem "selten" sind, oder richtiger ausgedrückt: nur jeweils ein Individuum einer solchen Art lebt auf mehreren Quadratmetern Tiefseeboden. Der mittlere Abstand zwischen zwei Individuen einer Art wurde mit 1,3 m errechnet. Für die Forschung heißt das: über die Verbreitungsmuster dieser Tiere können wir keine Aussagen machen, denn man müßte 40 Bodengreifer-Proben auswerten, um 10 m² Tiefseeboden zu erfassen. Das wäre ein enormer Aufwand, denn jede Probe bedeutet ein bis drei Stunden Schiffszeit, und für die Tiefseeforschung geeignete Forschungsschiffe sind sehr teuer im Betrieb.

Für die Wissenschaft ist das seltene Vorkommen vieler Makrofauna-Arten in der Tiefsee immer noch ein Rätsel: wie kann die Fortpflanzung gesichert werden, also die Befruchtung der Eier? Wie findet die Verbreitung statt? Gibt es vielleicht ganz spezifische Anforderungen an den Lebensraum, die nur an isolierten Stellen des Lebensraums Tiefseeboden verwirklicht sind?

Viele Vertreter von Tiergruppen, die im Flachwasser die Makrofauna stellen und die man dort mit 1 mm-Siebmaschen fängt, haben in der Tiefsee nur die Körpergröße der Meiofauna. Das hat zu Spekulationen über Zwergwuchs in der Tiefsee geführt: Ursache könnte die geringe Nahrungsmenge sein, die am Tiefseeboden verfügbar ist. Am höchsten ist der Anteil sehr kleiner Vertreter aus "Makrofauna"-Gruppen in solchen Tiefseegebieten, die unter den besonders nährstoffarmen Hochseegebieten der warmen Meere liegen, die also am wenigsten Nahrung erhalten.

5.10 Meiofauna und Nanofauna

Die Vertreter der Meiofauna (griechisch meion, kleiner, auszusprechen wie Mejofauna) sammelt man auf Planktongaze mit 0,03 bis 0,06 mm Maschenweite. In der Tiefsee kommen vor allem Nematoden (Fadenwürmer) und Copepoden (Ruderfußkrebse) aus der Gruppe der Harpacticoidea vor, dazu Ostracoden (Muschelkrebse), Kinorhynchen und vereinzelt Loricifera, eine erst 1983 entdeckte Tiergruppe. Die Biomasse dieser Meiofauna liegt bei etwa 0,5 g Feuchtgewicht pro Quadratmeter. Das ist dieselbe Größenordnung wie bei der Tiefsee-Makrofauna. Quantitativ am bedeutendsten sind die benthischen Foraminiferen, die mit ihren Zellfortsätzen (Rhizopoden) die Oberfläche des Tiefseebodens überziehen und damit andere Organismen und organische Partikel fangen. Ausschließlich in der Tiefsee kommen die Komokiacea vor, stark mit Fremdpartikeln verklebte Foraminiferen, die man fast in jeder Probe findet und die teilweise Makrofauna-Größe erreichen. Man hat ihre Biomasse auf bis zu 10 g Feuchtgewicht pro m^2 geschätzt. Allerdings ist der Plasma-Anteil nur gering. Trotzdem spielen diese und andere Foraminiferen am Tiefseeboden eine größere Rolle, als die Makrofauna und die übrige Meiofauna zusammen.

Erst in neuerer Zeit hat man auch die Nanofauna (griechisch nanos, der Zwerg) in Tiefseesedimenten untersucht. Dazu gehören überwiegend Kleinstforaminiferen von weniger als 0,04 mm Körpergröße.

5.11 Absinkende Nahrungspartikel

Wie lange dauert der Partikeltransport von der Oberfläche des Meeres bis zum Tiefseeboden in 3000 bis 6000 m Wassertiefe? Wie oft passiert es während des Absinkens, daß ein Partikel bereits im Mesopelagial oder im Bathypelagial vom Zooplankton als Nahrung geschnappt wird? Wie lange hatten die allgegenwärtigen Bakterien Zeit, die organische Substanz des Partikels anzugreifen und ihn damit als Nahrung für Tiefseetiere zu zerstören?

Wie schnell ein Partikel im Meerwasser absinkt, hängt von der Dichte des Partikels (seinem "spezifischen Gewicht") und von der Partikelgröße ab. Mineralische Partikel haben eine Dichte von etwa 2,5 g pro Kubikzentimeter. Als Daumenregel kann man rechnen, daß ein Quarzkorn von 0,02 mm Durchmesser 1 m pro Stunde absinkt. Das gilt für ruhiges Wasser ohne Turbulenzen. Strömt aber Wasser auch nur mit langsamer Geschwindigkeit, dann wird durch die Turbulenz (Verwirbelung) des strömenden Wassers ein so kleines Quarzkorn dauernd in der Schwebe gehalten und kann sich nicht absetzen.

Planktonalgen sind oft kleiner als 0,02 mm. Sie bestehen überwiegend aus organischer Substanz und haben deshalb eine geringe Dichte. Ihre

Dichte ist nur wenig größer als die des Meerwassers. Abgestorbene Algen sinken deshalb langsamer als mineralische Partikel. Im Experiment sanken Planktonzellen von 0,01 mm Durchmesser 1 m pro Tag und Zellen von 0,1 mm Durchmesser 5–10 m pro Tag. Umgerechnet würden solche Zellen ein bis zehn Jahre brauchen, um bis an den Tiefseeboden in 3000 m Wassertiefe abzusinken. Man kann sich leicht vorstellen, daß nach so langer Zeit von der organischen Substanz der abgestorbenen Planktonalgen nichts mehr übrig bleibt.

Da aber Organismen am Tiefseeboden existieren, müssen sie auch hinreichend Nahrung erhalten. Die Meeresforscher haben in den vergangenen Jahren mehrere Modelle entwickelt, wie der Transport von Partikeln durch 3000 bis 6000 m Wassersäule hinab bis zum Tiefseeboden erfolgen kann.

Ein Modell beruht auf "fluff", womit die Engländer die Flusen bezeichnen, welche sich unter dem Sofa ansammeln und worüber sich dann Hausfrau/Hausmann ärgern. In den kaltgemäßigten Hochseegebieten mit ihrer ausgeprägten Saisonalität kommt es im Frühling bei beginnender Wasserschichtung zur Massenentwicklung (Frühjahrsblüte) der Diatomeen. Diese Entwicklung verläuft so rasant, daß die Freßtätigkeit des herbivoren Zooplanktons nicht Schritt halten kann. Große Mengen der Planktonalgen sterben ungefressen am Ende der Frühjahrsblüte ab oder wandeln sich in Ruhestadien um. Dabei bilden sie viel Schleim, der die Einzelzellen verklebt. Die Schleimballen sinken trotz geringer Dichte wegen ihrer Größe schnell ab und erreichen bereits nach wenigen Wochen den Tiefseeboden. Britische Meeresforscher konnten westlich von Irland mit einer automatischen Zeitraffer-Photoeinrichtung beobachten, wie dieser "fluff" am Boden der Tiefsee auftauchte und sich vorübergehend über dem Tiefseeboden ablagerte.

Ein weiteres Modell beruht auf Kotballen. In der Oberflächenzone des Meeres produzieren herbivore Planktonkrebse (Copepoden und Krill) Kotpillen und Kotschnüre, in denen noch viele Nahrungsstoffe enthalten sind. Oft finden sich auch unbeschädigte Algenzellen im Kot. Die Kotballen sind sehr groß und sinken schnell ab, 100 bis 200 m pro Tag. Besonders groß (1 mm^3) sind die Kotballen der Salpen. Sie sinken 1000 bis 2000 m pro Tag und erreichen schon nach wenigen Tagen den Tiefseeboden.

Neue Erkenntnisse sind mit Sinkstoff-Fallen gewonnen worden. Das sind Trichter mit einer 0,5 m^2 großen Öffnung, die in verschiedenen Wassertiefen verankert werden. Sie sind so konstruiert, daß alle absinkenden Partikel von den Trichterwandungen konzentriert werden und in Probenflaschen gelangen, die automatisch jeden Monat gewechselt werden. Die Trichter bleiben ein Jahr lang verankert, bis sie dann von einem

Forschungsschiff geborgen werden. Man kann auf diese Weise erforschen, welche Partikelmengen tatsächlich im Laufe der Jahreszeiten sich in den verschiedenen Wassertiefen auf dem Wege hinunter zum Tiefseeboden befinden. Meistens wird der oberste Trichter in 200 m Wassertiefe aufgehängt und erfaßt die "Exportproduktion", also die organischen Partikel, welche aus dem Epipelagial durch Absinken in die Tiefe exportiert werden. Daraus kann man berechnen, wie hoch zum Beispiel die Exportproduktion aus 100 m Wassertiefe ist: je nach der Meeresregion zwischen 12 und 30% der "C-14-Primärproduktion" (Abb. 2.3). Ganz grob entspricht die Exportproduktion, die aus 200 m Wassertiefe nach unten absinkt, 10% der "C-14-Primärproduktion". Bis 1000 m Tiefe rechnet man grob, daß die Menge des absinkenden organischen Materials auf ein Fünftel oder ein Zehntel der in 200 m Wassertiefe gemessenen Exportproduktion reduziert wird. Die tiefste Sinkstoff-Falle sollte man mindestens 300 m über dem Tiefseeboden aufhängen. Würde man sie tiefer einsetzen, dann bekäme man als Ergebnis unrealistisch hohe "Sinkstoffmengen", denn in der turbulenten bodennahen Trübungszone findet gelegentlich Resuspension von solchen Partikeln statt, die sich schon einmal am Meeresboden abgelagert hatten. Die würde man dann mehrfach zählen.

Früher meinte man, im Epipelagial, also in der belichteten Oberflächenschicht des Meeres, würde die Photosynthese der Phytoplankter ebenso regelmäßig freßbare Partikel produzieren, wie man das von einer gut geleiteten Fabrik erwarten kann. Man stellte sich früher das Absinken der Partikel in die Tiefsee vor wie einen Dauerregen. Im vergangenen Jahrzehnt haben die Meeresbiologen gelernt, die Bedeutung kurzfristiger Ereignisse höher einzuschätzen. Solche Ereignisse können jahreszeitlich gesteuert auftreten wie die Frühjahrsblüte. Solche Ereignisse können aber auch unvermittelt auftreten, zum Beispiel nach einem Sturm, der lokal Pflanzennährstoffe aus dem Tiefenwasser an die Meeresoberfläche bringt und dort eine erhöhte Primärproduktion ermöglicht.

5.12 Die Ernährung der Tiefseefauna

In den nährstoffarmen Hochseegebieten der warmen Meere sind die Unterschiede zwischen den Jahreszeiten gering, es kommt also nur ausnahmsweise nach Stürmen zum Aufbrechen der Temperatur-Sprungschicht und anschließend zur Massenvermehrung von Planktonalgen. Für diese Regionen stimmt das Bild vom dauernden Nieselregen: ständig sinken Partikel ab, aber nur wenige erreichen den Tiefseeboden. Hier leben

86   Die Tiefsee

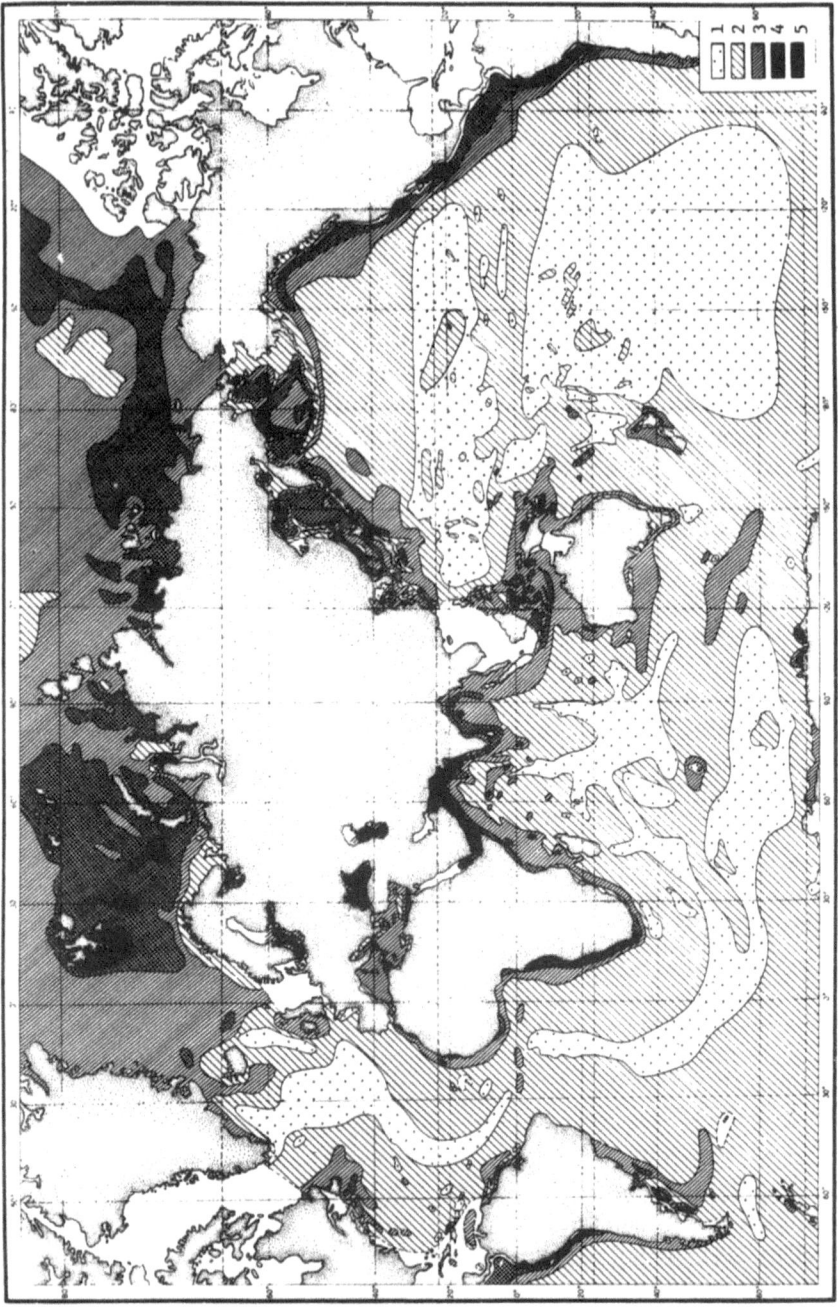

am Tiefseeboden als größere Organismen vor allem Holothurien (Seegurken), Echiuriden (Spritzwürmer) und die neu entdeckten Lophenteropneusten (Abb. 5.7). Sie weiden regelmäßig die oberste Sedimentschicht des Meeresbodens ab und nutzen aus, was zwischenzeitlich an verdaulichen Partikeln neu sedimentierte. Das ist aber nicht viel, der größte Teil des gefressenen Materials ist unverdaulich und wird zu Kot. Da aber der Kot gleich wieder unmittelbar an der Sedimentoberfläche abgelegt wird, kommt es nicht zu intensiveren Umschichtungen des Sedimentes, allenfalls werden Kothaufen gebildet. Tieferliegende Gänge werden durch plastische Verformung des Sedimentes gebildet. Dabei wird wenig Tiefensediment an die Oberfläche geschafft.

In den Meeren der kaltgemäßigten Klimazonen gibt es dagegen einen ausgeprägten jahreszeitlichen Rhythmus: viele Monate des Jahres sind die Verhältnisse ähnlich, wie sie ganzjährig in den warmen Klimaregionen vorherrschen. Dies ist die Hungerzeit am Tiefseeboden, denn nur wenig Material sinkt aus den Oberflächenschichten nach unten ab. Während der Hungerzeiten sind Methoden der Nahrungsgewinnung optimal, wie sie von der Tiefseefauna am Tiefseeboden der warmen Meere ganzjährig angewendet werden, weil es nicht viel zu fressen gibt.

Einmal im Jahr, in manchen Regionen der kaltgemäßigten Meere auch mehrfach, entstehen jedoch an der Meeresoberfläche Phytoplankton-Blüten von einer solchen Dichte, daß das Zooplankton nicht imstande ist, die gelieferten Nahrungsmengen durch Wegfraß zu bewältigen. Dann sinkt viel ungefressenes organisches Material auf den Meeresboden und schafft dort kurzfristig Überfluß. Bakterien, Meiofauna und Foraminiferen wandern in den "fluff" ein und ernähren sich davon. Nach wenigen Wochen ist der "fluff" von der Oberfläche des Tiefseebodens verschwunden. Das geschieht wohl in erster Linie durch Tiere der Megafauna und der Makrofauna, die das Pflanzenmaterial in ihre Gänge ziehen.

Nach einer sommerlichen Phytoplanktonblüte über dem Vöring-Plateau westlich von Norwegen wurden große Chlorophyll-Mengen in den aufgehängten Sinkstoff-Fallen gefunden, weil viele Copepoden-Kotballen absanken. Am Meeresboden in 1400 m Wassertiefe wurde wenige Tage später Chlorophyll bereits in 9 cm Sedimenttiefe im Tiefseeboden gefunden. Auch radioaktives Cäsium aus der Kernreaktor-Katastrophe

---

ABB. 5.9. Die Konzentration organischer Substanzen in den obersten 5 cm Meeresbodensediment. Angaben in Prozent organischer Kohlenstoff vom Sediment-Trockengewicht. (Aus Romankevich, 1984). 1 = unter 0,25%; 2 = 0,25–0,5%; 3 = 0,5–1%; 4 = 1–2%; 5 = über 2%

von Tschernobyl wurde schnell in das Sediment eingearbeitet. Das ist vermutlich die Leistung von Würmern und Seerosen. Unter jedem Quadratmeter Tiefseeboden laufen 11 000 fadendünne Gänge senkrecht von der Oberfläche nach unten in das Sediment hinein, teilweise bis in mehr als 50 cm Sedimenttiefe. Vermutlich gehören jeweils 30 Gänge zu einem Tier der Gattung *Golfinga* (*Nephasoma*), einem Wurm aus der Gruppe der Sipunculida. Es liegt nahe anzunehmen, daß die einige Zentimeter langen Würmer das nahrhafte Oberflächenmaterial in ihre Gänge einziehen und auf diese Weise für die Chlorophyll-Anreicherung im Sediment verantwortlich sind. Auch Eichelwürmer (Enteropneusten, Gattung *Stereobalanus*) und Zylinderrosen (*Cerianthus*) legen vermutlich in ihren Gängen Vorräte für Hungerzeiten an. Es wird spekuliert, ob in den Gängen ganz besondere Umweltbedingungen herrschen, so daß dort ähnlich wie in einem Silagebehälter eine bakterielle Bearbeitung des Pflanzenmaterials erfolgen könnte. Es ist aber noch nicht schlüssig nachgewiesen worden, daß Tiefseetiere sich durch den Bau von Gängen erfolgreich auf dem Gebiet der Gärungstechnik betätigen.

Für Geologen wichtig ist die Erkenntnis, daß dort, wo an der Meeresoberfläche Saisonalität herrscht, also unter der kaltgemäßigten Hochsee, am Tiefseeboden viel Oberflächenmaterial in die tiefreichenden Gänge der Makrofauna gezogen wird. Auf diese Weise gelangen auch die Hartteile von Phytoplanktern und von Zooplanktern und andere "Marker" innerhalb von Tagen 10 cm tief in das Sediment des Meeresbodens. Man bezeichnet diesen Prozeß nicht ganz treffend als "Bioturbation" (Verwirbeln, von lateinisch turbo, der Wirbel). Tatsächlich handelt es sich um einen gerichteten Vertikaltransport in das Sediment hinein, so daß man besser von "Bioadvektion" (lateinisch advectio, die Zufuhr) sprechen sollte.

Die Konzentration der organischen Substanz im Sediment des Meeresbodens ist verschieden je nach der Primärproduktion an der Meeresoberfläche und nach dem Abstand vom nächsten Kontinent. Extrem hohe Konzentrationen finden sich unterhalb der Auftriebsgebiete (Abb. 5.9).

In der Oberflächenschicht der Meere wird nicht jeder Zooplankter, wird nicht jeder Fisch oder Tintenfisch von einem Räuber gefressen, manche Tiere sterben auch den Alterstod. Ihre Kadaver sinken schnell auf den Meeresboden. Noch läßt sich nicht quantifizieren, welchen Anteil diese Kavaver beim Stoffumsatz am Tiefseeboden haben. Da aber benthopelagische Krebse und Fische auf solche Beute spezialisiert sind, kann der Eintrag in die Tiefsee nicht ganz unbedeutend sein. Schlangensterne hat man beobachtet, wie sie am Meeresboden auf einen Köder zukriechen. Sie ernähren sich aber wohl vor allem von kleineren Kadavern: ihr Magenin-

Die Ernährung der Tiefseefauna

halt besteht oft aus Resten von abgesunkenem Krill und von Flügelschnecken.

Bis 15 cm große Amphipoden (Flohkrebse) aus der Familie der Lysianassidae leben überwiegend in der Wasserschicht 10 bis 20 m über dem Meeresboden und warten hier auf Beute. Sie können "riechen", wenn es etwas zu fressen gibt, wenn zum Beispiel die Meeresforscher eine Reuse mit Aas auf den Meeresboden abgesenkt haben. Dann schwimmen die Krebse mit einer Geschwindigkeit von 7 cm pro Sekunde auf die Nahrung zu. Auch verschiedene Tiefseefische sammeln sich am Aas. Als das Tauchboot "Alvin" in 2000 m Tiefe vor der Küste von Oregon beim Aufsetzen auf den Meeresboden große Muscheln zerbrach, erschienen innerhalb von Minuten Rattenschwanzfische (Macruridae) und fraßen in weniger als einer Stunde das Muschelfleisch auf. Als man vor Surinam in 4850 m Tiefe den Kopf eines Thunfisches als Köder auslegte, erschienen schon innerhalb der ersten halben Stunde Amphipoden (Flohkrebse) und ein Tiefsee-Aal. Die höchsten Tierzahlen wurden nach acht Stunden dokumentiert: bis zu zwanzig Garnelen und zehn Tiefseefische erkennt man auf einer Aufnahme mit der automatischen Kamera.

Weit verbreitet in den Schleppnetzfängen aus der Tiefsee sind Reste von Seegras und Tang. Auch Holz, Palmwedel, Blätter und Äste von Landpflanzen wurden gefunden. Besonders häufig sind solche Importe vom Land oder aus Flachwassergebieten natürlich vor den großen Flußmündungen und in den landnahen Tiefseegräben. Dieses Pflanzenmaterial ist für die meisten Meerestiere schlecht aufschließbar und zersetzt sich nur sehr langsam. Aber auch in der Tiefsee gibt es Nahrungsspezialisten unter den Seeigeln, Asseln und Bohrmuscheln. Am 14. Juni 1972 setzte das Tauchboot "Alvin" in 1830 m Wassertiefe einige Holzlatten am Tiefseeboden ab. Als nach 104 Tagen zwei Latten wieder geborgen wurden, fielen sie auseinander, denn sie waren durchbohrt von den bis zu 2 cm langen Bohrgängen der Muscheln *Xylophaga* und *Xyloredo*. Die größten Exemplare der Bohrmuscheln waren bereits nahezu geschlechtsreif. Diese Muscheln nutzen Holz als Nahrung. Offensichtlich gibt es am Tiefseeboden so viele von Bohrmuscheln befallene Holzstücke, offensichtlich leben in der bodennahen Trübungszone über dem Tiefseeboden so viele pelagische Larven von Bohrmuscheln, daß die von "Alvin" eingebrachten Latten innerhalb weniger Tage befallen werden konnten.

6 Lebensräume mit Schwefelwasserstoff und Methan als Energiequellen

6.1 Untermeerische heiße Schwefelquellen

Früher galt, daß ausschließlich Sonnenenergie die Grundlage für alles Leben auf der Erde ist. Mit der Energiequelle Sonnenlicht und mit Chlorophyll wird von den Pflanzen aus Kohlendioxid und Wasser Traubenzucker gebildet, die Grundlage für alle Nahrungsketten auf dem Land und im Wasser. Inzwischen weiß man, daß auch mit Erdwärme als Energiequelle energiereiche anorganische Verbindungen entstehen, die von Bakterien für ihren Stoffwechsel genutzt werden können.

1977 forschten amerikanische Wissenschaftler mit dem Tauchboot "Alvin" bei Galapagos in 2550 m Wassertiefe und waren überrascht, am felsigen Meeresgrund halbmeterlange Würmer und 20 cm lange Muscheln zu finden. Die Biomasse dieser Fauna wurde stellenweise auf bis zu 10 kg pro Quadratmeter geschätzt, während in der Umgebung wie sonst auf Tiefseeböden die Besiedlung nur spärlich war. Solche großen Würmer und Muscheln wurden inzwischen auch im Westpazifik an verschiedenen Stellen, im Ostpazifik zwischen 13 und 46 Grad Nord und im Atlantik bei 23 und 26 Grad Nord angetroffen (Abb. 6.1). Sie leben überall dort, wo die Platten der Erdkruste durch aus dem Untergrund aufquellendes Magma auseinandergedrückt werden. Dieser aktive Vulkanismus findet sich vor allem in den "Scheitelgräben" (rift valleys) auf den mittelozeanischen Rücken (Abb. 6.2). Dort entstehen jährlich einige Zentimeter neuer Meeresboden. Der Atlantische Ozean wird auf diese Weise jedes Jahr einige Zentimeter breiter.

In den Scheitelgräben liegen alle 10 bis 100 km voneinander entfernt einzelne Austrittsstellen von heißem Wasser. Sie wurden englisch als "hydrothermal vents" bezeichnet, auf deutsch sagt man Thermalquellen oder genauer "untermeerische heiße Schwefelquellen". Thermalquellen treten auch in anderen geologischen Formationen auf, wo heißes Magma bis dicht unter die Oberfläche des Meeresbodens aufsteigt, zum Beispiel an untermeerischen Vulkanen und an Inselbögen und anderen Stellen, wo die ozeanische Kruste dünn ist.

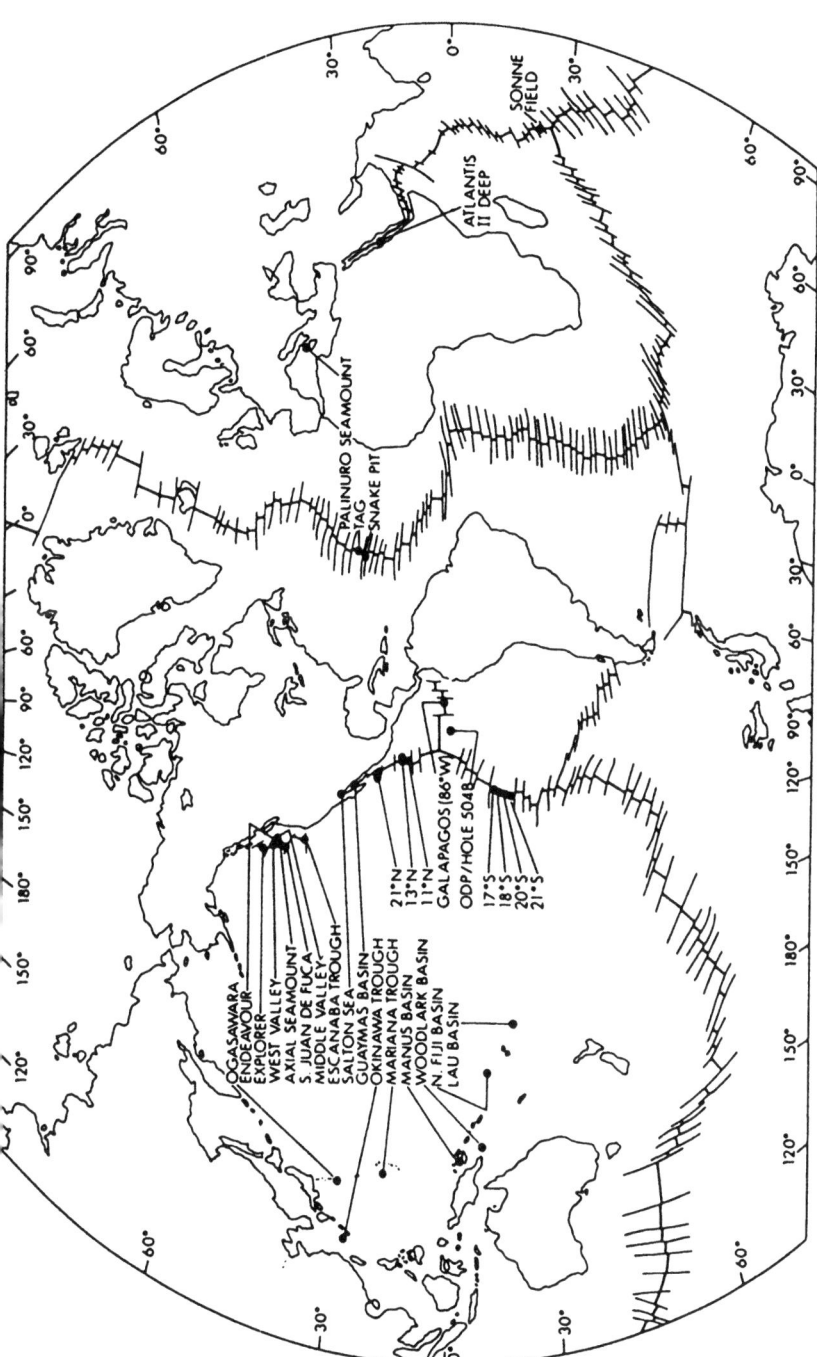

ABB. 6.1. Position heißer Schwefelquellen am Meeresboden und Lage der mittelozeanischen Gebirgsrücken. (Aus Scott, 1992)

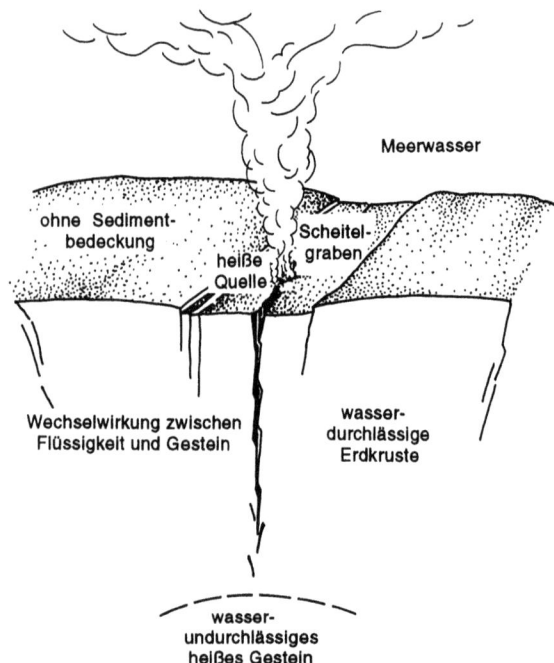

ABB. 6.2. Querschnitt durch den Kamm eines mittelozeanischen Gebirgsrückens. (Nach Tivey, 1991)

6.2 Schwefelwasserstoff

Der Basaltuntergrund ist in der Gegend der untermeerischen heißen Schwefelquellen zerklüftet. Meerwasser dringt von oben her kilometertief in Spalten ein und reagiert beim Kontakt mit heißem Gestein. Im Kontaktwasser herrscht eine Temperatur von 350 °C. Allerdings "kocht" das Wasser nicht bei dem in 3000 m Wassertiefe herschender Druck von 300 bar. Durch die Hitze wird das im Meerwasser gelöste und das aus dem Basalt ausgelaugte Sulfat (SO_4) zu Schwefelwasserstoff (H_2S) reduziert (Abb. 6.3). An verschiedenen untermeerischen Schwefelquellen konnte man vom Tauchboot aus beobachten, wie 300 °C heißes und stark schwefelwasserstoffhaltiges Wasser vom Tiefseeboden aufsteigt. Manchmal kommt es aus richtigen Schornsteinen mit einige Zentimeter dicken Wänden aus Gips und Sulfiden, die sich um den Wasserstrahl herum gebildet haben. Man hat sie "black smokers" getauft. Einige dieser Schornsteine wurden inzwischen schon mehrfach mit dem Tauchboot

Schwefelwasserstoff

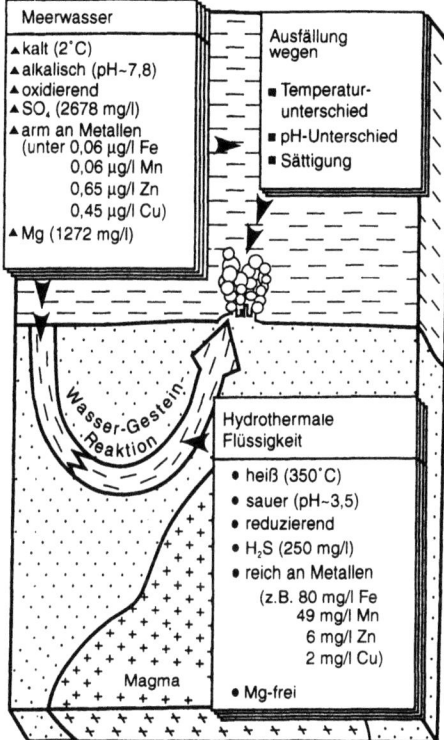

ABB. 6.3. Schema der hydrothermalen Zirkulation unter einer untermeerischen heißen Schwefelquelle bei 21 Grad nördlicher Breite im Ostpazifik. Kaltes, sauerstoffreiches und metallarmes Meerwasser wird einige km unter dem Meeresboden durch den Kontakt mit heißem Gestein umgewandelt in heiße, reduzierte und metallreiche hydrothermale Flüssigkeit. Bei der Vermischung mit Meerwasser werden Metalle am Meeresboden ausgefällt. (Nach Scott, 1992)

"Alvin" aufgesucht. Manche blasen seit 1979 unverändert heißes Wasser aus, andere sind verstopft, neue haben sich gebildet, oft nur 10 m entfernt (Abb. 6.4).

Schwefelwasserstoff kann man verbrennen: die in dieser anorganischen Verbindung gebundene Energie stammt aus der Reduktion des Sulfats durch die Hitze des Magmas, die Energie wird also von der Erdwärme geliefert. Erdwärme stammt aus der Zeit, als die Erde eine Feuerkugel war. Erdwärme hat also nichts mit der Einstrahlung von Sonnenenergie zu tun.

Schwefelwasserstoff ist sehr giftig, es gibt aber Schwefelbakterien, die ihn zu nutzen vermögen. Wenn Sauerstoff verfügbar ist, oxidieren ("verbrennen") diese Schwefelbakterien den Schwefelwasserstoff zu Schwefel

ABB. 6.4. Das französische Tauchboot "Nautile" untersucht eine untermeerische heiße Schwefelquelle. Links die aus Gips und Sulfiden bestehenden Schornsteine ("black smokers"). Am Fuße der Schornsteine Röhren von *Riftia* (Würmer aus der Gruppe der Vestimentifera) und Muscheln der Gattung *Calyptogena*. (Zeichnung von Violaine Martin aus Gage und Tyler, 1991, mit Genehmigung durch Fran Martin, Brest)

und Sulfat und gewinnen so die Energie für ihren Stoffwechsel, vergleichbar mit anderen Organismen, die organische Substanzen "verbrennen". Im Gegensatz zu organischen Verbindungen enthält Schwefelwasserstoff jedoch keinen Kohlenstoff. Den brauchen aber auch die Schwefelbakterien zum Aufbau ihrer Körpersubstanz. Sie gewinnen den Kohlenstoff aus dem im Meerwasser gelösten Kohlendioxid (CO_2). In Bezug auf Kohlenstoff verhalten sich Schwefelbakterien also wie die grünen Pflanzen: sie sind autotroph. Man hat deshalb diese Bakterien mit der Bezeichnung "chemoautotroph" (griechisch autos, selbst, trophé, die Ernährung) charakterisiert.

Chemoautotrophe Schwefelbakterien brauchen zum Leben nicht nur Schwefelwasserstoff und Kohlendioxid, sondern auch Sauerstoff. Sie wachsen nur dort im schwefelwasserstoffreichen Wasser, wo sich dieses mit sauerstoffreichem Meerwasser vermischt. Schwefelbakterien kommen also nicht unmittelbar im 300 °C heißen Thermalwasser vor, denn dort gibt es keinen Sauerstoff. Schwefelbakterien sind vielmehr auf Zonen angewiesen, wo im Wechsel mal mehr Schwefelwasserstoff, mal mehr Sauerstoff im Wasser vorhanden ist. Solche Mischungszonen gibt es nicht nur im bodennahen Wasser, sondern auch 10 bis 200 m tief im Untergrund des Meeresbodens. Schwefelbakterien siedeln sich auch dort in der Tiefe an. Auf den Oberflächen der "Schornsteine" bilden. Bakterien der Gattung *Beggiatoa* dort manchmal dichte Matten aus 0,02 bis 0,05 mm breiten Fäden, die sich gleitend jeweils die günstigstem Umweltbedingungen suchen.

Schwefelbakterien sind die Nahrungsgrundlage für Tiere, welche den giftigen Schwefelwasserstoff tolerieren oder ihn mit dem Enzym Sulfid-Oxidase entgiften können. Dabei entsteht elementarer Schwefel. Einige Napfschnecken und die Polychaeten (Ringelwürmer) der Gattung *Paralvinella* weiden die Schwefelbakterien-Überzüge auf den Felsen nahe der Thermalquellen ab. Der Polychaet *Alvinella* trägt auf dem Rücken einen Pelz aus fädigen Bakterien und lebt in unmittelbarer Nähe von heißen Austritten. Ob die fädigen Bakterien chemoautotroph sind und Schwefelwasserstoff verarbeiten, und ob sie anschließend von den Würmern als Nahrung genutzt werden, ist noch unbekannt. Alle bakterienfressenden Tiere und ihr Kot sind wiederum Nahrung für Krabben und Garnelen, für einige Fischarten und für andere Räuber. Deren intensives Leben am Tiefseeboden konzentriert sich auf wenige Meter in der Umgebung des schwefelwasserstoffreichen heißen Wassers.

6.3 Symbiosen mit Schwefelbakterien

In unmittelbarer Nähe der heißen Austrittsstellen leben in bis zu 2 m langen kalkigen Röhren große Würmer, die als neue Gattung *Riftia* beschrieben wurden (Abb. 6.5). Die Tiere sind bis zu einem halben Meter lang und wiegen bis zu 0,25 kg. Es handelt sich um Vertreter der Vestimentifera, einer neuen, in die Nähe der Pogonophoren (Bartwürmer) gestellten Tiergruppe, von der inzwischen schon Vertreter aus fünf Familien beschrieben wurden. Sie haben weder Mund noch Darm. Ihre Körpermasse besteht zur Hälfte aus dem Trophosom (griechisch trophé, die Ernährung, soma, der Körper). Das ist ein Organ, in welchem dicht gepackt Schwefelbakterien liegen. *Riftia* streckt die blutroten Tentakel aus der Röhrenöffnung heraus in den Thermalwasserstrom, wo Temperaturen bis zu 17 °C und Schwefelwasserstoff-Konzentrationen bis zu 300 µmol (Mikromol) pro Liter gemessen wurden. Immer wieder werden die Tentakel aber auch von Wassermassen umgeben, welche kälter und sauerstoff-

ABB. 6.5. *Riftia*-Würmer aus der Gruppe der Vestimentifera an der Basis eines "black smokers". (Zeichnung von Violaine Martin aus Laubier, 1986)

haltig sind, je nach den schnell wechselnden Bedingungen im Quellwasserstrom, der aus dem basaltischen Untergrund kommt. Die Tiere können ihre Röhre auch verlängern, wenn sich die Bedingungen an der Mündung allmählich verändern sollten, so daß die Tentakel immer die richtige Wassermischung erhalten. Das rote Blut von *Riftia* bindet nicht nur Sauerstoff, sondern auch Schwefelwasserstoff und transportiert beide Gase zum Trophosom. Über das Blutsystem werden die dort lebenden symbiontischen Bakterien sowohl mit Schwefelwasserstoff als auch mit Sauerstoff versorgt. Vermutlich besteht die einzige Nahrung von *Riftia* aus den organischen Substanzen, welche von den symbiontischen Schwefelbakterien produziert werden.

Besonders charakteristisch für untermeerische heiße Schwefelquellen sind auch die großen Muscheln der Gattung *Calyptogena*, die zur Familie der Vesicomyidae gehören und ähnlich wie eine Sandklaffmuschel (*Mya*) aussehen (Abb. 6.6). Sie beherbergen in ihren Kiemenlamellen symbiontische Schwefelbakterien. *Calyptogena* sitzt mit einer Ecke der Schale so in einer Felsspalte, daß der Fuß der Muschel dort vom warmen, schwefelwasserstoffreichen Wasser erreicht wird. Mit dem Blutstrom gelangen die für

ABB. 6.6. *Calyptogena*-Muscheln in den Spalten des Gesteins, wo ihr Fuß vom warmen, schwefelwasserstoffreichen Wasser erreicht wird. (Zeichnung von Violaine Martin aus Laubier, 1986)

den Energiestoffwechsel der Schwefelbakterien nötigen reduzierten Schwefelverbindungen zu den Kiemen. Der Sipho der Muschel saugt dagegen weiter oben kaltes, sauerstoffreiches Wasser ein, welches dann die Kiemen umspült und den Bakterien den notwendigen Sauerstoff liefert. Im Gegensatz zu "normalen" Tiefseetieren, die wegen der schlechten Ernährungsbedingungen nur langsam wachsen und dabei sehr alt werden, wird *Calyptogena* nur etwa 20 Jahre alt und ist schon mit 12 bis 14 cm Körperlänge geschlechtsreif.

Da die einzelnen Austrittsstellen des heißen und schwefelwasserstoffreichen Wassers kurzfristig verstopfen und an anderen Stellen neu entstehen, müssen die auf den aus der Tiefe kommenden Wasserstrom angewiesenen Muscheln und Würmer so schnell heranwachsen, daß sie sich noch vor dem Versiegen der Quelle fortpflanzen können. Für das Wachstum wird reichlich Nahrung von den Symbionten zur Verfügung gestellt. Auf welche Weise aber die Larven von *Riftia* und *Calyptogena* sich verbreiten, wie sie immer wieder neue Stellen erreichen, wenn die alten Quellen versiegen, das weiß man noch nicht.

Auch in der Muschel *Bathymodiolus* und in einigen anderen Muschel- und Schneckenarten aus der Umgebung heißer Schwefelwasserstoff-Austritte wurden symbiontische Bakterien oder wurden die Enzyme gefunden, die für Schwefelbakterien charakteristisch sind. Es scheint jedoch, daß diese Muscheln sich auch filtrierend von im Meerwasser suspendierten Schwefelbakterien und auderen Partikeln ernähren können.

Mit dem heißen Wasser der untermeerischen Schwefelquellen gelangen auch andere reduzierte Verbindungen aus dem vulkanischen Untergrund in das Wasser über dem Meeresboden. Freier Wasserstoff, Ammoniak, zweiwertiges Eisen, zweiwertiges Mangan und andere Metalle sind in den heißen Flüssigkeiten enthalten, außerdem Methan. Das Methan hat zum Teil vulkanischen Ursprung, wird aber außerdem auch aus Wasserstoff und Kohlendioxid von hitzeliebenden Methanbakterien (Archaebakterien) produziert.

Für den Energiehaushalt der Welt spielen die chemoautotrophen Umsätze mit Erdwärme als Energiequelle keine Rolle. Aber für die Methanbilanz der Biosphäre und für die Theorien über die Entstehung des Lebens sind die Austritte von heißem Wasser am Meeresboden wichtig. Sie zeigen, unter welchen angeblich "lebensfeindlichen" Bedingungen bestimmte Organismen auch heute noch gut gedeihen können. John D. Gage und Paul A. Tyler beschließen das Kapitel über Thermalquellen in ihrem Buch "Deep Sea Biology" mit der Feststellung, daß die Lebensgemeinschaften, die durch Erdwärme mit Energie versorgt werden, auch dann weiterexistieren würden, wenn in einem langen "nuklearen Winter" alle photosynthetisch tätigen Pflanzen und alle davon abhängigen Organismen aussterben sollten. Mit nuklearem Winter ist die Dunkelzeit auf dem Planeten Erde gemeint, wenn nach Atombomben-Explosionen Staub und Rauch das Sonnenlicht von der Erdoberfläche abschirmen werden.

Hunderte von neuen Tierarten und Tiergattungen und viele neue Familien sind aus der Umgebung der heißen Quellen am Meeresboden beschrieben geworden. Unter den beteiligten Meeresforschern herrscht eine Stimmung wie zur Zeit der Entdeckungsreisen. Für die Erforschung der Tiefsee braucht man aber entweder Tauchboote wie "Alvin" (USA) und "Nautile" (Frankreich) oder unbemannte Fahrzeuge, die mit Videotechnik und Greifarmen den Meeresboden erkunden. Aber auch im Flachwasser gibt es Vulkanismus, auch im Flachwasser reduziert an manchen Stellen die Erdwärme Sulfat zu Schwefelwasserstoff. Die Erforschung solcher Lebensräume hat gerade erst begonnen.

6.4 Methan (Erdgas)

In den letzten Jahren sind die "cold seeps" in den Blickpunkt der Forschung getreten, die Leckstellen (geologisch: Austritte), wo Methan und andere gasförmige (Erdgas) oder flüssige Kohlenwasserstoffe (Erdöl) aus dem Untergrund nach oben dringen. Oft geschieht das dort, wo an Kontinentalrändern Sedimentgesteine unter Druck geraten, so daß Erdgas und Erdöl aus fossilen Lagerstätten herausgequetscht werden und in Spalten und Klüften bis zum Meeresboden wandern. Aber auch dort wurden Porenwasser-Austritte beobachtet, wo erdöl- und erdgashaltige Sedimentschichten von untermeerischen Flußtälern (Canyons) angeschnitten werden oder wo sie durch aufsteigende Salzdome bis dicht unter den Meeresboden gedrückt werden. Auch an solchen Stellen leben Vertreter der Vestimentifera, aber nicht *Riftia*, sondern die Gattungen *Lamellibrachia* und *Escarpia*. Auch an den "cold seeps" leben *Calyptogena*-Muscheln und dazu *Solemya*, eine Muschelgattung, die auch im Flachwasser vorkommt (Abb. 6.7). Alle diese Tiere beherbergen Schwefelbakterien als Symbionten.

Das ist nicht verwunderlich, denn oft tritt an den "cold seeps" zusammen mit fossilen Kohlenwasserstoffen auch Schwefelwasserstoff aus. Fossile Lagerstätten von Kohlenwasserstoffen liegen ja oft dicht neben den Lagerstätten von Gips ($CaSO_4$). Dann ist im Grundwasser über dem Gips

ABB. 6.7. "Cold seep" in 2000 m Wassertiefe am Kontinentalhang von Oregon, USA. Links Würmer aus der Gruppe der Vestimentifera (Gattung *Lamellibrachia*), in der Mitte Muscheln der Gattung *Calyptogena*, hinten ein karbonatischer Felsvorsprung, der vermutlich innerhalb des Sediments entstand und später freigespült wurde. (Aus Suess et al., 1985)

viel Sulfat (SO_4) vorhanden. In diesem tiefen Grundwasser können sich Bakterien aus der Gruppe der Sulfatreduzierer anaerob von bestimmten Kohlenwasserstoffen ernähren, indem sie Sulfat zu Schwefelwasserstoff reduzieren. Deshalb findet man an den "cold seeps" auch solche Tiere, die Schwefelbakterien als Symbionten beherbergen. Aber es gibt auch Miesmuschel-Verwandte, in deren Kiemen symbiontische Bakterien das Erdgas (Methan, CH_4), also einen "fossilen Brennstoff" für ihren Energiestoffwechsel nutzen. Zugleich verwenden sie den im Methan enthaltenen Kohlenstoff zum Aufbau ihrer Zellsubstanz. Diese "Methan-Oxidierer", die im Golf von Mexiko gefunden wurden, sind also heterotroph. Sie brauchen Methan und Sauerstoff.

Bemerkenswert sind Methan-Austritte in weniger als 10 m Wassertiefe, die kürzlich im nordwestlichen Kattegat entdeckt wurden. Dort stammt das Methan aus organischer Substanz, die sich von mehr als 50 000 Jehren nach der Eem-Zeit bildete. Später wurde die Gegend von den Ablagerun-

ABB. 6.8. Unterwasserlandschaft in 10 m Tiefe im nordwestlichen Kattegat. Links am Meeresboden Platten von Kalkstein. Vom Meeresboden aufragend Säulen aus Kalkstein. An den Säulen steigen Methanblasen im Wasser auf. Die Säulen sind dicht mit Aktinien (Seerosen) bewachsen. (Aquarell von Chr. Würgler Hansen aus Jensen et al., 1992; mit Genehmigung durch Inter-Research, Oldendarf)

Methan (Erdgas)

gen der letzten Vereisung überdeckt. Methanblasen gelangen an vielen Stellen aus dem Untergrund bis zur Sedimentoberfläche. Im Meeresboden bildeten sich auf noch ungeklärte Weise an den Methan-Austritten zementartige Kalksteinplatten und Kalksteinpfeiler. Später fand im Kattegat Erosion durch Wellenwirkung statt und spülte das Sediment des Meeresbodens fort. Die Bildungen aus Kalkstein blieben zurück. Im Kattegat ragen jetzt vom Meeresboden 1 bis 4 m hohe Kalksteinsäulen auf, an denen die Methanblasen emporsteigen (Abb. 6.8). Gegenwärtig wird untersucht, ob sich auch in diesem Flachwasserlebensraum des Kattegats Symbiosen zwischen Tieren und methanoxidierenden Bakterien entwickelt haben. Wo am Boden der Nordsee Methan austritt, lebt ein mund- und darmloser Nematode (Fadenwurm) aus der Gattung *Astomonema*. mit Bakterien als Symbionten.

6.5 Methan (Biogas)

In den Faulbehältern der Kläranlagen und in Gülle und Silage entsteht Methangas durch die Tätigkeit anaerober Bakterien Es wird als "Biogas" verwertet. Auch in den tieferen Sedimentschichten am Boden von Süßgewässern und am Meeresboden entsteht Methan (Sumpfgas), wenn die dort abgelagerte Zellulose und andere organische Substanzen Gärungsprozessen unterliegen. Methan entsteht auch durch die Tätigkeit von Methanbakterien. Methangas steigt dann in den Porenräumen des Sedimentes bis zur Sedimentoberfläche auf. Am Boden des Skagerraks gibt es richtige Krater (englisch pockmarks, Pockennarben) an solchen Stellen, wo Methanblasen sich den Weg ins Wasser bahnten. Auf oft nur metergroßen Flecken findet man dort in 300 m Tiefe dicht an dicht Pogonophoren (Bartwürmer) der Art *Siboglinum poseidoni*. Sie haben weder Mund noch Darm, besitzen aber ein Trophosom wie die Vestimentifera. Im Trophosom leben symbiontische methanoxidierende Bakterien und versorgen die Würmer mit Nahrung.

Im Porenwasser des Sediments gibt es Sulfat, das aus dem Meerwasser stammt. Von sulfatreduzierenden Bakterien wird im Porenwasser Schwefelwasserstoff produziert. Deshalb gibt es auch am Boden des Skagerraks Muscheln der Gattung *Thyasira*, die symbiontische Schwefelbakterien beherbergen.

Wirbellose Tiere aus ganz verschiedenen Gruppen haben im Laufe ihrer Stammesgeschichte enge Symbiosen mit Schwefelbakterien und mit methanoxidierenden Bakterien entwickelt.

7 Der Kontinentalschelf und die Schelfmeere

7.1 Der Gegensatz Hochsee—Schelf

In den typischen Hochseeregionen ist das Wasser mehr als 1000 m tief, der Schelf dagegen ist meist flacher als 200 m. Die "C-14-Primärproduktion" beträgt in der nährstoffarmen Hochsee der warmen Meere unter 60 g, in der kaltgemäßigten Hochsee ungefähr 100 g Kohlenstoff pro Quadratmeter und Jahr. In Schelfgebieten liegt die Primärproduktion dagegen bei 200 bis 300 g Kohlenstoff pro Quadratmeter und Jahr. Die Schelfgebiete (27 Millionen km^2) machen nur 7,5% der Meeresoberfläche aus. Rechnet man mit einem Mittelwert von 230 g Kohlenstoff pro Quadratmeter und Jahr für die Primärproduktion der großen Schelfgebiete der Welt, dann ergeben sich 6,2 Milliarden t Kohlenstoff pro Jahr. Zusätzlich liefert das Phytobenthos 1,6 Milliarden t Kohlenstoff (vgl. Tab. 10.2 mit etwas geringeren Werten). Schelfgebiete erbringen also ungefähr 23% der marinen Primärproduktion. Sie stellen vermutlich 90% des Welt-Fischereiertrages.

Wie kommt dieser Unterschied zwischen Schelf und Hochsee zustande? Dafür gibt es mehrere Gründe: erstens die Nähe zum benachbarten Kontinent, von dem Spurenstoffe wie Eisen, Selen und Mangan eingetragen werden, zweitens der geringe Abstand zwischen Meeresoberfläche und Meeresboden, so daß die mit Partikeln absinkenden Nährstoffe dort schnell mineralisiert und anschließend zur euphotischen Zone zurückge-liefert werden, und drittens eine gut entwickelte Bodenfauna, welche die benthischen Prozesse intensiviert und beschleunigt. In Schelfgebieten können pelagische Organismen am Meeresboden überwintern und Bodentiere bereichern das Zooplankton mit pelagischen Larven.

7.2 Die Ausdehnung der Schelfmeere

Als Kontinentalschelf bezeichnet man eine Terrasse, welche die Kontinente säumt (Abb. 5.1). Von den Geowissenschaftlern wird diese Terrasse noch den Kontinenten zugerechnet. Auf Karten wird der Schelf oft durch die 200-Meter-Tiefenlinie dargestellt. Das ist aber nicht immer zutreffend: aus geowissenschaftlicher Sicht reicht der Schelf jeweils bis zur Schelfkante, ohne Rücksicht auf deren Tiefenlage. Die Schelfkante bildet einen markanten Knick zwischen dem Schelf und dem Kontinentalhang, der dann steiler mit 1 bis 3 Grad Gefälle zum Kontinentalfuß hin abfällt. Diese Schelfkante liegt manchmal flacher als 100 m Wassertiefe, kann aber auch tiefer als 400 m liegen wie vor Grönland, vor Südafrika und vor dem Antarktischen Kontinent. Am häufigsten befindet sich die Schelfkante in 100 bis 150 m Wassertiefe. Das ist der Tiefenbereich, der vor 18 000 Jahren Küste war. Damals, zur Zeit der stärksten Vereisung, lag der Meeresspiegel weltweit über 120 m niedriger als heute. Zusammengerechnet war es während der letzten 2 Millionen Jahren wohl nur in 200 000 Jahren so warm wie heute. In der Regel war es kälter. Der Meeresspiegel des Weltozeans lag meistens mehr als 100 m niedriger als gegenwärtig. Der heutige Schelf war damals trockenes Land. Die Weltmeere mußten ohne die hohe Produktionsleistung der Schelfmeere auskommen.

Auf dem Kontinentalschelf besteht der Untergrund oft aus Felsboden mit wenig Sand und Kies darüber. Feinkörniges Material findet sich nur in Vertiefungen des Untergrundes. Der Kontinentalschelf ist nämlich überall dort Erosionsgebiet, wo er an den offenen Ozean grenzt und von den Orkanwellen betroffen wird. Schelfgebiete können aber auch Sedimentationsgebiete sein, in denen sich vom Kontinent stammendes Material ansammelt. Besonders ausgedehnt sind solche Sedimentationsgebiete vor den Mündungen der großen Flüsse. Die geologischen Verhältnisse im Untergrund unter dem Kontinentalschelf sind in der Regel ähnlich wie die Verhältnisse unter der Küstenebene, die sich landseitig an den Schelf anschließt und in Warmzeiten Meeresboden war. Deshalb gibt es in den Schelfgebieten auch viele Bodenschätze, nicht nur Sand und Kies, sondern auch Kohle, Erdöl, Erdgas, Phosphorit und Metalle.

Als Schelfmeere (englisch: shallow seas) bezeichnet man Flachmeergebiete, die an den Kontinentalschelf angrenzen. Am ausgedehntesten ist das Schelfgebiet im Arktischen Ozean, das von der Barents-See ausgehend als Nordsibirischer Schelf bis zur Beringstraße reicht. Weitere große Schelfmeergebiete sind Nordwesteuropäischer Schelf (mit der Nordsee, 855 000 km^2), Neufundland-Schelf (590 000 km^2), Ochotskisches Meer (nördlich von Japan, 600 000 km^2), Ostchinesisches Meer (950 000 km^2), Patagonien-Schelf (862 000 km^2), Arafura-See (nördlich von Australien, 1 560 000 km^2) und Sunda-See (zwischen Südchina und Java, 2 360 000 km^2). Schelfgebiete gibt es also in allen Klimabereichen. In den Tropen sind viele Schelfmeere von Korallenablagerungen bedeckt.

7.3 Neritische und ozeanische Provinz

Ernst Haeckel prägte den Begriff "neritische Provinz" (von Nereus, göttlicher Meergreis des Ägäischen Meeres) für das Pelagial in Gebieten, die dem Festlandeinfluß unterliegen, im Gegensatz zur "ozeanischen Provinz", zur Hochsee (Abb. 5.1).

In der Hochsee haben zwar alle Prozesse, die sich im Pelagial nahe der Meeresoberfläche (also im Epipelagial) abspielen, auch Auswirkungen auf das Leben am Tiefseeboden, aber nicht umgekehrt. Abgestorbene Phytoplankton-Zellen, Kotballen und Zooplankter-Leichen sinken durch die Wassersäule nach unten und ernähren die Tiefsee-Lebensgemeinschaft, wobei sich der jahreszeitliche Rhythmus der Vegetationsperioden von der Meeresoberfläche an den Tiefseeboden übertragen kann. Umgekehrt aber wirken sich die Prozesse, die am Tiefseeboden ablaufen, nicht auf die Lebensverhältnisse an der Meeresoberfläche unmittelbar darüber aus. Es kann Jahrtausende dauern, bis die am Tiefseeboden mineralisierten Nährstoffe durch die großräumige ozeanische Zirkulation wieder an die Meeresoberfläche gebracht werden. Diese "regenerierten" Nährstoffe werden ja inzwischen von den Tiefseeströmungen vielleicht bis an das andere Ende des Weltozeans transportiert, tauchen dann dort an der Meeresoberfläche auf und können Primärproduktion bewirken. Aber für die Wassersäule unmittelbar über dem Tiefseeboden hat die Nährstoffmineralisierung am Meeresboden keine Bedeutung. Das Epipelagial wird nur vom Mesopelagial beeinflußt, nicht vom Tiefseeboden. Planktonkundler können deshalb die ozeanische Provinz wie ein Faß ohne Boden behandeln, aus welchem alle Partikel nach unten verschwinden. Sie können mit Recht die Prozesse am Meeresboden vernachlässigen.

In der neritischen Provinz liegt der Meeresboden meist flacher als 200 m. Von der Meeresoberfläche absinkende organische Partikel gelangen also schnell an den Meeresboden und werden dort von Bakterien und von Tieren mineralisiert. Die freigesetzten Nährstoffe werden im Verlauf der folgenden Monate an das Wasser über dem Meeresboden abgegeben. Von dort gelangen sie bei guter Wasservermischung wieder zurück in die vom Sonnenlicht durchleuchtete (euphotische) Oberflächenschicht und können dort erneut vom Phytoplankton genutzt werden. Dieser Kreislauf vollzieht sich eventuell mehrfach im Laufe eines Jahres, sonst im Jahresrhythmus. Die im Vergleich mit der Hochsee höhere Leistung der Primärproduktion in den Schelfgebieten erklärt sich wohl überwiegend durch den schnelleren Umsatz der Nährstoffe.

7.4 Wechsel zwischen pelagischer und benthischer Lebensweise

Manche Planktonorganismen kommen nur während weniger Wochen oder Monate im neritischen Pelagial vor. Wo verbringen sie die übrigen Monate des Jahres? Nicht alle Diatomeen, die am Ende einer Frühjahrsblüte absinken, sind tot. Viele Diatomeen-Arten bilden Ruhestadien aus, die absinken und am Meeresboden überleben. Viele Dinoflagellaten-Arten, die im Sommer durch Planktonblüten auffällig werden, bilden hartschalige Zysten, die am Meeresboden überdauern. Wenn die Wassertemperaturen im nächsten Sommer steigen, keimen aus den Zysten begeißelte Dinoflagellaten aus und schwimmen zur Meeresoberfläche. Jeweils dort, wo nach einer Blüte die Zysten an den Meeresboden absanken, bilden im nächsten Jahr die auskeimenden Dinoflagellaten den Grundstock für eine neuerliche Massenentwicklung. Auch die marinen Wasserflöhe (Cladoceren) der Gattungen *Podon*, *Evadne* und *Penilia*, die im Zooplankton mancher Flachwassergebiete häufig sind, überwintern als Dauereier am Meeresboden. Die pelagischen Amphipoden (Flohkrebse) der Art *Hyperia galba*, die in der Kieler Bucht im Sommer in Ohrenquallen (*Aurelia*) leben, findet man im Winter, wenn es keine Quallen gibt, manchmal zwischen den Rotalgen am Meeresboden. Überhaupt kommen Quallen (Scyphomedusen) fast ausschließlich in der neritischen Provinz vor, denn die mikroskopisch kleine Polypengeneration der Quallen lebt auf Steinen und Algen am Meeresboden. Eine Ausnahme bildet die ozeanische Gattung *Pelagia*, die keine Polypengeneration besitzt. Typische Bewohner der neritischen Provinz sind ferner Krebse aus der Gruppe der Mysidacea, die tagsüber am Meeresboden leben, nachts aber in das Pelagial aufsteigen. Nicht zuletzt profitieren von der Nähe des Meeresbodens auch alle Fische, die wie der Hering beim Ablaichen auf kiesiges oder steiniges Substrat oder Algen angewiesen sind, weil sich nur darauf die Eier richtig entwickeln.

In Schelfgebieten leben zahlreiche benthische Tierarten, die pelagische Larven besitzen. Diese Larven bezeichnet man insgesamt als Meroplankton (griechisch meros, der Teil), im Gegensatz zum Holoplankton (griechisch holos, ganz), dessen Vertreter ihren gesamten Lebenszyklus im Pelagial durchlaufen. Meroplankter sind zwar in der Regel klein und stellen nur einen unbedeutenden Anteil an der Zooplankton-Biomasse, sie sorgen aber für eine große Vielfalt an Lebensformtypen im Pelagial der neritischen Provinz.

In allen Weltmeeren kann man im Plankton zwischen ozeanischen Arten und neritischen Arten unterscheiden. Bei den Copepoden (Ruderfußkrebsen) ist die Gattung *Calanus* überwiegend ozeanisch, während *Paracalanus, Pseudocalanus* und *Acartia* typische Vertreter des neritischen Zooplanktons sind. Im äußeren Schelfbereich vermischen sich allerdings Vertreter beider Gruppen. Das ozeanische Plankton wird von den großräumigen Meeresströmungen weiträumig verbreitet. Es gibt viele Kosmopoliten. Dagegen konnten sich in den verschiedenen Küstengebieten getrennte Populationen zu verschiedenen Arten entwickeln.

7.5 Einflüsse vom Kontinent

Von der Küste bis zur Schelfkante nimmt die Wassertiefe zu. Gleichsinnig verändern sich aber auch andere Umweltfaktoren: Salzgehalt, Gezeitenstrom-Wirkung, Jahresgang der Temperatur und Intensität der Wasserschichtung.

Von den Kontinenten her gelangt Flußwasser in die Schelfgebiete. Flußwasser vermischt sich in der Regel nicht gleichmäßig mit dem Meerwasser. Wenn der Wind das Flußwasser nicht in andere Richtung treibt, strömt es wegen der ablenkenden Kraft der Erdumdrehung (Corioliskraft) zunächst nach rechts an der Küste entlang, auf der Südhalbkugel nach links. In dem küstennahen Wassergürtel ist deshalb oft der Oberflächen-Salzgehalt geringer als weiter entfernt von der Küste. Die Flüsse bringen nicht nur Stickstoff und Phosphor, sondern auch weitere Spurenelemente in das Meer, Nährstoffe, die vom Phytoplankton bei der Primärproduktion benötigt werden. An der Grenze zwischen den durch Flußwasserbeimischung salzärmeren und den küstenferneren salzreicheren Wassermassen bilden sich Wasserwirbel und hydrographische Fronten, an denen manchmal Auftrieb erfolgt. Dadurch werden die oberflächlichen Wassermassen mit Nährstoffen aus tieferen Wasserschichten versorgt.

Im Flachwasserbereich wirken sich die Gezeiten am stärksten aus. Die Reibung der Gezeitenströmungen am Meeresboden erzeugt Turbulenz (Verwirbelung) im Wasser über dem Meeresboden. Wenn sowohl von unten durch die Bodenreibung als auch von oben durch die Reibung des Windes an der Meeresoberfläche Turbulenzen entstehen, dann wird die gesamte Wassersäule kräftig durchmischt. Es kommt dann wegen der ständigen Vermischung der Wassermassen auch im Sommer nicht zur

Ausbildung einer stabilen Wasserschichtung, obwohl die Sonne kräftig einstrahlt und das Oberflächenwasser erwärmt. In der südlichen Nordsee wird durch die Wirkung der Gezeitenströmungen das Wasser bis in etwa 30 m Tiefe vollständig durchmischt. Dadurch gelangen die am Meeresboden regenerierten Nährstoffe unmittelbar zurück in die euphotische Lichtzone.

Auch an der Grenze zwischen den vollständig durchmischten küstennahen Wassermassen und den etwas tieferen, etwas weiter von der Küste entfernten Gebieten, wo im Sommer die Wassermassen geschichtet sind, bilden sich hydrographische Fronten aus. Auch an diesen Fronten kann es zum Auftrieb von kaltem nährstoffreichem Wasser an die Meeresoberfläche kommen.

Wasser- und Landmassen beeinflussen das Klima. Der Jahresgang der Temperatur ist in der Nähe der Kontinente extremer als küstenfern über dem offenen Ozean. Deshalb erwärmt sich im Frühling die Oberflächenschicht in den Schelfgebieten schneller, und die Wasserschichtung stabilisiert sich dort früher als im offenen Ozean. In der kaltgemäßigten Klimaregion hängt der Beginn der Frühjahrsblüte des Phytoplanktons von der Stabilisierung der Wasserschichtung ab. Die allgemein höhere Primärproduktion über Schelfgebieten läßt sich zum Teil mit dem früheren Beginn der Vegetationsperiode über dem Schelf erklären. Auch für das Zooplankton spielt es eine große Rolle, wenn sich über Schelfgebieten das Wasser an der Meeresoberfläche schneller und stärker erwärmt: Zooplankter werden dann früher geschlechtsreif, haben kürzere Generationszeiten als ihre Verwandten im kälteren ozeanischen Wasser, erreichen deshalb oft aber auch nur eine geringere Körpergröße.

Der flachste Bereich erwärmt sich im Frühjahr am schnellsten, kühlt im Winter am stärksten aus. Deshalb gibt es in der südlichen Nordsee, wo es flacher als 40 m ist, eine Zone am Meeresboden, wo die jährlichen Temperaturschwankungen mehr als 10 °C betragen. Die jahreszeitlichen Unterschiede werden mit zunehmender Tiefe geringer. Am Meeresboden in 40 bis 100 m Tiefe liegt die Temperatur ständig niedriger als 12 °C, in Tiefen über 100 m niedriger als 10 °C. Es gibt dann keine Unterschiede mehr zwischen Sommer- und Wintertemperaturen. In den Schelfgebieten gibt es also alle Übergänge von stark ausgeprägter Saisonalität bis hin zu den gleichförmigen Temperaturbedingungen, wie sie für die Tiefsee charakteristisch sind. Das nutzen manche Bodentiere aus, die im Sommer im warmen Flachwasser leben. Im Winter dagegen wandern sie in tiefere Regionen, die dann wärmer als die ausgekühlten Flachwassergebiete sind. So machen es zum Beispiel die Nordseegarnelen (*Crangon*). Junge Heringe, Schollen und Seezungen verbringen den Sommer im warmen Wattenmeer.

Einflüsse vom Kontinent

Schon bei gewöhnlichen Stürmen bewirken die Wellen, daß bis etwa 20 m Wassertiefe am Meeresboden Erosion auftritt. Feinkörniges Material wird in Suspension gebracht und trübt das Wasser. Wenn der Sturm abflaut und die Turbulenzen im Meerwasser geringer werden, lagert sich die Trübe wieder am Meeresboden ab. Statistisch gesehen, findet die Ablagerung dann in etwas größeren Wassertiefen statt, weil dort die Turbulenzen im Wasser schneller abklingen. So kommt es, daß sich während der ruhigen Sommermonate viel Trübe am Meeresboden ablagert, daß dann aber bei starken Winterstürmen die Erosion dafür sorgt, daß feinkörniges Material weiter seewärts bis zur Schelfkante transportiert wird. Für die Nordsee sind Skagerrak und Norwegische Rinne mit Wassertiefen von mehr als 300 m die natürlichen Sedimentationsbecken, in denen letztlich alle feinkörnigen und alle nicht abbaubaren organischen Partikel auf Dauer abgelagert werden. Auf 10 bis 20% der Primärproduktion wird allgemein die Menge an organischer Substanz geschätzt, die vom Kontinentalschelf an die Tiefsee weitergeliefert wird. Aber genauere Daten

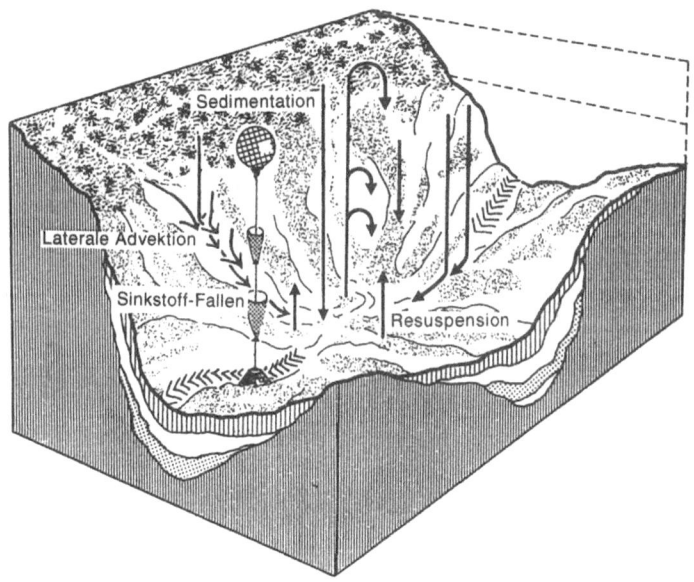

ABB. 7.1. Schema der Sedimentationsprozesse in der Kieler Bucht. Die Pfeile bedeuten Sedimentation und Resuspension (vertikal) und Hangabwärtstransport von den Seiten her (Laterale Advektion). Die vertikalen Sedimentionsprozesse in der Wassersäule werden mit am Meeresboden verankerten Trichtern (Sinkstoff-Fallen) erforscht, in denen sich absinkende Partikel absetzen. (Nach Graf, 1992)

fehlen noch, da man die "laterale Advektion" (Abb. 7.1) noch nicht messen kann (lateinisch latus, lateris, die Seite; advectio, die Zufuhr). Damit ist der Hangabwärtstransport von Partikeln dicht über dem Meeresboden gemeint.

Die großen Meeresströmungen folgen oft dem Verlauf der Schelfkanten und der Kontinentalhänge. An der Stromflanke zum Schelf hin bilden sich Wasserwirbel und hydrographische Fronten und trennen die neritischen Wassermassen über dem Schelf vom ozeanischen Wasser. Besonders kraß ist die Trennung auf dem Kontinentalschelf zwischen Labrador und Kap Hatteras (Abb. 4.1). Dort strömt der kalte Labradorstrom über dem Schelf nach Südwesten, während östlich davon der tiefreichende Golfstrom warmes und salzreiches Wasser nach Nordosten führt. Ausläufer des Golfstromes fließen an der nordwesteuropäischen Schelfkante entlang nach Nordosten. Auch hier bildet sich an der Stromflanke eine hydrographische Front, die das Ozeanwasser vom Schelfwasser trennt.

Vom Atlantik in die Nordsee einlaufend, fällt auf, daß plötzlich über der 500-Meter-Tiefenlinie die Konzentrationen von Kupfer und Nickel auf das Dreifache ansteigen. Zugleich sinkt der Salzgehalt. In der neritischen Provinz über dem Schelf hat das Meerwasser also eine andere Qualität, die durch höhere Niederschläge und durch den Zufluß von Flußwasser, durch

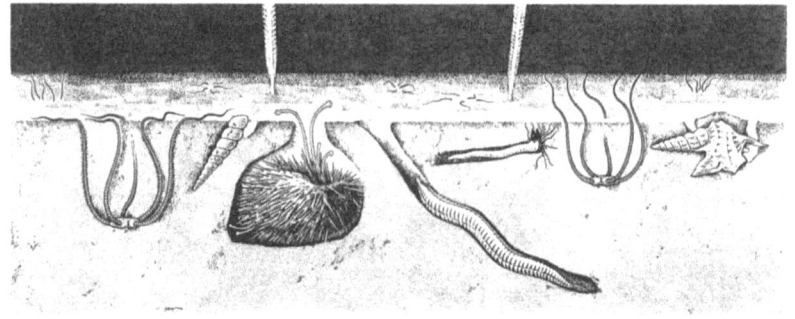

ABB. 7.2. Schema des Tierlebens auf sandschlickigen Böden in 15 bis 100 m Tiefe in der Nordsee und im Kattegat. Links der Schlangenstern *Amphiura chiajei*, dessen Arme an der Sedimentoberfläche Detritus sammeln, und die Turmschnecke *Turritella communis*, die Plankton aus dem Wasser filtriert. Dann folgen der Herzigel *Brissopsis lyrifera*, dessen Ambulakralfüße an die Sedimentoberfläche reichen, der räuberische Polychaet *Nephtys ciliata* und der röhrenbewohnende, Detritus fressende Polychaet *Terebellides stroemi*. Im Hintergrund zwei Seefedern (*Virgularia mirabilis*). Rechts der Schlangenstern *Amphiura filiformis*, der mit ausgestreckten Armen Plankton aus dem Wasser fängt, und die Pelikansfuß-Schnecke *Aporrhais pespelicani*. (Zeichung von Kaj Olsen, aus Thorson et al., 1979)

Lufteintrag und durch die Mobilisierung von Metallen und Spurenelementen aus dem Sediment bewirkt wird. Besonders kraß sind die Unterschiede bei den Cadmiumkonzentrationen, denn Cadmium wird vom Phytoplankton zusammen mit dem Nährstoff Phosphor aufgenommen. Cadmium verschwindet deshalb im Sommer fast vollständig aus dem ozeanischen Oberflächenwasser, denn es sinkt zusammen mit abgestorbenen Phytoplanktern in die Tiefe ab. Im Oberflächenwasser steigen die Cadmiumkonzentrationen erst wieder im Herbst, wenn die Wasserschichtung aufgebrochen wird und sich Oberflächenwasser und Tiefenwasser vermischen. Auf dem Schelf findet dagegen die Mineralisierung der abgesunkenen Frühjahrsblüte unmittelbar am Meeresboden statt. Dadurch

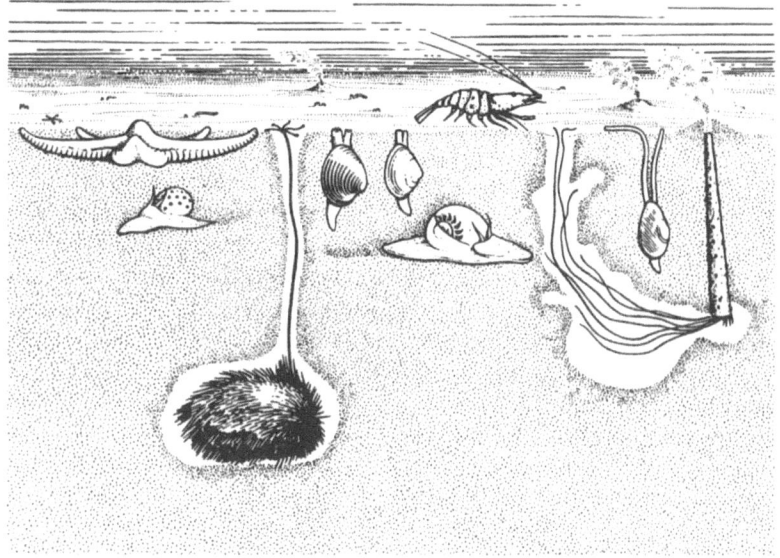

ABB. 7.3. Schema des Tierlebens auf sandigen Böden in 10 bis 40 m Tiefe in der Nordsee und im Kattegat. Links der Seestern *Astropecten irregularis* und darunter die Bohrschnecke *Natica alderi*; beide ernähren sich von Muscheln. Dann tief eingegraben der Herzigel *Echinocardium cordatum* mit einem bis zur Sedimentoberfläche reichenden Ambulakralfuß, daneben die Muscheln *Venus striatula* und *Spisula subtruncata*. Darunter eine weitere Bohrschneckenart, *Natica catena*, darüber im Wasser die Garnele *Leander adspersus*. Rechts die Muschel *Tellina fabula* mit zwei langen Siphonen, ganz rechts in einer konischen, aus Sandkörnern aufgebauten Röhre der Polychaet *Pectinaria koreni*, dessen Tentakel Nahrung in einer Aushöhlung im Sediment und an der Sedimentoberfläche suchen. (Zeichnung von Kaj Olsen, aus Thorson et al., 1979)

wird zusammen mit Phosphor auch das Cadmium schnell wieder an das Wasser über dem Meeresboden abgegeben und findet sich bei entsprechenden Vermischungsbedingungen deshalb auch bald wieder im Oberflächenwasser.

7.6 Das Benthos

Die Besiedlung des Meeresbodens mit Tieren der Makrofauna ist am dichtesten in den flacheren Gebieten bis etwa 50 m Tiefe (Abb. 7.2; Abb. 7.3). In der Nordsee (s. Kapitel 8) wird in dieser Tiefenzone oft eine Makrofauna-Biomasse von 10 bis 13 g Trockengewicht pro Quadratmeter gefunden, was ungefähr 6 g Kohlenstoff oder 60 g Feuchtgewicht pro Quadratmeter entspricht. Mit zunehmender Tiefe verringert sich die Biomasse. In 70 bis 100 m Tiefe beträgt die Makrofauna-Biomasse nur noch 3 bis 8 g, in der nördlichen Nordsee nur etwa 1 g Trockengewicht pro Quadratmeter. Für die Nordsee insgesamt kann man mit etwa 7 g Trockengewicht pro Quadratmeter rechnen.

Die Tiere der Makrofauna ernähren sich entweder als Suspensionsfresser von im Wasser suspendierten Partikeln und machen damit dem Zooplankton Konkurrenz oder sie leben als Sedimentfresser. Besonders üppig ist die Bodenfauna an der Schelfkante, weil dort die parallel zum Kontinentalhang laufenden Meeresströmungen viele Partikel in Suspension halten, so daß sie als Nahrung für Suspensionsfresser reichlich zur Verfügung stehen. An der Schelfkante zwischen Irland und Norwegen kommen sogar umfangreiche Korallenriffe vor, gebildet von *Lophelia*, einer Steinkoralle, die dort im kalten Dunkel ohne Symbionten existiert.

8 Fallstudie: Die Nordsee

8.1 Lage und Produktion

Die Nordsee ist ein 520 000 km² großes Schelfmeer. Nördlich einer Linie, die vom Kap Flamborough in England nach Skagen in Dänemark führt, beträgt die Wassertiefe mehr als 50 m. Nördlich von den Orkneys und nordwestlich von den Shetland-Inseln liegt die Schelfkante. Dort fällt der Meeresboden schnell zur Tiefsee hin ab. An der norwegischen Küste entlang zieht die über 300 m tiefe Norwegische Rinne bis zum 700 m tiefen Skagerrak.

1984 wurden aus der Nordsee 2,6 Millionen t Fisch angelandet. Das entspricht etwa 5 g Fischgewicht odel 0,5 g Kohlenstoff pro Quadratmeter und Jahr. Weltweit gehört die Nordsee damit zu den fischreichsten Meeresgebieten. Die Leistung der "C-14-Primärproduktion" des Phytoplanktons beträgt in den nördlichen Bereichen der Nordsee 70 bis 90 g Kohlenstoff pro m² und Jahr, in den flacheren südlichen Gebieten bis 300 g. Dort werden viele Pflanzennährstoffe vom Phytoplankton "verbraucht". Sie sinken zusammen mit Algenzellen oder mit dem Kot des Zooplanktons an den Meeresboden. Das Oberflächenwasser verarmt deshalb an gelösten Nährstoffen. Die Konzentrationen der Pflanzennährstoffe Stickstoff und Phosphor sind im Oberflächenwasser der zentralen Nordsee aber auch im Winter nur etwa halb so hoch wie im offenen Nordatlantik (Abb. 8.1).

8.2 Nährstoff-Einträge in die Nordsee

Zwischen Schottland und den Shetland-Inseln strömen in jeder Sekunde 0,3 Millionen m³ Atlantikwasser in die Nordsee. Dieser Wasserstrom setzt sich an den britischen Küsten entlang nach Süden fort und bringt riesige Nährstoffmengen in die Nordsee (Abb. 8.2). Im Verhältnis dazu waren bis 1950 die Flußwassereinträge vergleichsweise gering. Die in die Nordsee

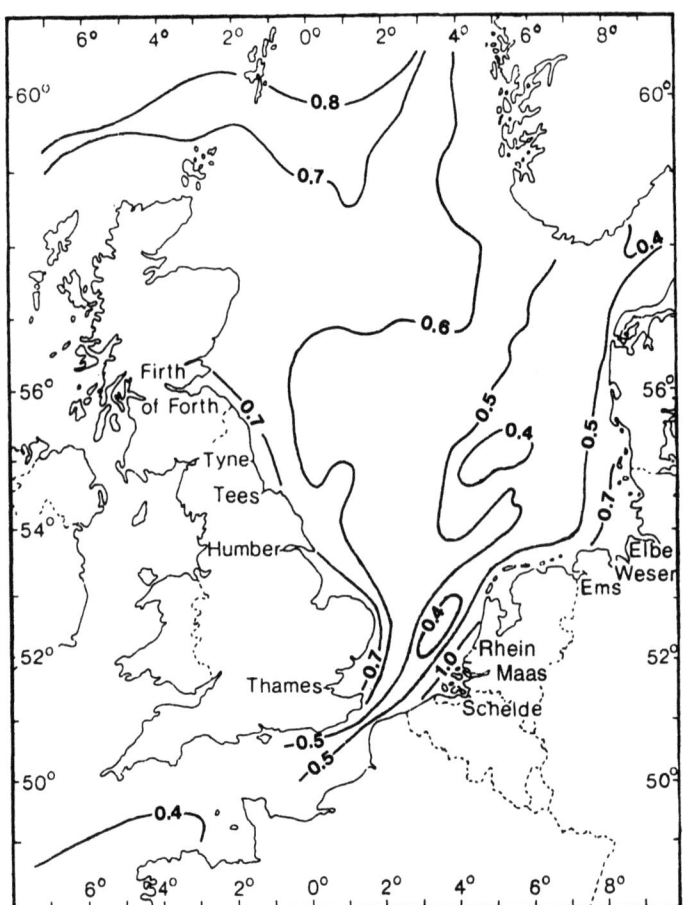

ABB. 8.1. Verteilung des gelösten Phosphats im Oberflächenwasser der Nordsee, Winterwerte (in µmol pro Liter: 1 µmol entspricht 0,032 mg Phosphot). (Nach Johnston, 1973, aus Gerlach, 1990a)

mündenden Flüsse lieferten damals nur einen Anteil vol drei Prozent der Stickstoff-Einträge und zwei Prozent der Phosphor-Einträge in die Nordsee. Zwischen 1950 bis 1980 sind jedoch die Nährstoffkonzentrationen in den Zuflüssen drastisch angestiegen, weil die Flüsse zunehmend als Abwasserkanäle genutzt wurden. Für den Rhein gibt es Meßwerte von der Meßstelle Lobith an der niederländisch-deutschen Grenze (Tab. 8.1). Dort waren vor 1959 die Phosphat-Konzentrationen

Nährstoff-Einträge in die Nordsee

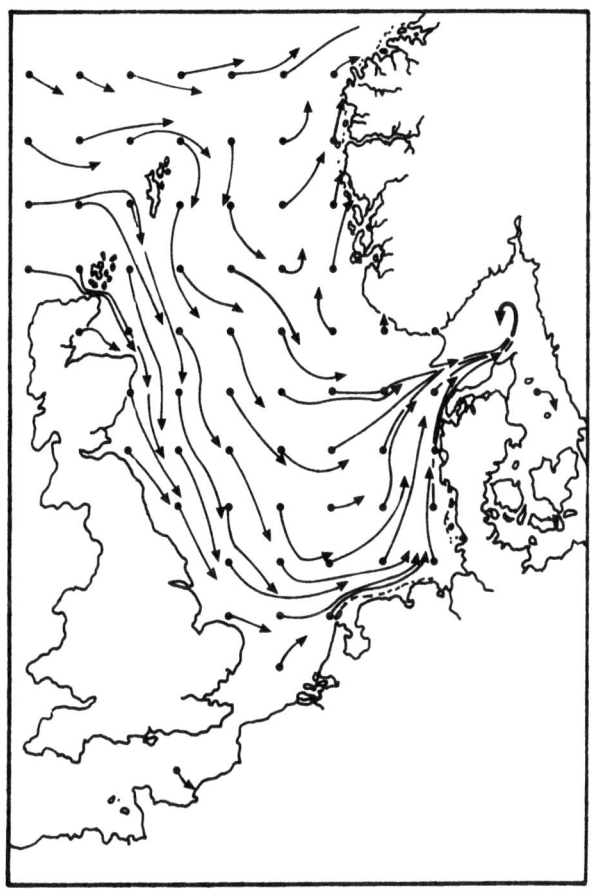

ABB. 8.2. Modellsimulation der Strömungen in der Oberflächenschicht der Nordsee im November 1987. Jeder Pfeil gibt den Weg an, welchen ein Wasserteilchen im Laufe des Monats November verdriftete. (Nach Backhaus et al. 1988, aus Gerlach 1990)

niedriger als 2 µmol pro Liter (Mikromol = Molekulargewicht in Millionstel Gramm, 2 µmol entspricht 0,064 mg Phosphor). Bis 1970 stiegen die Konzentrationen langsam auf 6 µmol pro Liter an. Seit 1975 schwanken die Phosphat-Konzentrationen zwischen 8 und 13 µmol pro Liter, steigen aber nicht mehr an. Die Begrenzung der Phosphatmengen in Waschmitteln und die Entfernung des Phosphats aus dem Abwasser der Kommunen zeigt Wirkung. In den "alten Bundesländern" der Bundesrepublik

TABELLE 8.1. Rheinwasser-Abfluß (Kubikmeter pro Sekunde) und Durchschnittts-Konzentrationen von Ammonium (NH_4), Nitrat (NO_3), gelöstem anorganischen Stickstoff (DIN, grob gerechnet als Ammonium plus Nitrat), gelöstem anorganischen Phosphat (PO_4), an Partikel gebundenem Phosphor (Part.-P) und Gesamt-Phosphor (Ges.-P) im Rheinwasser bei Lobith an der deutsch-niederländischen Grenze, 1955 bis 1986. Daten in µmol pro Liter; 1 µmol Stickstoff = 0,014 mg, 1 µmol Phosphor = 0,032 mg. (Nach Angaben der Rheinkommission zusammengestellt von A. J. van Bennekom und F. J. Wetsteijn, aus Gerlach, 1990a)

Jahr	Mittl. Abfluß m³/s	Fluß-wasser km³/Jahr	NH_4 µmol/l	NO_3 µmol/l	DIN µmol/l	PO_4 µmol/l	Part.P µmol/l	Ges.P µmol/l
1955	2580	81,4	104	144	248	1,7		
1956	2490	78,4	71	128	198	1,9		
1957	2140	67,4	85	152	237	2,3		
1958	2170	68,4	71	140	211	1,8		
1959	1530	48,3	127	135	263	2,7		
1960	2350	74,1	92	135	227	3,5		
1961	2120	66,9	86	161	247	3,8		
1962	1800	56,7	133	161	294	3,7		
1963	2135	67,3	148	166	314	4,8		
1964	1550	48,9	179	173	352	6,0		
1965	3150	99,4	99	163	261	5,2		
1966	3190	100,6	85	151	236	4,8		
1967	2960	93,4	83	173	256	5,5		
1968	2465	77,7	83	185	269	5,3		
1969	2080	65,6	128	182	310	7,2		
1970	3190	100,6	90	188	278	5,8		
1971	1500	47,3	203	176	379	10,0		
1972	1575	49,7	195	174	369	11,0		
1973	1730	54,6	171	182	354	11,6	22,6	34,2
1974	2200	69,4	135	210	345	10,3	18,7	29,0
1975	2090	65,9	81	223	304	11,9	12,3	24,2
1976	1310	31,5	99	266	366	14,8	17,1	31,9
1977	2120	66,9	74	258	332	12,6	11,0	23,5
1978	2455	77,4	62	266	329	11,3	9,0	20,3
1979	2505	79,0	58	269	327	11,0	7,7	18,7
1980	2570	81,1	51	271	323	9,0	6,5	15,5
1981	2945	92,9	36	259	296	8,7	6,1	14,8
1982	2905	91,6	31	251	282	8,4	6,8	15,2
1983	2630	83,0	35	277	312	11,0	8,1	19,0
1984	2430	76,6	36	299	336	11,6	4,5	16,1
1985	1970	63,0	45	316	361	12,6	4,5	17,1
1986	2435	76,8	41	300	341	8,7	5,5	14,2

Deutschland konnten zwischen 1975 und 1985 die Phosphat-Einleitungen in Oberflächengewässer um 29% verringert werden.

Die Stickstoff-Konzentrationen (Nitrat, Nitrit und Ammonium zusammen bezeichnet man als DIN, dissolved inorganic nitrogen) des Rheinwassers lagen vor 1950 vermutlich bei 70 µmol pro Liter (entsprechend 1 mg Stickstoff pro Liter). Bis 1961 blieben die Stickstoff-Konzentrationen noch unter 250 µmol pro Liter; sie erreichten dann jedoch im Zeitraum 1984 bis 1986 Werte um 350 µmol pro Liter (Tab. 8.1). Grob gerechnet haben sich also zwischen 1950 und 1980 die Phosphor-Frachten des Rheins versiebenfacht, die Stickstoff-Frachten vervierfacht. Vermutlich waren die Veränderungen in den anderen zur Nordsee fließenden Flüssen ähnlich. Berechnungen für 1980 ergaben, daß jährlich 1,2 Millionen t Stickstoff und 146 000 t Phosphor mit Flüssen oder unmittelbar durch Einleitungen in die Küstengewässer der Nordsee gelangen.

8.3 Das Kontinentale Küstenwasser der Nordsee

Am stärksten belastet ist das "Kontinentale Küstenwasser", ein Wassergürtel mit etwas vermindertem Salzgehalt, der von der Schelde-Mündung ausgehend sich an der niederländischen und an der deutschen Küste entlangzieht und dann der Küste Dänemarks bis zum Skagerrak folgt. In das Kontinentale Küstenwasser münden die Flüsse Schelde, Maas, Rhein, Ems, Weser und Elbe. Mit dem Flußwasser gelangen Pflanzennährstoffe, Schwermetalle und organische Schadstoffe in die Nordsee. Das Kontinentale Küstenwasser strömt im Wechsel der Gezeiten hin und her. Bei mittleren Windverhältnissen ergibt sich jedoch netto eine Restströmung, die mit einer Geschwindigkeit von 2,5 bis 5 km pro Tag an den Küsten entlang zum Skagerrak setzt. Etwa ein Zehntel der Nordsee, 50 000 km^2 gehören zum Gebiet des Kontinentalen Küstenwassers (Abb. 8.3). Modellmäßig läßt sich errechnen, daß in der Zeit um 1950 ungefähr 21% der Stickstoff-Einträge und 14% der Phosphor-Einträge, die in das Kontinentale Küstenwasser gelangten, aus den Flußfrachten stammten (Tab. 8.2). Der Rest wurde mit Atlantikwasser von Norden oder mit Wasser aus dem Englischen Kanal von Westen her importiert. In den 30 Jahren 1950 bis 1980 stieg der Flußwasseranteil auf etwa 50% der Gesamt-Nährstoffeinträge.

Helgoland liegt im Bereich des Kontinentalen Küstenwassers. Seit 1962 wurden dort fast an jedem Werktag von Wissenschaftlern der Biologischen Anstalt Helgoland Analysen des Meerwassers durchgeführt.

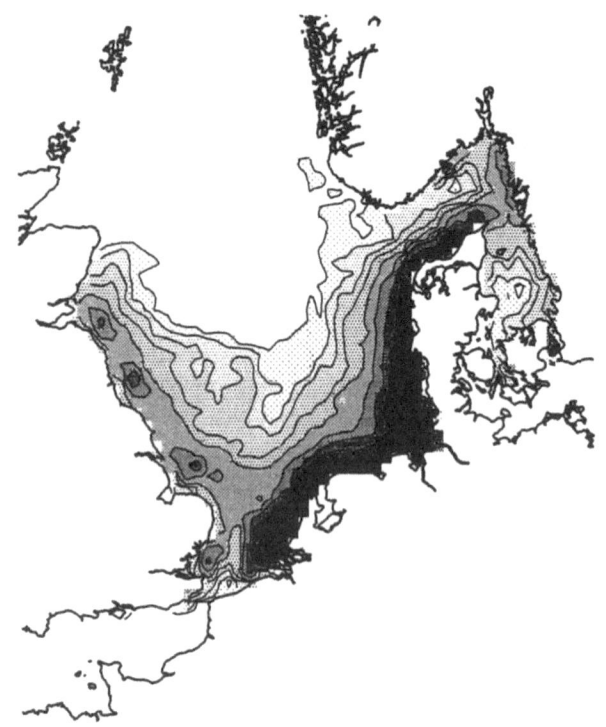

ABB. 8.3. Modellsimulation der Verschmutzung der Nordsee durch Einleitungen über sechs Flußsysteme: 57% aus Rhein, Maas und Schelde, 21% aus Elbe, Weser und Ems, 7% aus dem Firth of Forth, 7% aus dem Tyne, 4% aus der Themse und 3% aus dem Humber. Die Intensität der Raster gibt die relative Konzentration von sich passiv verhaltenden, mit dem Wasser driftenden Substanzen an, deren kontinuierlicher Eintrag während der Jahre 1969 bis 1982 simuliert wurde. Das im Institut für Meereskunde Hamburg entwickelte Modell wurde von den aktuellen Windsituationen 1969 bis 1982 angetrieben. Die höchste Konzentration findet sich im "Kontinentalen Küstenwasser" (schwarzes Raster) zwischen Schelde und Skagerrak. (Aus Hainbucher et al., 1987, mit Geuchmigung durch Pergamon Press, Oxford)

Messungen im Winter ergaben, daß zwischen 1962 und 1975 die Phosphat-Konzentrationen auf das 1,5fache anstiegen (Abb. 8.4a). Etwa ebensohoch war vermutlich auch der Anstieg beim anorganischen Stickstoff (Summe aus Nitrat, Nitrit und Ammonium). Es handelt sich also um einen klassischen Fall von Eutrophierung (griechisch eu, gut; trophé, die Ernährung): höhere Nährstoff-Einträge durch die Flüsse bewirken höhere Nährstoff-Konzentrationen im Küstenwasser, und diese höheren Nährstoff-

TAB 8.2. Abschätzung der Einträge 1950 und 1980 in das "Kontinentale Küstenwasser" der Nordsee (Fläche: 50 000 km^2), wobei der Wasserzufluß aus dem Englischen Kanal und aus den nordwestlichen Nordseegebieten in beiden Jahren gleichermaßen mit 5670 km^3 angesetzt wurde. (Nach Nelissen und Stefels, 1988, ergänzt durch Gerlach, 1990b)

Stickstoff	1950		1980	
Einträge	t N/Jahr	%	t N/Jahr	%
Mit Meerwasser	742 000	76%	742 000	42%
Atmosphäre (2 g N/m^2)	33 000	3%	100 000	6%
1950 = 33% von 1980				
Flüsse, Einleitungen, Verklappungen	202 000	21%	918 000	52%
1950 = 22% von 1980				
Einträge insegesamt	969 000 t		1 760 000 t	

Phosphor	1950		1980	
Einträge	t P/Jahr	%	t P/Jahr	%
Mit Meerwasser	92 000	85%	92 000	47%
Atmosphäre (45 mg P/m^2)	1 000	1%	2 000	1%
1950 = 50% von 1980				
Flüsse, Einleitungen, Verklappungen	15 000	14%	100 000	52%
1950 = 15% von 1980				
Einträge insegesamt	108 000 t		194 000 t	

Konzentrationen hatten höhere Phytoplankton-Konzentrationen zur Folge.

8.4 Veränderungen des Phytoplanktons bei Helgoland

Zwischen 1962 und 1971 erhöhte sich bei Helgoland die Biomasse der Diatomeen (Kieselalgen) auf das 2,5fache; seitdem ist sie aber wieder abgesunken (Abb. 8.4b) Vermutlich wirkte letztlich Silikatmangel begrenzend, denn Kieselalgen brauchen Silicium für den Aufbau ihrer Schale. Flagellaten sind begeißelte Phytoplankter, meist ohne Kieselschale. Zwischen 1971 und 1978 stieg die Biomasse der Flagellaten stark an (Abb. 8.4c). Vergleicht man die Fünfjahresperiode 1980 bis 1984 mit der Periode 1962 bis 1966, dann ergibt sich für Flagellaten eine 4,5fache Biomasse-Steigerung. Entsprechend vergrößerten sich vermutlich auch die Mengen abgestorbener Algen, die jedes Jahr an den Meeresboden absanken und dort bei der mikrobiellen Zersetzung zusätzlich Sauerstoff verbrauchten. In den Sommern 1981 bis 1983 und in den Sommern 1986 und

120 Fallstudie: Die Nordsee

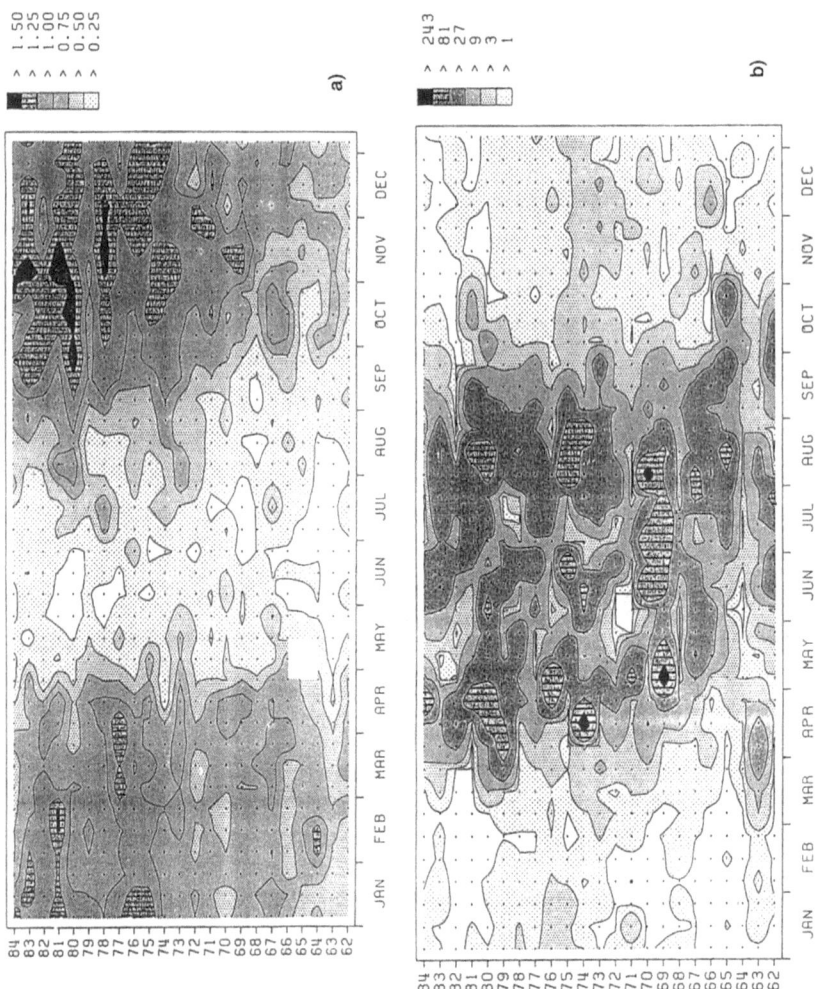

Veränderungen des Phytoplanktons bei Helgoland 121

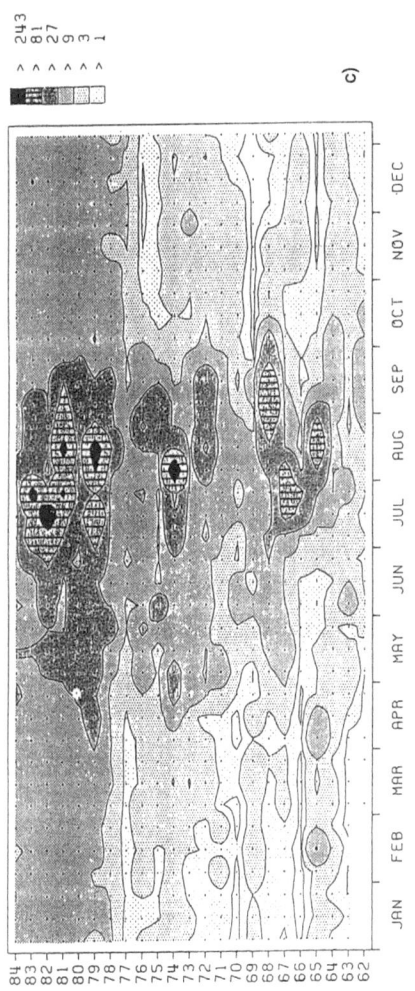

ABB. 8.4. a-c. Daten von der Station Helgoland-Reede 1962 bis 1984. Isolinien-Darstellung a) der Konzentrationen des Phosphats (in μmol pro Liter), b) der Diatomeen-Biomasse (in μg Kohlenstoff pro Liter, logarithmische Skala) und c) der Flagellaten-Biomasse (in μg Kohlenstoff pro Liter). (Nach Radach et al. 1990., aus Gerlach, 1990b)

1989 gab es an verschiedenen Stellen der Deutschen Bucht und westlich von Jütland Sauerstoffmangel am Meeresboden. Auch Fischsterben wurden beobachtet.

Allerdings spielt wohl auch das Wetter eine Rolle. In den Jahren um 1965 gab es bei Helgoland nur in den Monaten Mai bis Oktober hohe Diatomeen-Biomassen. In den folgenden Jahren begann die Frühjahrsblüte der Diatomeen immer früher, schließlich schon Mitte März (Abb. 8.4b). Die Vegetationsperiode verlängerte sich. Ob sich aber zwischen 1970 und 1980 eine Klimaveränderung anbahnte, ob es zwischen den sechziger und den achtziger Jahren systematische Unterschiede bei der Windstärke und beim Beginn der Erwärmung oberflächlicher Wasserschichten gab, und ob das die Ursache für immer früher einsetzende Diatomeenblüten war, wurde noch nicht hinreichend erforscht.

Kurzfristig gibt es beim Wetter extreme Schwankungen von Jahr zu Jahr. In Jahren mit hohen Niederschlägen bringt die Elbe viel mehr Flußwasser in die Nordsee als in trockenen Jahren. Dann wird auch viel mehr Stickstoff aus den Böden ausgewaschen. 1981 war die Stickstoff-Fracht der Elbe fast doppelt so hoch wie 1984 und 1987 war sie sogar mehr als doppelt so hoch. Der Sommer 1981 war ein ruhiger Sommer mit gut ausgebildeter Wasserschichtung. Bei Helgoland erreichte die Biomasse des Phytoplanktons im August 1981 Spitzenwerte bis 400 µg (Mikrogramm = Millionstel Gramm) Kohlenstoff pro Liter. 1987 waren die Stickstoff-Frachten der Elbe noch höher als 1981. Trotzdem gab es aber nur mittlere Phytoplankton-Konzentrationen bei Helgoland, und es gab keinen Sauerstoffmangel am Meeresboden. Im Sommer 1987 war es nämlich so windig, daß sich keine stabile Wasserschichtung ausbilden konnte. Meistens war das Wasser bis zum Meeresboden durchmischt. Planktonalgen wurden dadurch immer wieder auch in die dunklen Tiefenzonen verwirbelt, wo sie keine Photosynthese treiben können. Die Mischungstiefe war größer als die Kritische Tiefe. Das Phytoplankton konnte deshalb das große vorhandene Nährstoffangebot nicht richtig ausnutzen. Das Wasser war auch am Ende des Sommers noch nährstoffreich. Dieses nährstoffreiche Wasser wurde aus der Deutschen Bucht heraus nach Norden transportiert (Abb. 8.2) und hatte möglicherweise zur Folge, daß im Frühjahr 1988 im Skagerrak extreme Phytoplanktonblüten auftraten.

8.5 Veränderungen in der zentralen Nordsee

Seit 1958 haben britische Meeresbiologen in elf Teilgebieten der Nordsee und des östlichen Nordatlantiks mit dem "Continuous Plankton Recorder" die Häufigkeit von Phytoplankton und Zooplankton analysiert. Dieses Gerät wird von Handelsschiffen im Linienverkehr durch das Oberflächenwasser geschleppt. Kleinere Arten des Phytoplanktons werden von den 0,28 mm weiten Netzmaschen nicht erfaßt. Aber das Gerät lieferte gute Daten für 24 größere Arten des Phytoplanktons und für 24 Vertreter des Zooplanktons. Großes Phytoplankton und Zooplankton sind zwischen 1958 und 1978 in allen Teilgebieten der offenen Nordsee seltener geworden. Erst seit 1978 tauchen diese Arten wieder häufiger in den Fängen des Plankton-Recorders auf.

In der offenen Nordsee fand die Frühjahrsblüte des Phytoplanktons in den Jahren vor 1960 schon im März statt, in den Jahren nach 1960 aber meistens erst im April. Während in den sechziger Jahren das Zooplankton sieben bis acht Monate lang reichlich vorkam, war es in den siebziger Jahren jeweils nur knapp ein halbes Jahr lang in der Nordsee häufig.

Sind Klimaveränderungen die Ursache dafür? Meteorologen reden von Klimaveränderungen frühestens dann, wenn sich auch noch nach 30 Jahren Beobachtung ein Trend bestätigt. Alle kürzerfristigen Veränderungen sollte man zunächst nur als Schwankungen im Rahmen der normalen Variabilität deuten, so auch die Veränderungen beim Wetter, die möglicherweise in den vergangenen Jahrzehnten das Plankton der Nordsee beeinflußt haben. Die Planktonrecorder-Untersuchungen widersprechen der gängigen Behauptung, die Nordsee als Ganzes sei überdüngt. Die Veränderungen beim Plankton in der küstenfernen Nordsee laufen nämlich entgegengesetzt zu den Trends bei den Nährstoffeinträgen in die Küstenregionen.

8.6 Veränderungen der Dorschbestände in der Nordsee

In der Nordsee kommen etwa 170 Fischarten vor. An der Schelfkante im Norden der Nordsee setzt sich die Biomasse der mit dem Grundschleppnetz gefangenen Fische aus 44% Köhler (Seelachs), 12% Schellfisch, 11% Stintdorsch und 9% Wittling zusammen. In der zentralen Nordsee dominiert der Schellfisch mit 42%, begleitet von Wittling (14%) und Dorsch (9%). In den flacheren südlichen Gebieten der Nordsee haben Kliesche und Wittling mit je 22% und der Graue Knurrhahn mit 13% den höchsten Anteil an der Biomasse.

Die Anlandungen von Dorschen aus der Nordsee lagen bis zur Mitte der sechziger Jahre gleichbleibend niedrig bei etwa 0,1 Millionen t pro Jahr. Sie stiegen von 1964 bis 1968 stark an und liegen seitdem bei über 0,2 Millionen t (Abb. 8.5a). Das wird auf einige sehr gute Dorsch-Jahrgänge

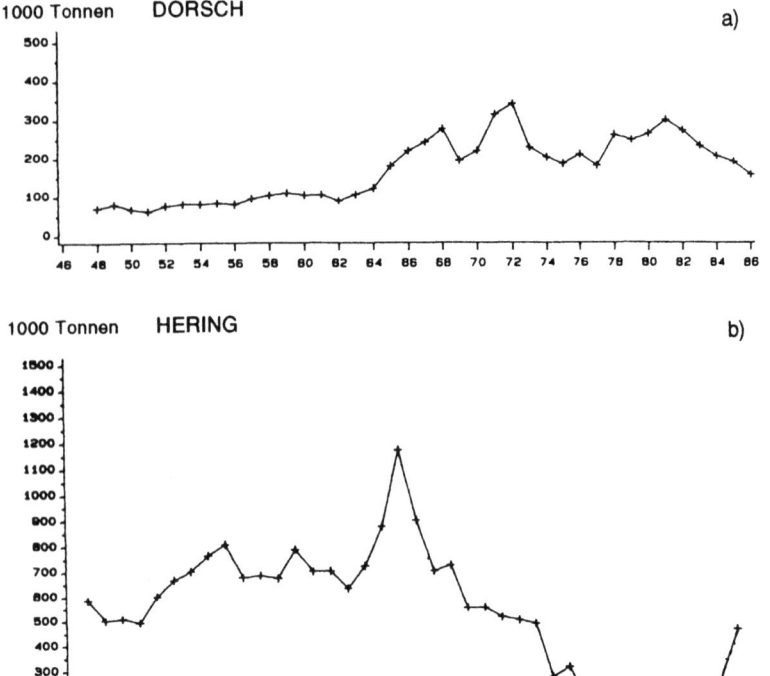

ABB. 8.5a,b. Fischereiertrag aus der Nordsee 1948 bis 1986 (in 1000 t), a) Dorsch, b) Hering. (Nach Daan et al., 1990)

zurückgeführt, die in den ersten Lebensjahren schnell heranwuchsen und ein Jahr früher als gewöhnlich geschlechtsreif wurden. Für die Zeit nach 1970 errechnen die Fischereibiologen einen starken Anstieg der durch die Fischerei bedingten Sterblichkeit. Schon 1986 mußten 70% der zwei Jahre alten Dorsche damit rechnen, ihr Leben in einem Schleppnetz zu beenden. Seit 1971 nahm deshalb die Menge der laichreifen Dorsche Jahr für Jahr ab. Der Anteil junger Dorsche am Fang wurde immer höher. Durch Fangmengenbegrenzung wird jetzt die Dorschfischerei in der Nordsee reguliert, um die Bestände langfristig zu sichern.

Dorsche laichen in der gesamten Nordsee, im südlichen Teil im Februar, im nördlichen Teil im März. Ein großes Dorschweibchen kann 10 Millionen Eier produzieren, die an die Meeresoberfläche aufsteigen.

Nach zwei bis vier Wochen schlüpfen daraus die Dorschlarven. Zunächst zehren sie vom Dottervorrat, aber dann brauchen sie Planktonnahrung, sonst verhungern sie. Die jüngsten Larven fressen Nauplius-Larven von Copepoden (Ruderfußkrebse) und andere kleine Zooplankter. Diese Nahrung finden sie nur dann in reichlicher Menge, wenn die Frühjahrsblüte des Phytoplanktons rechtzeitig einsetzt. Denn die überwinternden Copepodenweibchen produzieren erst dann Eier, wenn sie dazu von der einsetzenden Frühjahrsblüte des Phytoplanktons stimuliert wurden. Wann aber die Frühjahrsblüte des Phytoplanktons einsetzt, richtet sich nach den Wetterbedingungen. Stürmisches Wetter im Frühling kann die Massenentwicklung des Phytoplanktons wochenlang verzögern. Der Laichtermin der Dorsche ist dagegen in engen Grenzen jahreszeitlich festgelegt. Der britische Fischereibiologe D.H. Cushing (1975) hat ausgeführt, wie genau zeitlich erstens die Eiablage der Fische, zweitens die Phytoplanktonblüte und drittens die folgende Copepodenentwicklung zusammenpassen müssen, damit ein reicher Dorsch-Jahrgang entsteht. Diese Überlegungen sind als "Match-mismatch-Hypothese" diskutiert worden.

Aber man kann die Bestandsveränderungen beim Dorsch auch noch anders erklären. Dorscheier und Dorschlarven gehören ja zum Zooplankton und werden wie anderes Zooplankton zum Beispiel von Heringen gefressen. Die Zunahme der Dorsche in der Nordsee begann in den sechziger Jahren, als die Heringe knapp wurden. Wachsen immer dann mehr Dorsche heran, wenn es wenig Heringe gibt?

8.7 Veränderungen der Heringsbestände in der Nordsee

Mengenmäßig sind in der Nordsee die pelagischen Fische von größerer Bedeutung als Bodenfische wie der Dorsch. In den Jahren 1965 bis 1969 stellten die pelagischen Fische 65% von insgesamt etwa 3 Millionen t Fisch, die Jahr für Jahr aus der Nordsee angelandet wurden. Neben dem Hering (0,9 Millionen t pro Jahr) dominierte im Zeitraum 1965 bis 1969 die Makrele (0,6 Millionen t), während der Sandaal (Tobiasfisch, 0,16 Millionen t) damals keine große Rolle spielte. Inzwischen haben sich die Zahlen verändert: 1982 bis 1986 wurden jährlich mehr als 0,6 Millionen t Sandaal angelandet, dagegen gab es kaum noch Makrelen.

In den fünfziger Jahren waren die Heringsanlandungen aus der Nordsee mit jährlich etwa 0,7 Millionen t ziemlich konstant (Abb. 8.5 b). Aber die Gesamt-Biomasse der Nordsee-Heringe verringerte sich von schätzungsweise 7 Millionen t 1947 auf weniger als 4 Millionen t im Jahr 1962. Vielleicht wurden die Heringsbestände schon damals durch die Fischerei beeinträchtigt, die sich in den Jahren nach dem Krieg kräftig entwickelt hatte. Nach 1963 wurden dann die Treibnetze der Heringslogger durch effektivere Schwimmschleppnetze ersetzt. Außerdem fischten ab 1963 auch die norwegischen Ringwadenfischer in der Nordsee, nachdem die bis dahin von ihnen ausgebeuteten Heringsbestände im Atlantik zusammengebrochen waren. Große Mengen erwachsener Nordseeheringe wurden in Norwegen zu Fischmehl verarbeitet. Die Heringsanlandungen aus der Nordsee verdoppelten sich. Sie erreichten 1965 einen Spitzenwert von 1,2 Millionen t. Trotzdem war in der Fünfjahres-Periode 1962 bis 1966 die Biomasse der laichreifen Heringe in der Nordsee mit 1,8 Millionen t noch doppelt so groß wie die jährlichen Fänge der Fischerei. Aber nach 1965 wurden Jahr für Jahr die Bestände und die Anlandungen geringer. Der Heringsfang wurde deshalb ab 1976 durch Fangmengenbegrenzung geregelt. Trotzdem ging in den Jahren 1977 bis 1981 der Ertrag auf weniger als 0,1 Millionen t Hering pro Jahr zurück. 1977 bis 1981 wurde der Heringsfang in den südlichen Nordseegebieten, 1978 bis 1983 auch in den nördlichen Nordseegebieten offiziell ganz eingestellt, damit sich die Bestände erholen sollten. Tatsächlich nehmen seit 1981 die Nordsee-Heringe wieder kräftig zu. Die Biomasse der laichreifen Heringe liegt seit 1984 wieder über 1 Million t.

Die Mengen junger Heringe, der sogenannten Rekruten, die jährlich die Heringsbestände ergänzen, entsprechen eigentlich nie der Zahl der Heringsweibchen, von denen sie stammen. 1972 bis 1979 war die Zahl der Rekruten sehr gering. Sie nahm schon ab, bevor die Bestände laichreifer Heringe in der Nordsee kleiner wurden. Schon 1977/1978, als die Heringsbestände am kleinsten waren, entstanden jedoch reiche Nachwuchsjahrgänge. Es liegt nahe, daraus auf ungünstige Lebensbedingungen für Heringslarven in der Zeit 1972 bis 1978 zu schließen, und daß sich die Bedingungen seitdem wieder verbessert haben. Man kann an Wechselwirkungen mit dem Zooplankton denken, von dem sich der Hering ernährt. Bis 1978 ist in vielen Gebieten der Nordsee die Zooplankton-Biomasse zurückgegangen, seit 1978 nimmt sie wieder zu. Möglicherweise hatten aber auch die Heringslarven "Match-mismatch-Probleme" und fanden jeweils dann nicht die richtige Nahrung, wenn sie diese für ihre Entwicklung brauchten.

Der Zusammenbruch der Heringsbestände Mitte der sechziger Jahre und der Anstieg der Heringsbestände in den achtziger Jahren wurden ausgelöst durch Mißerfolg und Erfolg bei der Rekrutierung. Die Fischerei beschleunigte den Zusammenbruch der Bestände.

Heringe laichen nur in eng umgrenzten Meeresgebieten. Die Heringseier sinken an den Meeresboden, wo sie an Kies, Steinen und Algen ankleben. Nach zwei Wochen steigen die aus den Eiern geschlüpften Heringslarven an die Meeresoberfläche. Ihr Dottervorrat reicht etwa eine Woche. Anschließend ernähren sie sich von den Nauplius-Larven der Copepoden (Ruderfußkrebse) und von anderen kleinen Zooplanktern. Im Experiment brauchte eine junge Heringslarve von einem Zentimeter Länge täglich 40 Nauplius-Larven als Nahrung. Sie verhungert, wenn nicht wenigstens 4 Nauplien pro Liter Meerwasser vorkommen.

Es gibt Heringslaichgebiete, wo im unmittelbaren Küstenbereich reichlich Zooplankton vorhanden ist. Die Heringslarven finden dort genug Nahrung, und in der Nachbarschaft liegen auch die Flachwassergebiete, wo anschließend die Jungheringe im ersten Lebensjahr heranwachsen können. Die Masse der Nordseeheringe stammt aber aus Laichgebieten, die weiter entfernt von den Küsten liegen. Man unterscheidet dementsprechend verschiedene Heringsbestände: bei den Hebriden nordwestlich von Schottland laichen die Heringe in der zweiten Septemberhälfte. Im Gebiet der Orkneys und der Shetland-Inseln laichen die Heringe Ende August und Anfang September. Aber in den achtziger Jahren gab es vorübergehend dort nur noch wenige laichende Heringe. Dafür laichen seit 1983 wieder viele Heringe in dem Gebiet östlich von Schottland, wo bis 1968 der "Buchan-Hering" vorkam (Abb. 8.6). Von August bis Oktober laichen in der zentralen Nordsee die "Bank-Heringe". Von November bis Dezember laichen die Heringe im Englischen Kanal. Die Heringe von den verschiedenen Laichgebieten kann man unterscheiden. Denn Körpergröße und Wirbelzahl richten sich nach den Aufwuchsbedingungen.

Ein Teil der Heringslarven wird von den Meeresströmungen an die nächstgelegene Küste transportiert und wächst dort heran. Der größere Teil der Heringslarven driftet aber über die offene Nordsee und legt weite Strecken zurück, ohne daß die Larven dabei viel wachsen. Beim "Buchan-Hering" dauerte die Larvenphase sechs bis sieben Monate, bei den Heringslarven aus dem Englischen Kanal vier bis fünf Monate, bis die Jungheringe schließlich die Küsten der Deutschen Bucht und Jütlands erreichen (Abb. 8.6). Im Wattenmeer liegen wichtige Aufwuchsgebiete der Heringe. Im ersten Lebenssommer wachsen die Jungheringe dort auf 10 cm Länge heran und wandern dann in etwas tiefere Küstengebiete ab. Am Ende des zweiten Lebensjahres wandern sie zu den Nahrungsgründen in der zentralen und in der nördlichen Nordsee. Mit drei Jahren werden die meisten Heringe geschlechtsreif. Die Schwärme wandern dann alljährlich zu den entsprechenden Laichgründen. Nach dem Ablaichen überwintern die Buchan- und die Bank-Heringe in der Tiefe des Skagerraks und in der

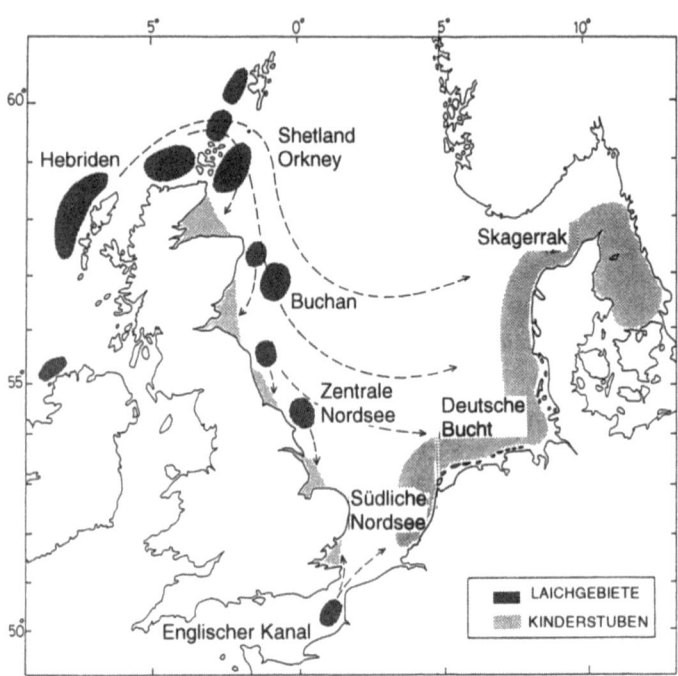

ABB. 8.6. Laichgebiete der Nordseeheringe, Driftwege der Heringslarven und Aufwuchsgebiete (Kinderstuben) der einjährigen Heringe. (Nach Corten, 1990)

nordöstlichen Nordsee. Die aus dem Englischen Kanal stammenden Heringe halten sich im Sommer in den kühlen tieferen Gebieten der zentralen Nordsee auf und wandern im Winter zurück zu den Laichgebieten.

Es gibt Zirkulationsmodelle für die Nordsee, mit denen man den Einfluß des Wetters auf die Strömungen in der Nordsee simulieren kann (Abb. 8.2). Im Mittel der Jahre 1969 bis 1982 gab es einen starken Einstrom von jährlich 9 500 km^3 Atlantikwasser (0,3 Millionen m^3 pro

---

ABB. 8.7a, b. Modellsimulation der Drift von Heringslarven, die im September im Gebiet der Orkneys und Shetland-Inseln aus den Eiern schlüpften. Die Zahl der in einem Quadrat gefundenen Marker (Intensität des Rasters) zeigt die Larvenkonzentrationen, wie sie sich als Modellsimulationen im folgenden Februar ergeben. a) Simulation für im September 1974 geschlüpfte Heringslarven, welche die Deutsche Bucht erreichten. b) Simulation für im September 1978 geschlüpfte Heringslarven: bis zum Februar 1979 verdrifteten diese Larven nur bis in das Zentrum der Nordsee, wo sie zugrunde gingen. (Aus Bartsch, 1988)

Veränderungen der Heringsbestände in der Nordsee 129

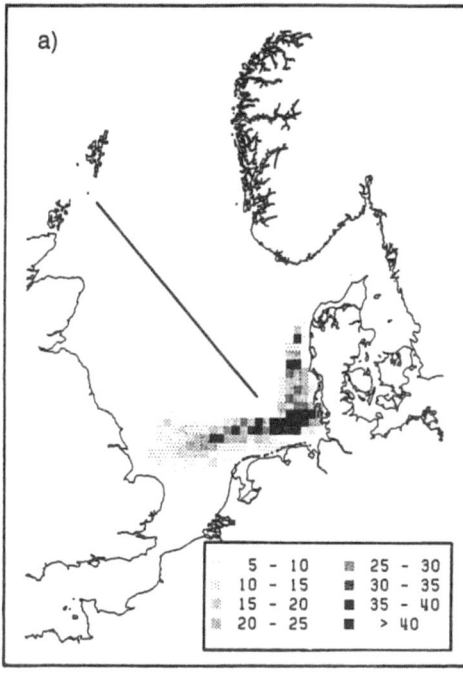

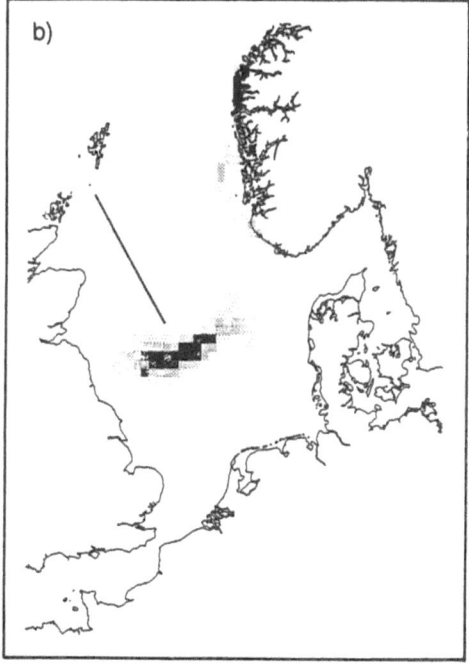

Sekunde), welches vor allem im Herbst und Winter zwischen den Orkneys und den Shetland-Inseln nach Süden strömt. Diese Wassermassen schwenken dann gestaffelt nach Osten, wo sie in den Jütland-Strom und in den Norwegischen Küstenstrom einmünden und dann wieder nach Norden aus der Nordsee herausgeführt werden. J. Bartsch hat mit dem Strömungsmodell des Hamburger Instituts für Meereskunde simuliert, welchen Weg Heringslarven zurücklegten, die im September 1974 im Gebiet der Orkneys/Shetlands geschlüpft waren. (Abb. 8.7) 1974/75 herrschten "normale" Bedingungen: viele Larven waren bis zum Februar 1975 in die Küstengebiete vor dem Wattenmeer und an die Westküste von Jütland transportiert worden, wo die Kinderstuben der Heringe liegen (Abb. 8.7a). In den Jahren 1976 bis 1980 dagegen waren die Wetterbedingungen anders, mehrfach stagnierte sogar die Wasserzirkulation in der Nordsee. Zum Beispiel, als im Dezember 1978 und im Januar 1979 Südwind die normale Zirkulation in der nordwestlichen Nordsee verhinderte. Wasserwirbel bildeten sich und führten das Wasser im Kreise. In der Modellsimulation fanden sich die im September 1978 geschlüpften Heringslarven im Februar 1979 mitten in der Nordsee wieder, weit entfernt von den Kinderstuben im Flachwasser (Abb. 8.7b). Tatsächlich wurden von den Fischereibiologen im Februar 1979 keine Heringslarven in der südlichen Hälfte der Nordsee gefunden: der Jahrgang 1978 ging wohl überwiegend zugrunde, weil er die Küsten nicht erreichte.

Heringe werden über 20 Jahre alt. Wenn in einem Jahr oder auch mehrere Jahre hintereinander der Laich zugrundegeht, gleicht sich das in späteren Jahren aus, sofern die Bestände laichreifer Heringe nicht durch die Fischerei vernichtet oder von Raubfischen dezimiert wurden.

8.8 Thunfische in der Nordsee — eine Episode

Schon um die Jahrhundertwende wurden in der Nordsee Thunfische geangelt. Aber später lohnte es sich für die Fischer erst wieder zwischen 1951 und 1962, daß sie in den Monaten August bis Oktober auf Thunfischfang fuhren. In diesen 12 Jahren wurden jährlich 2 600 bis 10 500 t Thunfisch angelandet. Große Thunfische erschienen zuerst an der Küste von Nordnorwegen, bevor sie vier Wochen später in der Nordsee auftauchten. Kleinere Thunfische zogen direkt nach Südnorwegen und in die Nordsee und bis in das Kattegat. Am stärksten waren die Thunfisch-Jahrgänge 1950 und 1952. Sie tauchten erstmalig 1956 und 1958 in der Nordsee auf. Der Jahrgang 1952 war aber auch der letzte, der in die

Nordsee zog und dort bis 1962 den Fang lohnend machte. In den folgenden Jahren wurden Thunfische nur noch weiter nördlich außerhalb der Nordsee gefangen. Es waren von Jahr zu Jahr weniger, aber immer größere Fische, wohl immer noch Überlebende desselben Schwarmes.

Thunfische laichen im Juni vor Spanien, Nordafrika und im Mittelmeer. Anschließend ziehen die Schwärme auf der Suche nach Fischnahrung weit umher und folgen dabei offenbar festen Traditionen, indem sie Jahr für Jahr zu denselben Fanggründen zurückkehren. Dabei überqueren sie auch den Atlantik. In der Karibik markierte Thunfische wurden später vor Norwegen gefangen.

Fischereibiologen errechneten, daß in der Nordsee jedes Jahr ungefähr ein Zehntel der zugewanderten Thunfische von den Fischern gefangen wurde. Bis zu 100 000 t betrug zeitweise die Biomasse der Thunfische in der Nordsee. Hundert Tage lang fraßen sie täglich 3000 t Fischnahrung und wurden damit zu Konkurrenten für die Fischerei in der Nordsee. Jeder der 200 kg schweren Thunfische nahm während des Aufenthaltes in der Nordsee 50 kg an Körpergewicht zu. Im Oktober zog dann der Schwarm wieder in wärmere Gewässer.

Thunfische in der Nordsee waren eine Episode: ein großer Schwarm war 1951 erstmalig in die Nordsee gezogen, vielleicht angelockt durch besonders günstige Wassertemperaturen. Diese Thunfische zogen dann Jahr für Jahr in die Nordsee, um zu fressen. Später folgten ihnen aber keine jüngeren Thunfische mehr.

8.9 Seevögel und Seesäuger

1969 gab es an der deutschen Nordseeküste 17 000 Silbermöwen-Brutpaare, 1984 waren es 45 000. Heringsmöwen, die früher nur auf der Insel Memmert beobachtet wurden, brüteten 1984 auf mindestens zwölf Nordseeinseln. Lachmöwen vermehrten sich im deutschen Nordseegebiet von 5 000 auf 40 000 Brutpaare. Schon 1985 wurden mehr als 2 300 Brutpaare der Dreizehenmöwe auf Helgoland gezählt. Der Bestand der Trottellummen hatte sich dort zwischen 1975 und 1985 verdreifacht. 1991 versuchten sogar Baßtölpel auf Helgoland zu brüten. Beobachtungen in britischen Vogelkolonien bestätigen, daß in den siebziger und achtziger Jahren eine drastische Zunahme der fischfressenden Seevögel im Nordseebereich erfolgt ist.

Was sind die Ursachen? Darüber wird noch gerätselt. Die hohen Nährstoff-Konzentrationen im Kontinentalen Küstenwasser der Nordsee dafür verantwortlich zu machen, ist nicht plausibel. Seevögel fressen kein Phytoplankton, sondern Fisch. Bisher ist es noch nicht gelungen, die Bestandsschwankungen bei Sandaal, Sprotte und Hering mit der Eutrophierung der Nordsee zu korrelieren.

War die Abnahme der Umweltgifte für die Zunahme der Seevögel verantwortlich? Bis 1972 sind die Konzentrationen von DDT (einschließlich der Umwandlungsprodukte DDD und DDE) im Fleisch und in den Eiern der fischfressenden Seevögel angestiegen, seitdem sinken sie wieder. Es kann nicht ausgeschlossen werden, daß in den sechziger und siebziger Jahren die Fortpflanzung der Seevögel durch die hohen Giftkonzentrationen im Nordseewasser beeinträchtigt wurde.

Die Kegelrobbenbestände an den britischen Nordseeküsten stiegen seit den siebziger Jahren bis auf über 100 000 Tiere an. Die Seehundbestände hatten ihren Tiefpunkt in den Jahren 1972 bis 1978 und stiegen dann im Wattenmeer und im Gebiet Skagerrak-Kattegat auf das Doppelte. Auch hierfür gibt es gegenwärtig keine einfache Erklärung. Der niederländische Seehundforscher P.J.H. Reijnders (1990) fand, daß Seehunde, die mit stark belastetem Fisch aus dem Wattenmeer gefüttert wurden, weniger Nachkommenschaft hatten als Tiere, die er mit weniger schadstoffbelastetem Fisch fütterte. Möglicherweise hängen die Bestandsschwankungen der Robben mit Veränderungen der Schadstoffbelastung zusammen. Aber Schadstoffe sind nicht der einzige Faktor, der sich veränderte. In der Zeit, als die Bestände zunahmen, wurde auch die Jagd auf Kegelrobben und Seehunde verboten. Die Seehundbänke, wo die Jungen geboren werden, wurden geschützt. Außerdem veränderten sich die Fischbestände, von denen die Robben leben. Gegenwärtig ist es deshalb noch nicht möglich, die Bestandsschwankungen bei den Robben kausal zu erklären.

Im Frühjahr 1988 begann im Kattegat das "Seehundsterben", eine Epidemie, die sich anschließend bis in die Beltsee und bis in das Wattenmeer ausbreitete und später auch die Bestände in Südnorwegen und Großbritannien betraf. 17 000 Seehunde wurden tot aufgefunden. Ursache war ein vorher unbekanntes Staupe-Virus, nicht identisch mit dem Erreger der Hundestaupe. Neben Umweltqualität und ausreichender Nahrung spielen also auch Krankheiten und Parasiten als ökologische Faktoren eine Rolle.

Im Darm der Seehunde entwickelt sich der Fadenwurm (Nematode) *Pseudoterranova* zur Geschlechtsreife. Seine Eier gelangen mit dem Seehundskot in das Meerwasser. Im Meerwasser schlüpft die Nematodenlarve. Damit sie sich weiter entwickeln kann, muß die Larve zunächst von einem Krebs gefressen werden, und dieser Krebs muß dann von einem

Dorsch oder Köhler erbeutet werden. Die Wurmlarven durchbohren im Fisch die Darmwand und wandern in das Filet. Obwohl eine Nematodenlarve im Fischfilet keine Gefahr für den Fischesser bedeutet, sofern der Fisch gekocht oder gebraten wird, sieht der Kunde nicht gern Nematoden im Dorsch- oder Seelachsfilet. Die Fischindustrie kontrolliert deshalb jedes Filet einzeln auf Würmer. Die Larven des Nematoden *Anisakis* gelangen über Krebse als ersten Zwischenwirt in den Hering als zweiten Zwischenwirt. Wird der Hering roh gegessen oder ist die Marinade aus Salz und Essig nicht scharf genug, um die Würmer im Matjesfilet zu töten, dann kann es passieren, daß die noch lebenden Nematodenlarven versuchen, sich beim Menschen durch die Darmwand zu bohren, und es treten Krankheitssymptome auf. Aber der Mensch ist nicht der Endwirt der Nematoden *Pseudoterranova* und *Anisakis*. Nur im Darm von Robben oder Tümmlern werden die Nematoden geschlechtsreif, paaren sich und produzieren Eier.

Wenn es in der Nordsee wenig Seehunde, Kegelrobben und Tümmler gibt, dann ist das gut für die Fischwirtschaft, denn dann gibt es wenig Nematoden, und es werden weniger Nematodeneier produziert. Damit wird die Wahrscheinlichkeit geringer, daß eine Wurmlarve den komplizierten Entwicklungsgang bis hin zum zweiten Zwischenwirt Dorsch oder Hering durchlaufen kann.

9 Fallstudie: Die Ostsee

9.1 Hydrographie und Geschichte

Die Ostsee ist ein intrakontinentales Mittelmeer und zugleich ein Brackwasser-Ästuar (Flußmündungsgebiet, s. Kapitel 12), welches in das Randmeer Nordsee mündet. Das Gesamtgebiet der Ostsee einschließlich Kattegat ist 412 560 km² groß. Die Ostsee enthält 21 631 km³ Wasser, davon befinden sich 13 045 km³ in der Zentralen Ostsee, die genauer als "The Baltic Proper" bezeichnet wird (Abb. 9.1). Die tiefste Stelle ist das Landsort-Tief südlich von Stockholm mit 459 m Wassertiefe. Nur durch enge Meeresstraßen steht die Zentrale Ostsee in Verbindung mit Kattegat, Skagerrak und Nordsee: 27% des ausfließenden Ostseewassers strömen über die Drogden Schwelle durch den 6 km breiten Öresund ("Sound" in Abb. 9.1) nach Norden, 73% strömen über die Darßer Schwelle und durch die Mecklenburger Bucht zum Fehmarnbelt und weiter durch den 18 km breiten Großen Belt (64%) und durch den Kleinen Belt (9%) nach Norden (Abb. 9.2).

Das Abflußgebiet der Ostsee ist viermal größer als die Ostsee selbst: 1 721 200 km² (Abb. 9.1). Von Jahr zu Jahr schwanken die Flußwassereinträge in die Ostsee (ohne Beltsee und Kattegat) zwischen 420 und 550 km³, je nach den Niederschlägen. Im Mittel der Jahre 1921 bis 1930 flossen jährlich 472 km³ Flußwasser in die Ostsee, im Mittel der Jahre 1951 bis 1970 waren es dagegen jährlich nur 430 km³. Knapp die Hälfte der Flußwassermenge wird von sieben großen Flüssen geliefert (Zahlen:

ABB. 9.1. Die Teilgebiete der Ostsee (gerastert) und die Abflußgebiete, aus denen die Flüsse in die Teilgebiete der Ostsee fließen. Das als "Western Baltic" bezeichnete Gebiet umfaßt die Beltsee. Mit "Baltic Proper" wird die Zentrale Ostsee bezeichnet; sie besteht aus Arkonasee, Bornholmsee, Östlicher und Westlicher Gotlandsee. Die gestrichelten Linien entsprechen den Staatsgrenzen: NO Norwegen, SE Schweden, FI Finnland, RU Rußland, EE Estland, LV Lettland, LT Litauen, BY Weißrußland, UA Ukraine, PL Polen, CS Tschechei, DE Deutschland, DK Dänemark. (Aus HELCOM, 1993)

Hydrographie und Geschichte

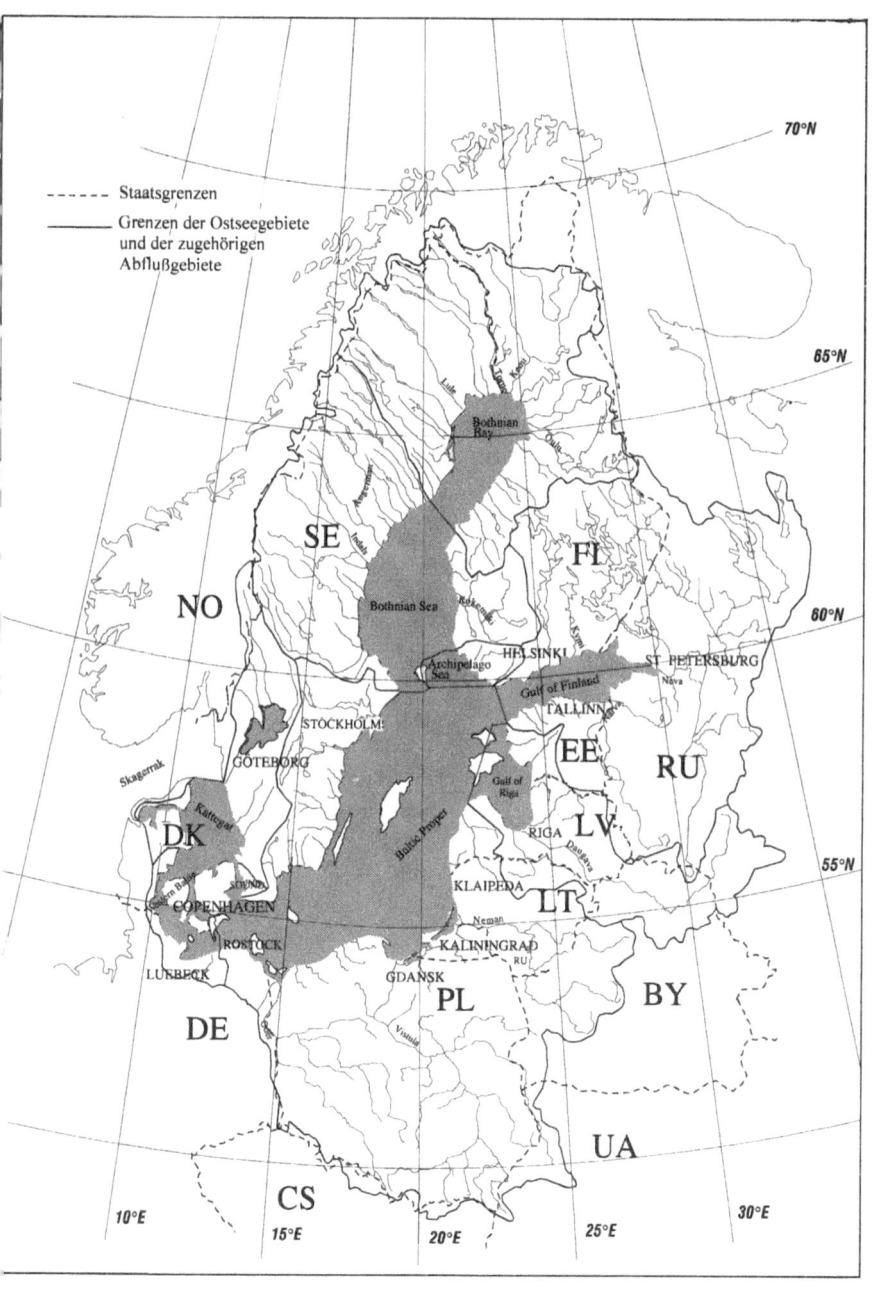

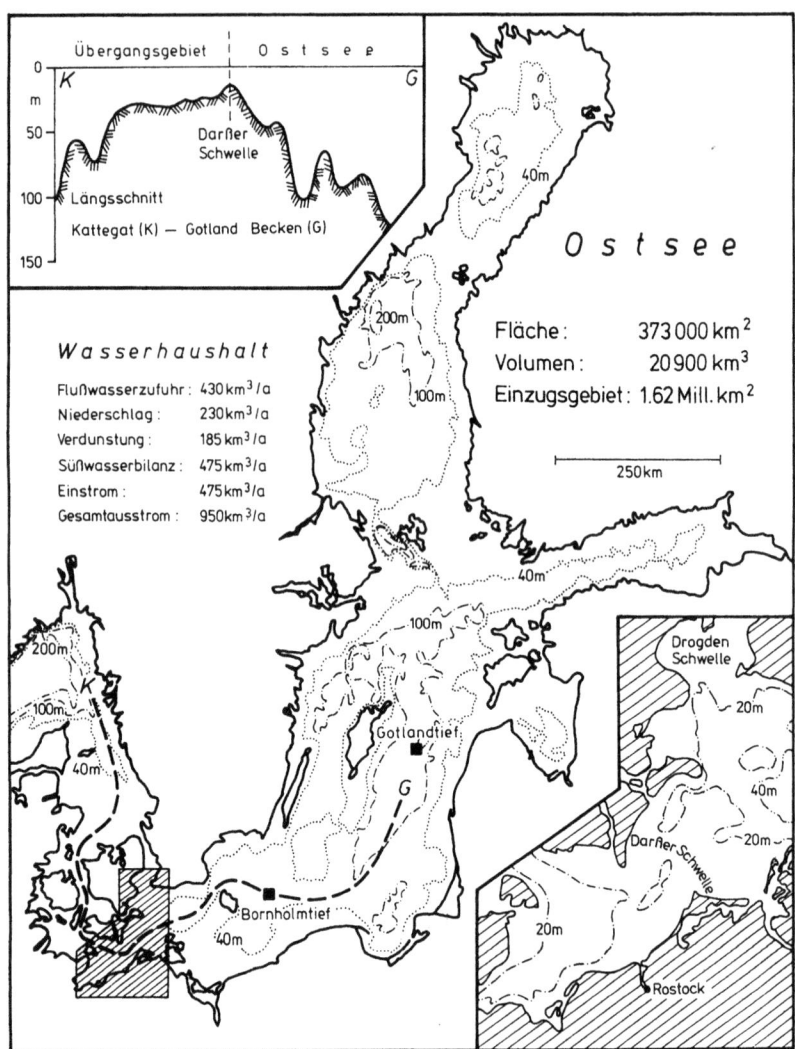

ABB. 9.2. Wassertiefen in der Ostsee und (Kartenausschnitt) im Übergangsgebiet zur Zentralen Ostsee. Eingezeichnet ist die Lage von Bornholmtief (etwa 100 m Wassertiefe) und Gotlandtief (bis 240 m Wassertiefe). Die Angaben zum Wasserhaushalt und zur Größe der Ostsee beziehen sich auf die Ostsee südlich von der Drogden Schwelle und östlich von der Darßer Schwelle. (Aus Matthäus, 1992)

Abfluß in km³ pro Jahr): Newa (87), Weichsel (34), Düna (24), Memel (21), Kemijoki (18), Oder (17) und Luleälv (15). Das Flußwasser vermischt sich in der Ostsee mit dem brackigen Oberflächenwasser und strömt zusammen mit diesem zur Beltsee und, zunehmend mit Salzwasser vermischt, zum Kattegat, zum Skagerrak und in die Nordsee. In umgekehrter Richtung gibt es einen Einstrom von salzreichem Nordseewasser in die Ostsee.

Noch vor 8 800 Jahren war die Ostsee ein aufgestauter Süßwassersee, den die Eiszeitgeologen nach einer Süßwasserschnecke "Ancylus-See" nennen. Der Meeresspiegel des Weltozeans lag damals knapp 30 m niedriger als heute, stieg aber von Jahr zu Jahr schnell an. Dadurch konnte Salzwasser in das Gebiet der heutigen Ostsee vordringen. Es entstand das "Littorina-Meer", benannt nach einer Meeresschnecke. Vor 6000 Jahren war das Littorina-Meer wärmer und salzreicher als die heutige Ostsee. Auch gegenwärtig steigt der Meeresspiegel des Weltozeans noch an, mehr als einen Millimeter pro Jahr. Gleichzeitig hebt sich aber auch Skandinavien, besonders in den nördlichen Gegenden. Die Ostsee verändert sich also weiterhin.

Eine Million Schleswig-Holsteiner und zwei Millionen Mecklenburger und Vorpommern spielen für die Gesamtbilanz der Ostsee nur eine untergeordnete Rolle. Achtzig Millionen Menschen wohnen im Abflußgebiet der Ostsee. Sie alle entlassen zwangsweise ihre Abwässer in die Ostsee. Schon 1974 vereinbarten die sieben Ostsee-Anliegerstaaten Dänemark, Schweden, Finnland, Sowjetunion, Polen, DDR und Bundesrepublik Deutschland eine Konvention über den Schutz des Ostseegebietes, das Helsinki-Übereinkommen. Seit 1980 ist es in Kraft. Seit 1978 werden im Rahmen des "Ostsee-Monitoring-Programms" von Wissenschaftlern aus allen Ostsee-Staaten nach festgelegten Regeln und immer an denselben Stationen Messungen der physikalisch-chemischen Umweltverhältnisse im Ostseewasser durchgeführt, werden Analysen der Giftkonzentrationen vorgenommen, werden Plankton und Bodentierbestände mengenmäßig erfaßt. 1990 legte eine Expertengruppe die Bewertung der Verhältnisse für die Zeit bis 1988 vor. Über die Ergebnisse wird in den folgenden Abschnitten berichtet. Allerdings bezieht sich diese Bewertung nur auf die küstenfernen Ostseegebiete, nicht auf die Küstenregionen und die Flußmündungen, von woher die Ostseeverschmutzung stammt.

9.2 Veränderungen beim Salzgehalt

Mit zunehmendem Abstand von der Nordsee verringert sich im Kattegat und in der Beltsee der Salzgehalt von Nordseewerten (35‰) auf weniger als

10‰ im Gebiet Warnemünde-Gedser (Abb. 9.3). Der Salzgehaltsabnahme entspricht eine Abnahme der Artenzahlen von Tieren und Pflanzen. Viele Meerestiere können nur bei dem hohen Salzgehalt leben, wie er im offenen Meer normal ist. Nur wenige Arten dringen in den eigentlichen Brackwasserbereich und damit auch in die Zentrale Ostsee vor (s. Kapitel 12.2). Einige, wie die Plattmuschel *Macoma baltica*, kommen noch im Finnischen und im Bottnischen Meerbusen vor, wo der Salzgehalt unter 5‰ liegt. Es gibt nur wenige Tier- und Pflanzenarten, die als spezifische

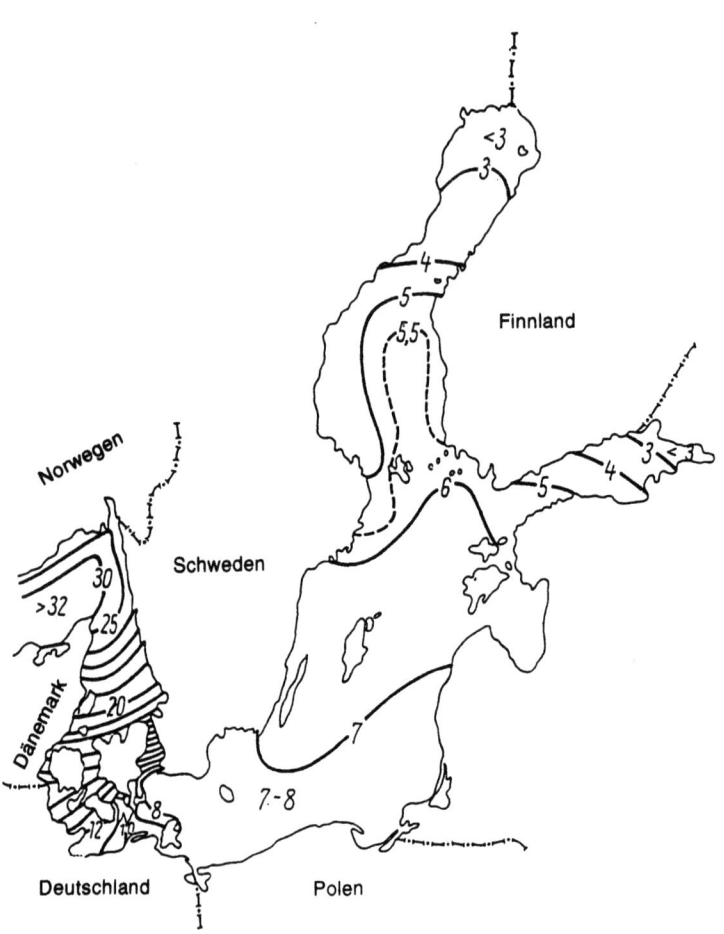

ABB. 9.3. Mittlere Salzgehaltsverteilung im Oberflächenwasser der Ostsee im August (in ‰). (Aus Hupfer, 1981)

Brackwasserarten ausschließlich auf Lebensräume mit verringertem Salzgehalt angewiesen sind. Auch einige Süßwasser-Organismen dringen in Brackwassergebiete ein. Das Brackwasser-Ökosystem Ostsee wird also von einer artenarmen Organismengemeinschaft bevölkert, die mit den ungünstigen Salzverhältnissen dort fertig wird (s. Kapitel 12.2).

Im Oberflächenwasser der Zentralen Ostsee (also zwischen Pommern und Finnland, zwischen Gotland und dem Baltikum) stieg der Salzgehalt im Zeitraum 1969 bis 1978 um etwa 0,5‰ an und nahm dann zwischen 1979 und 1988 wieder um etwa 0,5‰ ab (Abb. 9.4; 9.5c). Das hat Auswirkungen auf das Leben in der Ostsee, denn viele Meeres-Organismen können Brackwasser nur bis zu einem gewissen Salzgehalt hinab ertragen. Sie dringen in der Ostsee immer dann weiter vor, wenn der Salzgehalt steigt, müssen sich aber zurückziehen, wenn der Salzgehalt sinkt.

In den zentralen Gebieten der Ostsee beträgt der Salzgehalt 7 bis 8‰ (Abb. 9.3). Das Oberflächenwasser setzt sich aus vier Teilen Flußwasser (0.1‰) und aus einem Teil Nordseewasser (35‰) zusammen. Zwei ganz verschiedene Prozesse können jeder für sich dafür verantwortlich sein, daß der Salzgehalt sich verringert: erstens mehr Regen und Schnee im Abflußgebiet der Ostsee und damit mehr Flußwassereintrag, oder zweitens weniger Salzwassereinstrom aus der Nordsee. Zwischen 1976 und 1993 haben beide Prozesse zusammen gewirkt. Der Salzgehalt ist dadurch gesunken. Schuld daran war das Wetter, denn seit 1976 sorgte es für hohe

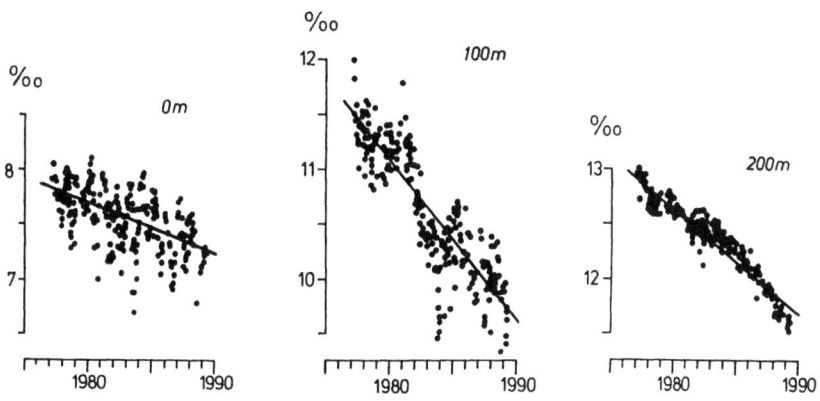

ABB. 9.4. Veränderungen des Salzgehalts 1977 bis 1989 in der Östlichen Gotlandsee an der Oberfläche, in 100 m Tiefe und in 200 m Tiefe. (Aus Matthäus et al. 1990)

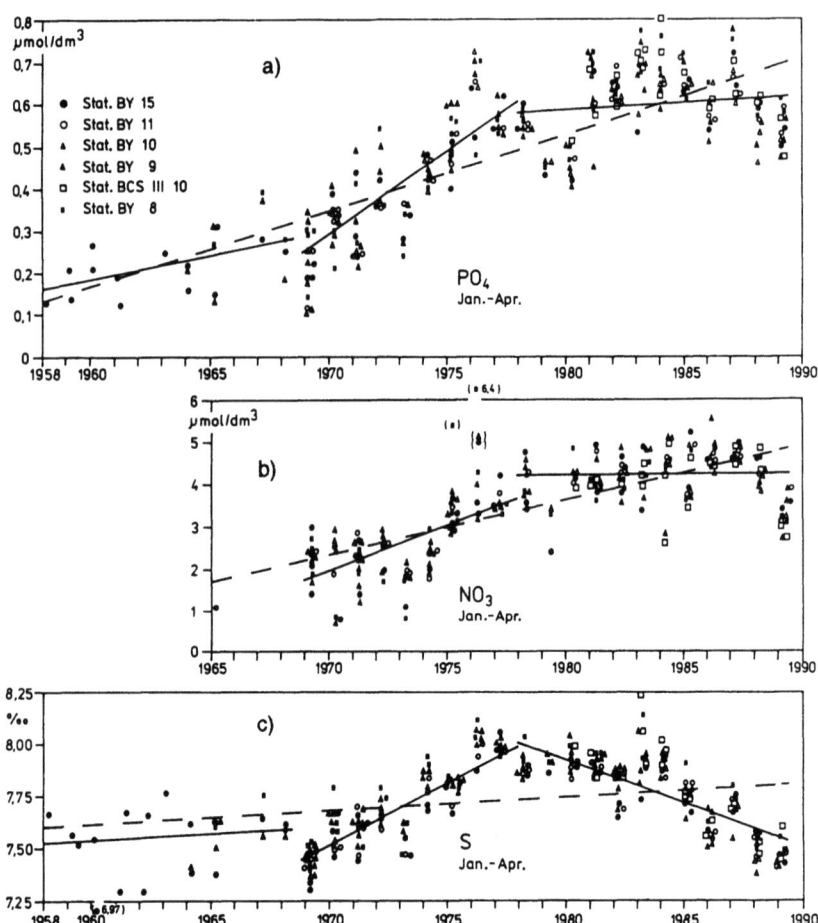

ABB. 9.5a–c. Veränderungen 1958 bis 1989 bei a) den Phosphat-Konzentrationen (PO_4), b) den Nitrat-Konzentrationen (NO_3) und c) beim Salzgehalt (S) im Oberflächenwasser der südöstlichen Gotlandsee. Die Daten stammen aus den Monaten Januar bis April. Die Linien wurden aus dem Mittel der Daten von sechs Stationen berechnet. (Aus Nehring und Matthäus, 1991)

Niederschläge, und es gab keine einstromwirksamen Sturmsituationen. Wenige Salzwasser als normal strömte in die Ostsee ein.

Was könnte der Mensch tun, um den Salzgehalt zu erhöhen, um damit das ökologische System der Ostsee wieder auf den Stand von 1979 zu bringen? Mit den heutigen ökonomischen und technischen Möglichkeiten könnte man im Großen Belt zwischen Fünen und Seeland und im Öresund zwischen Dänemark und Schweden den Meeresboden ausbaggern und damit den Zustrom von Salzwasser aus dem Kattegat begünstigen. Man könnte aber auch Weichsel und Oder zur Elbe umleiten. Damit würde man den Flußwassereintrag in die Ostsee verringern. Umgekehrt könnte man die Ostsee durch Staudämme von der Beltsee abtrennen und würde die Ostsee damit in einen Süßwassersee verwandeln. Aber vernünftigerweise sollte man das alles unterlassen. Denn klimabedingte Veränderungen des Salzgehaltes sollte man akzeptieren, sie gehören zum ökologischen System der Ostsee. Wir müssen uns an die Schwankungen gewöhnen und müssen es estragen, daß der Salzgehalt in Zukunft sinkt oder auch wieder steigt.

9.3 Umweltgifte in der Ostsee

Anders ist das bei den Umweltgiften, mit denen die Ostsee seit 40 Jahren belastet wird. Zwar ist es als Erfolg der getroffenen Umweltschutzmaßnahmen zu werten, daß die Konzentrationen von DDT-Abkömmlingen und PCBs (Polychlorierte Biphenyle) in Ostseefischen und in Seevogeleiern jetzt geringer sind als vor 20 Jahren. Aber die Konzentrationen sind immer noch beachtlich. Ganz allgemein sind im Ostseewasser und im Ostseefisch die Konzentrationen vieler organischer Schadstoffe (DDT, PCB, HCB, HCH, Lindan, Dioxin) mehrfach höher als in vergleichbaren Proben aus dem Nordatlantik und aus der offenen Nordsee.

Zwar liegen die Konzentrationen unterhalb der Höchstmengen, welche von den Gesundheitsbehörden im Lebensmittel Fisch toleriert werden. Aber die Ostsee-Ringelrobben, die sich ausschließlich von Fisch ernähren, zeigen Krankheitssymptome, die nach den gegenwärtigen Erkenntnissen mit der hohen Schadstoffbelastung zusammenhängen. Wären nach 1972 die DDT-Konzentrationen in den Lummen, Kormoranen und Seeadlern und in ihren Eiern nicht zurückgegangen, sondern weiter angestiegen, dann gäbe es vermutlich diese Vögel jetzt nicht mehr im Ostseeraum.

Die Quelle aller Gifte ist nicht die Ostsee selbst. Nur an Land gibt es Industrie, Landwirtschaft und Forstwirtschaft. Da die Ostsee ringsum von Land umgeben ist, kommt die Luftverschmutzung aus allen Richtungen in die Ostsee. Umweltgifte aus Westdeutschland werden auch über weite Strecken hin zur Ostsee transportiert. Das vom Land abfließende Flußwasser ist mit Giften belastet. In der Ostsee vermischen sich vier Teile belastetes Flußwasser mit einem Teil vergleichsweise sauberem Nordseewasser. Das Mischungsverhältnis ist ähnlich wie im Elbewasser bei Brunsbüttelkoog. Aber im "Kontinentalen Küstenwasser" der Nordsee wird anschließend das belastete Elbewasser mit der dreißigfachen Menge Atlantikwasser weiter "verdünnt" (s. Kapitel 8.3). Für die Schadstoffkonzentrationen in der offenen Nordsee spielt deshalb der Flußwassereintrag eine viel geringere Rolle als für die Ostsee. Ganz "sauber" ist allerdings selbst das Atlantikwasser nicht; in den Giftkonzentrationen des Weltozeans spiegelt sich die großräumige Belastung der gesamten Biosphäre.

Die hohen Giftkonzentrationen in der Ostsee brauchen nicht unbedingt Anzeichen dafür zu sein, daß im Verhältnis zu den Einwohnerzahlen die Einträge aus den Anrainerstaaten der Ostsee höher sind als die Einträge aus den Nordseestaaten in die Nordsee. Die höheren Konzentrationen erklären sich wenigstens zum Teil aus dem stärkeren Einfluß der Luftverschmutzung und aus dem hohen Flußwasseranteil im Ostseewasser. Wenn wir erreichen wollen, daß in Zukunft die Giftkonzentrationen im Ostseewasser wenigstens auf das Niveau sinken, welches gegenwärtig im Wasser der offenen Nordsee gemessen wird, dann brauchen wir dafür in den Ostseeländern eine noch wirkungsvollere Vermeidungspolitik als in den Nordseeländern.

Ich möchte noch einen Schritt weiter gehen. Wenn unsere Ururenkel auch in tausend Jahren einigermaßen gesund auf dem Planeten Erde leben sollen, dann dürfen sich überhaupt keine Gifte großräumig in der Biosphäre anreichern. Der Gifteintrag muß deshalb schon heute überall so stark reduziert werden, daß die Meereschemiker nicht mehr in der Lage sind, überhaupt noch Gifte in den Fischen aus dem offenen Ozean nachzuweisen. Denn ein solcher Giftnachweis bedeutet: es wurde mehr Gift eingebracht, als die Biosphäre durch Abbau oder Deponie verkraften kann.

9.4 Zunahme des Phytoplanktons

Trotz der Belastung durch Umweltgifte ist die Menge des Phytoplanktons in der Ostsee im Laufe der vergangenen 40 Jahre größer geworden. Auch die Primärproduktion ist jetzt höher, als sie früher war. Das beunruhigt mit Recht viele Menschen, aber es wäre schlimm, wenn es anders herum wäre, wenn nämlich durch Gifteinwirkung die Menge des Phytoplanktons in der Ostsee bereits verringert worden wäre.

Viele Menschen sind im guten Sinne konservativ: sie wollen, daß die Natur wieder so wird, wie sie früher war. Früher: das ist die Zeit vor 45 Jahren, als das Ostseewasser so klar war, daß man häufig noch an 20 m tiefen Stellen den Grund sehen konnte. Heute trüben im Sommer die vielen einzelligen Planktonalgen das Wasser. Wenn nach den Planktonblüten die

Algenzellen absterben, setzen sie sich als weicher Schlamm am Meeresboden ab und verursachen dort Sauerstoffzehrung, weil Bakterien die organische Substanz der Algen remineralisieren. Wie können wir das ökologische System der Ostsee so beeinflussen, daß es wieder so wird, wie es vor früher war?

Algen brauchen Licht und Nährstoffe, um zu wachsen und um sich zu vermehren. Das Licht wird von der Sonne geliefert. Aber erst das Wetter und die vom Wetter gesteuerten hydrographischen Bedingungen entscheiden, ob die Planktonalgen in der lichtdurchfluteten Oberflächenschicht des Meerwassers gut wachsen können oder ob sie unter Lichtmangel leiden. Im Frühjahr sind die Nährstoffe Phosphor und Stickstoff im Oberflächenwasser verfügbar; dann gedeihen dort die Algen gut. Die Frühjahrsblüte des Phytoplanktons geht zu Ende, wenn der knappste Nährstoff im Wasser oberhalb der Temperatur-Sprungschicht aufgebraucht ist. In der Ostsee ist das meistens der Stickstoff. Später im Sommer sind dann ganz allgemein alle Nährstoffe in der lichtdurchfluteten Oberflächenschicht knapp. Die Algen leben dann sparsam. Die geringen Nährstoffmengen werden immer wieder "recycelt". Aber auch im Sommer wird bei Stürmen gelegentlich die Temperatur-Sprungschicht aufgebrochen. Nährstoffreiches Wasser wird dann an die Oberfläche gewirbelt und kann dort üppiges Planktonwachstum bewirken. Dann gibt es die Sommerblüten des Phytoplanktons.

Der Mensch kann nicht das Wetter und kann damit auch nicht die Wasserschichtung der Ostsee gezielt beeinflussen. Deshalb konzentriert sich gegenwärtig die Diskussion auf die Nährstoffe Phosphor und Stickstoff. Denn der vom Menschen zu verantwortende Eintrag dieser beiden Elemente in die Ostsee ist seit der Jahrhundertwende bei Phosphor auf das Siebenfache und bei Stickstoff auf das Vierfache angestiegen. 1980 gelangten schätzungsweise 75 000 t Phosphor und 740 000 t Stickstoff aus Flüssen und Einleitungen in die Ostsee Cohne Kattegat, dazu weitere 320 000 t Stickstoff aus der Luftverschmutzung. Die mit Stickoxiden und Ammoniak belastete Luft wird von weither herangetragen, auch aus den "alten Bundesländern" Deutschlands. Dort wurden in den Jahren 1982 bis 1988 jährlich 2,9 Millionen t Stickoxide in die Luft geblasen. Die Mengen verringerten sich in diesem Zeitraum nicht, obwohl 7 Milliarden DM in die "Entstickung" der Kraftwerke investiert wurden und obwohl jährlich 1,6 Milliarden DM Betriebskosten dafür aufgewendet werden. Zwar sinken dank dieser Umweltschutzmaßnahmen die Stickstoff-Emissionen aus den Kraftwerken, aber trotz der Einführung von Katalysatoren steigen die Emissionen aus den immer zahlreicheren und immer stärkeren Kraftfahrzeugen weiter an. Kraftfahrzeuge verursachten 1988 61% der Gesamt-Stickoxid-Emissionen.

Die Pflanzennährstoffe Stickstoff und Phosphor sind keine Gifte. Im Gegenteil, sie sind die Grundlage des organischen Lebens auf dieser Welt. Wenn aber des Guten zu viel geboten wird, dann sprechen wir nicht mehr von Eutrophierung (griechisch eu, gut), sondern von Hypertrophierung (griechisch hyper, über). Wir meinen damit die aus menschlicher Sicht unerwünschten Auswirkungen der Überdüngung.

9.5 Konzentrationen von Phosphor und Stickstoff im Oberflächenwasser der Ostsee

Im Sommer sind die Nährstoff-Konzentrationen im Oberflächenwasser der Ostsee so gering und in ihrer Verteilung so fleckenhaft, daß man keine vernünftigen Kennzahlen erhält, um verschiedene Jahre miteinander zu vergleichen. Ähnlich verwirrend sind auch die jeweils gefundenen Phytoplankton-Mengen. Eine bestimmte Planktonblüte dauert ja oft nur zwei Wochen. Sie entgeht deshalb leicht der Beobachtung, wenn nur einmal monatlich untersucht wird.

Für die Bewertung der Nährstoff-Verhältnisse werden deshalb nur die Messungen aus den Monaten Januar und Februar herangezogen, wenn die Phytoplankter wegen Lichtmangels wenig aktiv sind und darum die Nährstoff-Konzentrationen am höchsten sind. Zwischen 1969 und 1978 stiegen im Oberflächenwasser der Zentralen Ostsee die Konzentrationen von Phosphat und Nitrat auf das Dreifache an (Abb. 9.5). Von 1979 bis 1988 hielten sich dann die Konzentrationen ziemlich gleichmäßig auf diesem hohen Niveau. 1988 waren die Phosphor-Konzentrationen in der Ostsee fast ebenso hoch wie in der zentralen Nordsee. Früher waren sie nur knapp ein Drittel so hoch. Die Ostsee war deshalb früher als oligotrophes (griechisch oligos, wenig), als unterernährtes Meer bekannt. Jetzt ist sie eutrophiert.

Ist das ökologische System der Ostsee durch den Anstieg der Nährstoffkonzentrationen gestört worden? Die Antwort ist ja, sofern man den oligotrophen Zustand von vor 45 Jahren als wünschenswert ansieht. Wie könnte man die Verhältnisse von 1950 wieder herstellen? Man muß in den Anrainerstaaten der Ostsee möglichst große Nährstoffmengen in Kläranlagen zurückhalten, muß die Düngeranwendung in der Landwirtschaft einschränken, muß die Ammoniak-Luftverschmutzung aus der Landwirtschaft bekämpfen und muß die Emissionen von Stickoxiden aus Verkehr, Kraftwerken und Heizungen verringern. Das alles sind plausible Forderungen. Die eingeleiteten Maßnahmen werden den Nährstoffeintrag verringern.

Aber Nährstoffe kommen auch naturgegeben in der Ostsee vor. Es gibt viele natürliche Prozesse, welche auf die Nährstoffkonzentrationen einwirken. Bemerkenswert sind die Korrelationen zwischen dem Salzgehalt und den Nährstoffkonzentrationen (Abb. 9.5c). In den Jahren zwischen 1969 und 1978 stiegen die Nährstoffkonzentrationen an. Das war eine Periode, in der auch der Salzgehalt im Ostseewasser anstieg und in der sich die Salzgehalts-Sprungschicht (Halokline, griechisch hals, halos, das Salz) nach oben verlagerte. Seit 1979 verringert sich dagegen der Salzgehalt, verlagert sich die Halokline wieder nach unten (s. Kapitel 9.6). Seitdem steigen die Nährstoffkonzentrationen nicht weiter an.

Was für eine Rolle spielen die geochemischen Prozesse am Meeresboden, die beim Auftreten von Schwefelwasserstoff Phosphat aus dem Sediment freisetzen, die aber umgekehrt Phosphor binden, wenn das Wasser über dem Sediment wieder oxisch wird? Was bewirken die mikrobiologischen Prozesse, die bei abnehmenden Sauerstoff-Konzentrationen Nitrat in atmosphärischen Stickstoff umsetzen und so durch Denitrifizierung Stickstoff aus dem Nährstoffsystem entfernen? Welche Rolle spielt der Lufteintrag von Stickstoff? Düngt er im Sommer das nährstoffarme Oberflächenwasser und bewirkt damit dort zusätzliche Primärproduktion? Ist es hinreichend, nur den Phosphor oder nur den Stickstoff zurückzuhalten, oder müssen beide Elemente gleichzeitig reduziert werden? Diese Fragen lassen sich heute noch nicht mit der gebotenen wissenschaftlichen Sorgfalt beantworten.

Die Ostseestaaten haben Maßnahmen zur Nährstoff-Reduzierung beschlossen. Diese Maßnahmen sind teuer und sie werden sich über Jahrzehnte hinziehen, bevor sie meßbar Wirkung zeigen. Es wäre ein Gebot der Sparsamkeit, parallel zu den beschlossenen Maßnahmen auch die wissenschaftliche Forschung im Ostseeraum zu intensivieren. Denn nur neue, heute noch nicht vorhandene wissenschaftliche Erkenntnisse über die hydrographischen, chemischen und biologischen Prozesse in der Ostsee könnten rechtzeitig darüber Aufschluß geben, welche der vorgesehenen teuren Nährstoff-Reduzierungsmaßnahmen wirkungsvoll sind, welche wegen geringer Wirksamkeit nur Geldverschwendung wären.

9.6 Sauerstoffmangel im Tiefenwasser der Ostsee

In der Zentralen Ostsee wurden in den Jahren zwischen 1979 und 1988 im Tiefenbereich 80 bis 100 m die Sauerstoffverhältnisse besser (Abb. 9.6). Am Meeresboden siedelten wieder Tiere, die dort zuvor wegen Sauerstoffmangel ausgestorben waren. Die Ursache für diese Verbesserung der Umwelt-

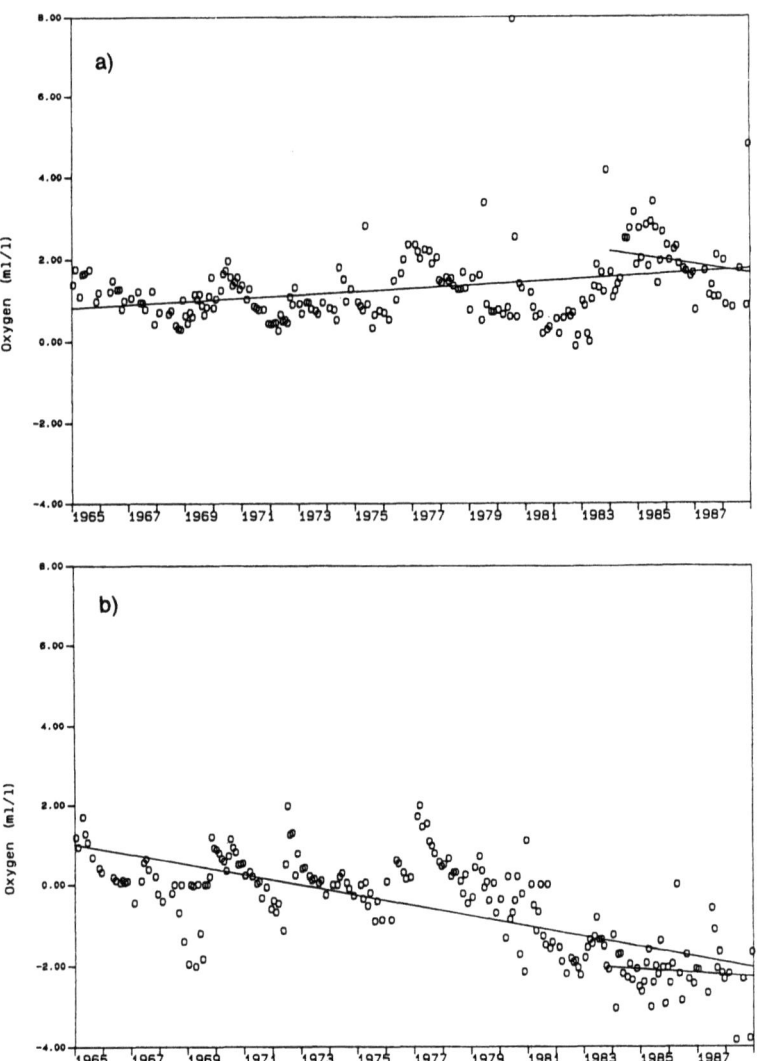

ABB. 9.6a, b. Veränderungen 1964 bis 1988 bei den Sauerstoff-Konzentrationen (ml pro Liter, 1 ml = 1,43 mg) in der Gotlandsee a) in 95 bis 100 m Wassertiefe, b) in 200 m Wassertiefe. (Aus Fonselius und Matthäus, 1990)

bedingungen ist plausibel. Das Zentrum der Salzgehalts-Sprungschicht, also die Wasserschicht mit dem stärksten Salzgehaltsgradienten, lag 1990 fast 10 m tiefer als 1977. Der Oberflächenwasserkörper, in dem es keine Sauerstoffprobleme gibt, dehnte sich in den achtziger Jahren nach unten aus. Auf der anderen Seite wurden seit 1977 die Sauerstoffverhältnisse unterhalb der Salzgehalts-Sprungschicht immer schlechter. In vielen tiefen Gebieten gibt es im Wasser über dem Meeresboden schon lange keinen Sauerstoff mehr. Die "Chemokline", die Grenzschicht zum schwefelwasserstoffhaltigen Tiefenwasser, die im Gotland-Tief 1981 bei 177 m Wassertiefe lag, verlagerte sich schon bis 1985 nach oben auf 150 m Wassertiefe. Bis 1992 dehnte sich der lebensfeindliche Tiefenwasserbereich weiter nach oben aus in dem Maße, wie sulfatreduzierende Bakterien Schwefelwasserstoff aus Sulfat produzieren.

Heute redet man von 20 000 km^2 "toter" Zonen mit Schwefelwasserstoff im Wasser über dem Meeresboden (Abb. 9.7). Man klagt, daß die Ostsee "stirbt". Der Ökologe sieht das anders. Denn auch die Bakterien, welche Schwefelwasserstoff produzieren, leben ja. Für sie ist Sauerstoff ein tödliches Gift. Und nicht "die Ostsee" ist ohne Sauerstoff, nur die Tiefenzonen leiden unter Sauerstoffmangel (außerdem aber auch der Meeresboden in verschiedenen Flachwassergebieten). Der Oberflächenbereich der Zentralen Ostsee ist dagegen vom Sauerstoffmangel nicht betroffen, ebensowenig wie im Schwarzen Meer, wo es seit Jahrtausenden in der Tiefe keinen Sauerstoff gibt.

In den tiefen Becken der Ostsee war schon früher der Sauerstoff knapp, zum Beispiel 1906, als ähnliche Bedingungen wie heute herrschten, allerdings kein Schwefelwasserstoff gemeldet wurde (Abb. 9.8c). Seit 1956 mehren sich die Beobachtungen von Sauerstoffmangel und zunehmend auch die Beobachtungen von Schwefelwasserstoff. In diesen 40 Jahren vervielfachten sich die Nährstoff-Einträge in die Ostsee und haben über die Eutrophierung zu erhöhter Sauerstoffzehrung geführt.

Können wir das ökologische System der Ostsee durch Reduzierung der Nährstoffeinträge so beeinflussen, daß die Sauerstoff-Verhältnisse im Tiefenwasser wieder so sein werden wie vor 40 Jahren?

Wie jeder Mangel beruht auch Sauerstoffmangel im Meerwasser auf zwei unabhängigen Prozessen: es wird mehr verbraucht als nachgeliefert wird. Will man Mangel beheben, dann muß man entweder die Lieferungen erhöhen oder den Verbrauch einschränken.

In der Zentralen Ostsee sind die Wassermassen stark geschichtet, und zwar nicht nur im Sommer, wenn sich infolge der Erwärmung der Oberflächenschichten eine Temperatur-Sprungschicht (Thermokline) in 10 bis 20 m Wassertiefe ausbildet (Abb. 9.8a), sondern ganzjährig. Die Salzgehalts-Sprungschicht (Halokline) bleibt auch im Winter erhalten. Der Zustrom von jährlich knapp 500 km^3 Flußwasser bewirkt, daß der Salzgehalt im Oberflächenwasser der Ostsee viel geringer ist als im Tiefenwasser (Abb. 9.8b). Die ganzjährig wirksame Salzgehalts-Sprungschicht behindert

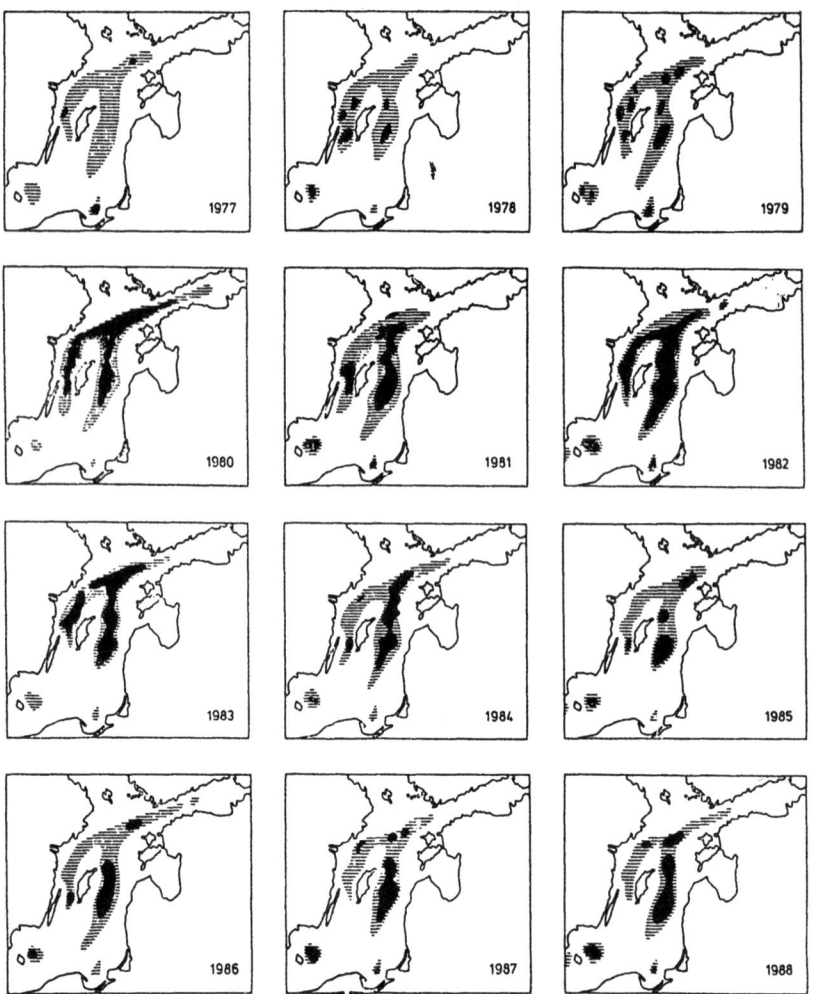

ABB. 9.7. Ausdehnung von "toten Zonen" mit Schwefelwasserstoff (schwarz) und von Zonen mit geringen Sauerstoff-Konzentrationen (unter 2 ml = 2,9 mg pro Liter, schraffiert) im Bodenwasser der Ostsee von 1977 bis 1988. (Nach Andersin und Sandler, aus Matthäus, 1990)

den Austausch zwischen Oberflächenwasser und Tiefenwasser. Deshalb wird nur wenig Sauerstoff direkt von der Meeresoberfläche in die Tiefe geliefert. Die wesentlichen Lieferungen von Sauerstoff in die tiefen Gebiete der Ostsee erfolgen bei "Salzwassereinbrüchen". Damit bezeichnet man

Sauerstoffmangel im Tiefenwasser der Ostsee 149

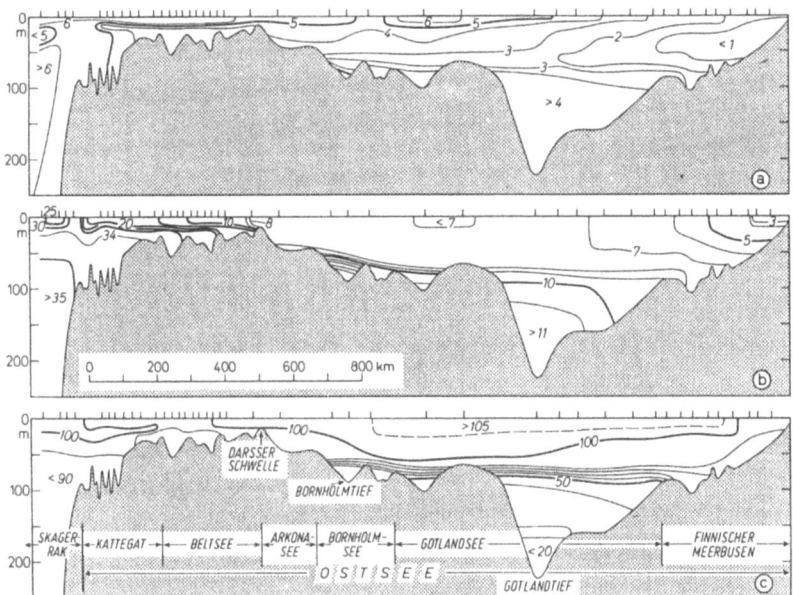

ABB. 9.8a–c. Längsschnitt durch die Ostsee vom Skagerrak (links) bis zum Ostende des Finnischen Meerbusens (rechts) in der Zeit 1. bis 7. Mai 1906. In der Woche vor den Messungen hatten kräftige Ostwinde das salzarme Ostsee-Oberflächenwasser bis in das nördliche Kattegat getrieben. a) Temperatur (°C), b) Salzgehalt (‰), c) Sauerstoff-Konzentration (in Prozent der Sättigung). (Aus Dietrich et al., 1975, mit Genehmigung durch Gebrüder Borntraeger Verlagsbuchhandlung, Stuttgart)

vom Wetter gesteuerte Episoden, wenn salzreiches und zugleich sauerstoffreiches Wasser aus dem Kattegat durch die flache Beltsee in die Ostsee gedrückt wird. Da das Kattegatwasser dichter ("schwerer") als das Ostseewasser ist, strömt es hangabwärts in das Bornholm-Becken und weiter in das Gotland-Becken. Dort verdrängt es am Meeresboden das ältere, sauerstoffarme oder bereits sauerstofflose Wasser (Abb. 9.8).

Wochenlange Einstromperioden, die man als "Salzwassereinbrüche" bezeichnet, kann es nur bei einer Kombination von ganz besonderen Starkwind-Wetterlagen geben, nach denen der Meeresspiegel im Kattegat zum Beispiel 40 cm höher als normal, in der Ostsee 40 cm niedriger als normal ist. Bis zum Winter 1975/76 gab es alle paar Jahre einen größeren Salzwassereinbruch. Zwischen 1976 und 1993 gab es jedoch keine entsprechenden Wetterlagen. In diesen 17 Jahren sind keine größeren Salz- und Sauerstoffmengen in die Ostsee gelangt. Das ist die plausible Erklärung für den anhaltenden Sauerstoffmangel im Tiefenwasser.

Mit den Augen eines Wasserwirtschaftlers gesehen, wäre es am besten für das ökologische System der Ostsee, wenn alljährlich mit dem Salzwassereinstrom etwas mehr Sauerstoff geliefert wird, als im Laufe des Vorjahres verbraucht wurde. Wie sich aber langfristig die Wetterbedingungen entwickeln werden, mit welcher Häufigkeit es in den kommenden Jahrzehnten "Salzwassereinbrüche" geben wird, das wissen wir nicht. Wenn das Wetter nicht mitspielt, dann bleiben die tiefen Becken der Ostsee weiterhin ohne Sauerstoff, trotz aller Anstrengungen zur Nährstoff-Reduzierung. Denn auch durch größte Sparsamkeit kann man fehlende Lieferungen langfristig nicht kompensieren.

Sauerstoffzehrung gibt es immer dann im Tiefenwasser der Ostsee, wenn abgestorbene Algen und andere organische Substanzen auf den Meeresboden absinken und dort von Bakterien "gefressen" werden, die dabei Sauerstoff verbrauchen. Je mehr Algen absinken, desto mehr Sauerstoff wird verbraucht. Wenn es gelingt, das Phytoplanktonwachstum durch die vorgesehene Verringerung der Nährstoffzufuhr zu begrenzen, dann wird auch der Sauerstoffverbrauch im Tiefenwasser zurückgehen. Der Sauerstoff wird dann länger reichen, vielleicht jeweils bis zur nächsten Nachlieferung durch einen "Salzwassereinbruch". Auch im Bornholm-Becken könnte der Meeresboden wieder von Muscheln, Krebsen und Würmern bevölkert werden, wie vor 50 Jahren.

10 Das Sublitoral (Phytal und Korallenriffe)

10.1 Das Phytobenthos

Der flachere Tiefenbereich der Schelfmeere, wo die euphotische Lichtzone bis an den Meeresboden reicht, wird im deutschen und englischen Sprachraum als Sublitoral (lateinisch sub, unter; litus, litoris, der Strand), im französischen Sprachraum dagegen als Infralitoral (lateinisch infra, unterhalb) bezeichnet. Manchmal wird der etwas tiefere Bereich, wo nur 1 bis 5% des Oberflächenlichts verfügbar sind, auch als Circalitoral (lateinisch circa, ungefähr) bezeichnet (Abb. 5.1). Andere Wissenschaftler verwenden für die belichteten Zonen am Meeresboden die Bezeichnung Phytal (griechisch phyton, das Gewachsene), im Gegensatz zu den dunklen Zonen des tieferen Aphytals. Häufiger allerdings wird mit "Phytal" der besondere Lebensraum bezeichnet, den Großalgen für andere Organismen bilden.

Schon im Präkambrium entwickelten sich die Großalgen. Es gibt etwa 8000 Arten. Allein im Gebiet der britischen Inseln kommen 604 verschiedene Arten vor, davon 48% Rotalgen, 33% Braunalgen und 19% Grünalgen. Nur wenige Formen wie *Caulerpa* wurzeln mit Rhizoiden im Sand. Die meisten Großalgen sind mit Haftorganen auf Felsen, Steinen und Muschelschalen befestigt oder leben als Epiphyten auf anderen Algen (griechisch epi, darauf) und als Epizoen auf Tieren (griechisch zoon, das Tier). Gerüstsubstanzen verleihen den Thalli (den "Stengeln" und "Blättern") der Großalgen Festigkeit. Häufig sind Großalgen an ihren Standorten in drei Schichten angeordnet, ähnlich den Stockwerken in einem Wald. Der Baumschicht entsprechen die Tange, das sind große Braunalgen vor allem aus der Ordnung der Laminariales. Ihre Thalli sind mit zugfesten Stielen am Untergrund befestigt und halten dem Seegang stand. Im Schatten der Tange leben in der "Krautschicht" kleinere Vertreter der Grün-, Braun- und Rotalgen. Darunter überziehen Krustenrotalgen den felsigen Meeresgrund.

Im Sand von Flachwassergebieten wurzeln die Seegräser. Es gibt 50 verschiedene Arten dieser Blütenpflanzen, die vermutlich in der Kreidezeit vom Land her in die Küstengewässer eingewandert sind. In Nordeuropa ist *Zostera* verbreitet, im Mittelmeer *Posidonia*, in den Tropen *Thalassia* und *Cymodocea*. Die Blüten der Seegräser öffnen sich unter Wasser, die Pollenkörner werden mit dem Wasser übertragen. Die Biomasse der Seegräser einschließlich ihrer im Meeresboden befindlichen Wurzeln erreicht oft 0,4 kg Kohlenstoff pro Quadratmeter.

Als Mikrophytobenthos bezeichnet man einzellige Algen, vor allem Diatomeen (Kieselalgen), die entweder auf der Oberfläche von Sandkörnern aufgewachsen sind oder die sich in den Porenräumen zwischen den Sedimentkörnern gleitend bewegen. Außerdem kommen Cyanobakterien und Flagellaten vor. Nur unmittelbar an der Oberfläche des Meeresbodens können diese Algen Photosynthese treiben, denn schon fünf Millimeter unter der Sedimentoberfläche ist es dunkel. Vertreter des Mikrophytobenthos leben auch als Aufwuchs auf der Oberfläche von Felsen, auf Großalgen und auf festsitzenden Meerestieren. Oft enthält die Biomasse des Mikrophytobenthos 10 bis 100 mg Chlorophyll pro Quadratmeter Meeresboden. Das ist nicht weniger, als sich im Phytoplankton über einem Quadratmeter Meeresboden findet.

Einzellige Algen leben als Symbionten in verschiedenen tropischen Meerestieren. Am wichtigsten sind Dinoflagellaten aus der Verwandtschaft von *Gymnodinium microadriaticum*, die als "Zooxanthellen" in Steinkorallen, Weichkorallen, Feuerkorallen, in Aktinien und in der Muschel *Tridacna* leben. Eine Million Zellen kommen pro Quadratzentimeter Korallen-Endoderm vor. Im Ektoderm der Korallen befinden sich Sonnenschutz-Substanzen, die eine Schädigung der Symbionten durch ultraviolette Strahlung verhindern. Fädige Grünalgen der Gattung *Ostreobium* und Cyanobakterien ("Blaualgen") der Gattung *Plectonema* bohren in den obersten Kalkschichten unterhalb vom lebenden Korallengewebe. Rechnet man die Biomasse aller symbiontischen Algen einschließlich der im Kalk bohrenden Formen zusammen, dann übertrifft die pflanzliche nicht selten die tierische Biomasse des Korallengewebes.

Auch in den geldstückgroßen tropischen Foraminiferen (einzellige "Kammerlinge") der Gattungen *Heterostegina* und *Amphistegina* leben einzellige Algen. Gefunden wurden sowohl unbeschalte Diatomeen (Kieselalgen) der Gattung *Nitzschia*, als auch "Zoochlorellen" der Gattung *Chlamydomonas*. Viele Schwämme beherbergen in ihrem Körper symbiontische Cyanobakterien.

Bei starker Sonnenstrahlung ist die Sauerstoffproduktion der Symbionten in der Koralle viel größer als der Sauerstoffverbrauch, der durch die Atmung der Korallenpolypen entsteht. Auch über 24 Stunden gerechnet ergibt sich im flachen Wasser ein Sauerstoffüberschuß für das Gesamtsystem. Deshalb ist es aus ökologischer Sicht nicht ganz abwegig, symbiontentragende Korallen zusammen mit ihren Symbionten als Einheit zu betrachten und ökologisch zum "Phytobenthos" zu rechnen.

Korallen fangen aber auch mit ihren Tentakeln Zooplankton aus dem Meerwasser, nutzen die darin enthaltene Nahrungsenergie und inkorporieren die im Zooplankton enthaltenen Nährstoffe. Im lichtdurchfluteten tropischen Flachwasser spielt der Energiegewinn aus der Zooplankton-Nahrung gegenüber der Nahrungslieferung durch die Symbionten nur eine geringe Rolle. Mit zunehmender Wassertiefe wird aber das Lichtangebot geringer, nimmt daher der Beitrag der Symbionten ab und nimmt die Bedeutung der heterotrophen Ernährung zu.

Die symbiontentragenden Riffkorallen bezeichnet man entweder als "zooxanthellate" oder als "hermatypische" Korallen (griechisch herma, das Riff). Nur dank der Symbionten sind die Riffkorallen in der Lage, die großen Kalkmengen festzulegen, aus denen die Korallenriffe bestehen. Die Korallen ohne Symbionten werden als "ahermatypisch" bezeichnet.

10.2 Das Licht

Im sehr klaren Wasser des Mittelmeeres kommt der Brauntang *Laminaria* noch in 95 m Wassertiefe vor. Bei den Bahamas wurden die tiefsten Krustenkalkalgen in 268 m Wassertiefe gefunden, wohin nur noch etwa 0,001 % der Oberflächenstrahlung reichen. Unter so klaren Wassermassen erstreckt sich also die sublitorale Zone am Meeresboden bis über die Schelfkante hinaus in die Tiefe. An der Südküste von Norwegen liegt dagegen die Ein-Prozent-Lichttiefe schon bei 34 m, im trüberen Wasser bei Helgoland schon bei etwa 8 m Wassertiefe (Tab. 10.1). Im Wattenmeer und in den Flußmündungen der Nordsee ist das Wasser so stark getrübt, daß das Sonnenlicht nicht einmal einen Meter tief eindringt. Wenn die Sonne flacher als 20 Grad über dem Horizont steht, ist die Reflektion des Sonnenlichtes an der Meeresoberfläche erheblich. Ein Licht-Tag beginnt deshalb unter Wasser nicht schon mit dem Sonnenaufgang. Er ist viel kürzer als ein Tag über Wasser (Tab. 10.1). Vom Lichtangebot her gesehen beginnt deshalb auch die Vegetationsperiode unter Wasser später und endet früher als in den Landlebensräumen.

Bei Helgoland liegt die untere Verbreitungsgrenze des Fingertangs *Laminaria digitata* bei 2 m Wassertiefe. Bis 4 m Tiefe reicht die geschlossene Vegetation von *Laminaria hyperborea*. Über einen Quadratmeter Meeresboden haben die Thalli insgesamt eine Fläche von 12 m^2 und geben

TABELLE 10.1 Lichtverhältnisse im Helgoländer Phytal nach Dauermessungen im Jahr 1975. Oben: Jahreslichtmenge in Energie-Einheiten (I, als MJ = Megajoule, Millionen Joule pro Quadratmeter und Jahr) und als Photonenfluß-Dichte (Q, als E = Einstein = Mol Photonen pro Quadratmeter und Jahr), und Anteil der an der Meeresoberfläche gemessenen Photonenfluß-Dichte, welcher die betreffende Wassertiefe erreicht (P, in Prozent, Spektralbereich 400 bis 700 Nanometer). Unten: Tagesmittelwerte der Photonenfluß-Dichte in den Monaten des Jahres 1975, errechnet aus der Summe der in 24 Stunden gemessenen Einstrahlung geteilt durch die Tageslänge (TL). Als "Unterwasser-Tageslänge" wird die Zeit gerechnet, in der die Lichtintensität des grünen Lichts in 2,5 m Wassertiefe mehr als 0,5 μmol Photonen pro Quadratmeter und Sekunde betrug. Die Wassertiefe bezieht sich auf mittleres Springtiden-Niedrigwasser (Seekarten-Null). (Aus Lüning, 1985).

Untere Vorkommensgrenzen	Tiefe m	I MJ m^{-2} a^{-1}	Q E m^{-2} a^{-1}	P %
tiefste Individuen von *Laminaria digitata*	2	227,2	1037,2	11
geschlossene Vegetation von *Laminaria hyperborea*	4	84,6	387,7	4
tiefste Individuen von *Laminaria hyperborea*	8	15,6	71,2	0,7
tiefste aufrechtwachsende Rotalgen wie *Delesseria sanguinea*	10	7,3	33,4	0,3
Algentiefengrenze (tiefste verkalkte Krustenrotalgen)	15	1,3	6,0	0,05

Tagesmittelwerte der Photonenfluß-Dichte (μmol Photonen m^{-2} s^{-1})

Tiefe m	Jan.	Feb.	März	Apr.	Mai.	Juni	Juli	Aug.	Sep.	Okt.	Nov.	Dez.
2	10,3	36,1	39,9	77,6	64,6	120,0	142,7	100,2	58,4	25,9	19,5	6,6
4	2,2	14,0	14,8	32,2	19,9	42,9	55,7	42,4	18,5	8,5	6,5	1,3
8	0,1	2,6	2,7	7,2	2,7	7,2	10,3	9,2	2,4	1,3	1,0	0,0
10	0,0	1,2	1,3	3,6	1,1	3,2	4,7	4,6	0,9	0,5	0,4	0,0
15	0,0	0,2	0,2	0,7	0,1	0,5	0,7	0,9	0,1	0,0	0,0	0,0
TL über Wasser (h)	8,0	9,8	11,8	14,0	15,9	17,0	16,7	14,8	12,7	10,6	8,7	7,5
TL in 2,5 m Tiefe (h)	1,1	8,7	9,0	11,7	14,7	16,7	16,5	14,7	12,0	8,2	6,6	3,5

viel Schatten. Einzelne Pflanzen von *Laminaria hyperborea* kommen bis 8 m Wassertiefe vor. Sie können ein Alter von 15 Jahren erreichen. Bis 10 m Tiefe reichen aufrecht wachsende Rotalgen wie *Delesseria sanguinea*. Bis in 15 m Tiefe kommen verkalkte Krustenrotalgen vor (Tab. 10.1; Abb. 10.1).

Laminaria solidungula kommt im klaren Wasser der kanadischen Arktis noch bis 20 m Wassertiefe vor. Trotz des langen dunklen Winters beträgt die im Laufe eines Jahres eingestrahlte Lichtmenge in dieser Tiefe nicht weniger als 49 Mol Photonen pro Quadratmeter. Es wirkt sich aus, daß im arktischen Sommer die Sonne 24 Stunden am Tag scheint. Wie A. R. O. Chapman und J. E. Lindley fanden, bildet *Laminaria solidungula* neue "Blätter" nicht erst im Sommer, sondern schon während des dunklen arktischen Winters. Ein neuer Thallus ist fertig, wenn mit dem Beginn des arktischen Sommers das Lichtangebot steigt.

Auch bei Helgoland beginnt *Laminaria hyperborea* schon Ende Dezember zu "wachsen", nämlich einen neuen "Blattabschnitt" zu bilden. Wie Klaus Lüning (1986) fand, registriert die Pflanze, daß dann die Tage wieder länger werden. Das "Wachstum" ist aber zunächst keine Vermehrung von Körpersubstanz, sondern es geschieht auf Kosten der im Algenkörper eingelagerten Reservestoffe, die mobilisiert und zu den wachsenden Geweben hin transportiert werden. Als Reservestoffe dienen vor allem Polysaccharide wie das Laminaran. Erst später im Frühling reicht das Lichtangebot für die Photosynthese, erst dann nimmt die Algenmasse tatsächlich zu, findet echtes Wachstum statt. Laminariales und Fucales legen Stickstoff- und Phosphor-Reserven an, solange diese Nährstoffe im Wasser noch reichlich vorhanden sind. *Laminaria* und *Fucus* können mit diesen gespeicherten Nährstoffen auch noch im Mai und Juni neue Körpersubstanz produzieren, wenn nach der Frühjahrsblüte des Phytoplanktons Stickstoff und Phosphor im Flachwasser knapp geworden sind. Ab Juli läßt sich äußerlich bei *Laminaria hyperborea* netto kein Wachstum mehr erkennen: an den Enden der Thalli bröckelt dann ebensoviel Pflanzenmaterial ab und wird zu Detritus, wie unten am Stielansatz nachwächst. In dieser Zeit bildet die Pflanze aber nicht nur neue Thallus-Abschnitte aus, sondern legt auch neue Vorräte von Laminaran an, die dann im nächsten Spätwinter beim Wachstum eines neuen Thallus-Abschnitts mobilisiert werden sollen.

Großalgen haben also besondere Speichermöglichkeiten, um mit den im Jahresverlauf stark wechselnden Licht- und Nährstoffmengen optimal zu wirtschaften.

156 Das Sublitoral (Phytal und Korallenriffe)

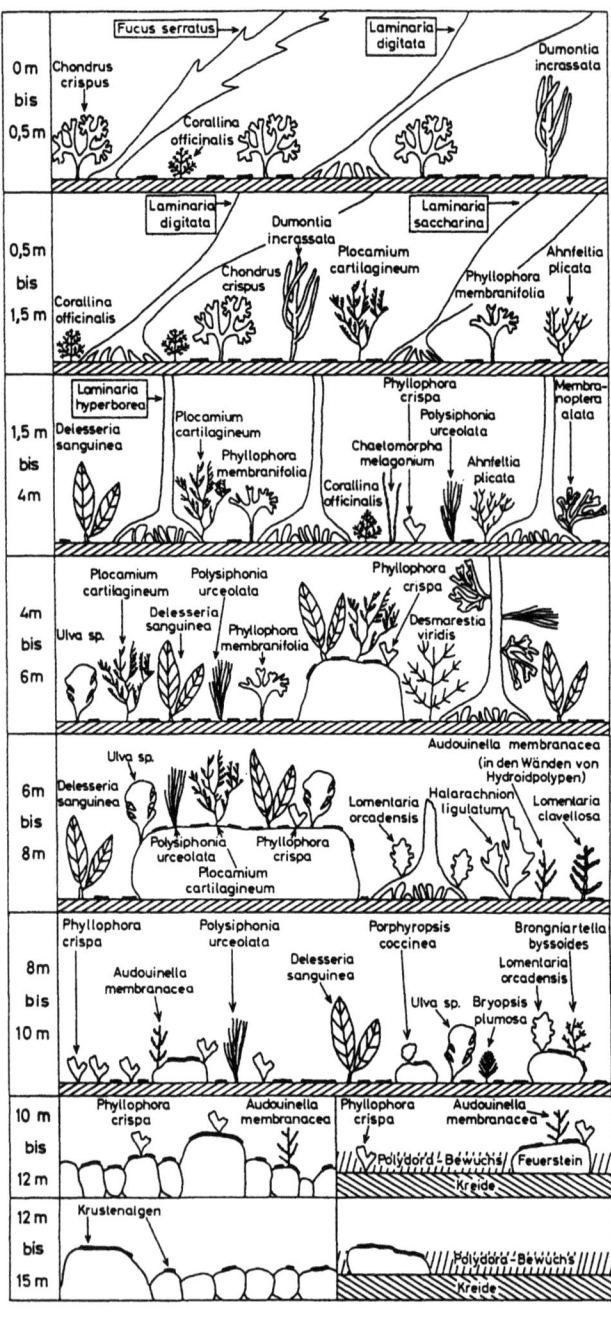

10.3 Geographische Verbreitung

Die Arktis besitzt nur wenige endemische Großalgenarten. Die meisten wanderten nach der Eiszeit aus den kaltgemäßigten Regionen ein. In der Antarktis dagegen gibt es viele endemische Arten. Die Ordnung der Laminariales kommt dort allerdings nicht vor. Sie wird durch die Desmarestiales ersetzt. *Himanthothallus grandifolius* hat bis zu 10 m lange Thalli.

Die besonders großen Tange (englisch: kelp) aus der Gruppe der Laminariales bevorzugen die nördlichen polaren und die kaltgemäßigten Meeresgebiete, wo die Sommertemperaturen nicht über 20°C ansteigen. Am üppigsten sind die Bestände des Riesentangs *Macrocystis* an den Pazifik-Küsten von Nord- und Südamerika und an den Südspitzen von Südamerika, Afrika und Neuseeland ausgebildet. Aus 30 m Wassertiefe steigen die soliden Stränge auf, an denen die "Blätter" wachsen. Die Riesentange werden mehr als 70 m lang und können pro Tag 25 cm länger werden (Abb. 10.2). Im Gebiet des Nordatlantiks und des Nordwestpazifiks werden die nur ein bis zwei Meter hohen Tangwälder vor allem von den Arten der Gattung *Laminaria* gebildet.

In den Tropen ist vermutlich die Zahl der Großalgenarten nicht höher als in den gemäßigten Regionen, ganz im Gegensatz zu den Verhältnissen bei der Landflora und bei Fischen und wirbellosen Meerestieren. Das liegt möglicherweise an den zahlreichen Pflanzenfressern unter den tropischen Meerestieren. Zwanzig Prozent der in einem Korallenriff lebenden Fischarten haben sich auf Großalgen als Nahrung spezialisiert. Viele Großalgen kommen deshalb im Korallenriff nur stellenweise vor. Sie leben vor allem auf abgestorbenen Korallenstücken. Sie bilden dort wenige Millimeter hohe, torfähnliche Rasen, die von epiphytischen Algen durchwachsen werden. Großalgen sind offenbar langfristig der Konkurrenz durch Korallen nicht gewachsen. Denn Großalgen tauchen vor allem dort in den Riffen auf, wo die Korallen durch einen Sturm oder durch menschliche Eingriffe zerstört wurden. Später werden die Algen wieder durch Korallen verdrängt.

Symbiontentragende (hermatypische) Riffkorallen kommen nur in den tropischen Meeren vor, wo im Winter die Temperaturen nicht unter 20°C

ABB. 10.1. Zonierung der Großalgen im Helgoländer Phytal. Die Arten sind von links nach rechts entsprechend ihrer abnehmenden Häufigkeit aufgeführt. Die Wassertiefen beziehen sich auf Mittleres Springtideniedrigwasser (Seekarten-Null). (Aus Lüning, 1970)

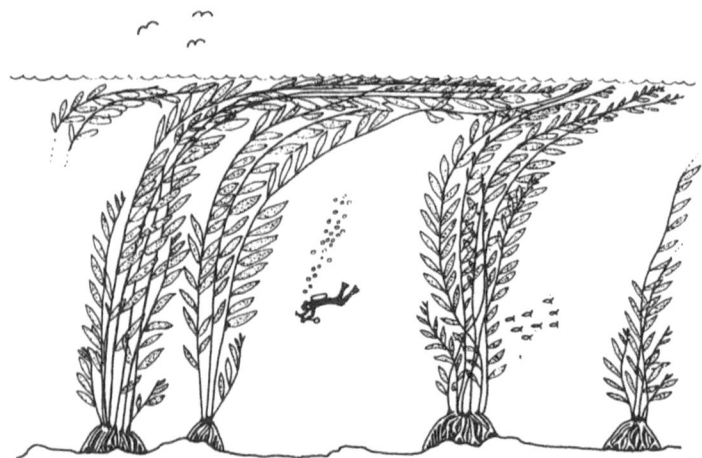

ABB. 10.2. Größenvergleich: ein Taucher im *Macrocystis*-Wald vor der kalifornischen Küste. (Aus Warner, 1984, mit Guehmisaaj durd Cambridge University Press, Cambridge)

sinken. Über 2500 verschiedene Arten der Steinkorallen (Madreporaria) sind beschrieben worden. Sie sind anscheinend besser an die Umweltbedingungen im tropischen Flachmeer angepaßt, als die Großalgen.

10.4 Benthische Primärproduktion

Man kann bei einzelnen Großalgen oder bei ganzen Großalgen- und Seegrasbeständen das Wachstum messen und den Ertrag bestimmen. Wie beim Phytoplankton kann man aber auch bei Großalgen die Primärproduktion mit der "C-14-Methode" oder durch Bilanzierung der Sauerstoffproduktion bestimmen. Verglichen wird die "Netto-Primärproduktion".

Beim Mikrophytobenthos gibt es allerdings Probleme. Der Sauerstoff, der bei der Photosynthese von den einzelligen Algen an der Sedimentoberfläche gebildet wurde, wird zum Teil gleich anschließend in den Sedimentschichten unter der Sedimentoberfläche verbraucht, nämlich bei der Atmung der Sedimentbakterien und bei der Oxidation von Schwefelwasserstoff. Ähnlich sind die Meßprobleme bei der Sauerstoffbilanz von Korallenriffen. Sehr viel tierisches Gewebe ist beteiligt, dessen Atmung Sauerstoff verbraucht. Schätzungen über die Primärproduktion im Mikrophytobenthos und in Korallenriffen sind deshalb mit großer Vorsicht zu interpretieren.

In den Seegraswiesen der Tropen und in den *Macrocystis*-"Wäldern" (englisch kelp forest) vor der kalifornischen Küste wird mit einer Netto-Primärproduktion von 1 kg, in den Großalgenbeständen der kaltgemäßigten Breiten wird mit 0,5 kg Kohlenstoff pro Quadratmeter und Jahr gerechnet. Bei den Korallenriffen soll die Produktion zwischen 0,3 und 5 kg Kohlenstoff pro Quadratmeter und Jahr liegen, aber es ist nicht ganz klar, was sich davon auf die Netto-Primärproduktion bezieht.

Pauschale Schätzungen gehen dahin, daß Großalgenbestände und lebende Korallenriffe zusammen 0,6 Millionen km² Meeresboden bedecken und daß man dort mit einer Primärproduktion von 0,9 kg Kohlenstoff pro Quadratmeter und Jahr rechnen kann (Tab. 10.2). Weltweit sind das jährlich 0,5 Milliarden t Kohlenstoff. Nach anderen Schätzungen sollen allein die Korallenriffe 0,6 Millionen km² Meeresboden bedecken, aber davon seien nur 10% unmittelbar von lebenden Korallen besiedelt. Die Primärproduktion des Makrophytobenthos in Lagunen- und Flußmündungsgebieten und in den Salzwiesen wird auf jährlich 1,1 Milliarden t Kohlenstoff geschätzt (Tab. 10.2). Aber auch der Gesamtbetrag von 1,6 Milliarden t, der sich aus der Addition ergibt, ist gering gegenüber den 26,9 Milliarden t Kohlenstoff, die jährlich vom Phytoplankton in den Weltmeeren produziert werden (Tab. 2.1). Bei der Biomasse sind die Verhältnisse umgekehrt. Während die Biomasse des Phytoplanktons in den Weltmeeren nur 0,6 Milliarden t Kohlenstoff

TABELLE 10.2. Abschätzung der Primärproduktion und der Biomasse auf der Erde. Die Zahlen für die Primärproduktion des Phytoplanktons weichen von den neueren Angaben der Tabelle 2.1 und der Abb. 2.3a, b. (Nach Woodwell, 1980)

	Fläche	Nettoprimärproduktion pro Jahr		Pflanzenbiomasse	
	10^6 km²	g C/m²	10^9 t C	g C/m²	10^9 t C
Landlebensräume					
insgesamt	146	324	47,7	5 550	827
Seen und Flüsse	2,5	225	0,6	10	0,02
Offener Ozean	332,9	57	18,9	1,4	0,46
Auftriebsgebiete	0,4	225	0,1	10	0,004
Schelf	26,6	162	4,3	5	0,13
Algen und Riffe	0,6	900	0,5	900	0,54
Lagunen	1,4	810	1,1	450	0,63
Meereslebensräume					
insgesamt	362	69	24,9	5	1,76
Gesamte Biosphäre	510	144	73,2	1 630	829

enthält, sind in den Großalgen und Seegräsern und in den Salzwiesenpflanzen 1,2 Milliarden t Kohlenstoff festgelegt.

Schon 1880 wurden in Frankreich, Schottland und Norwegen jährlich 400000 t (Frischgewicht) Tang geerntet, um daraus Pottasche als Schmelzmittel für die Glasherstellung zu gewinnen. Später wurde auch Jod aus Algen gewonnen. Heute werden jährlich etwa 3 Millionen t Meeresalgen verwertet, davon stammt die Hälfte aus der Aquakultur. Rotalgen der Gattung *Porphyra* enthalten 25% Eiweiß und werden gegessen. Bei den übrigen Algen stehen Phykokolloide im Vordergrund des wirtschaftlichen Interesses: Agar aus den Rotalgen *Gelidium* und *Gracilaria*, Carrageenan aus den Rotalgen *Chondrus*, *Gigartina* und *Eucheuma*, Alginsäure aus den Braunalgen *Macrocystis* und *Laminaria*.

10.5 Sekundärproduktion im Sublitoral

Von allen dauernd untergetauchten Lebensräumen des Meeres wird das Sublitoral am üppigsten mit frischer Pflanzennahrung versorgt, denn hier in der euphotischen Lichtzone produzieren sowohl Phytoplankton als auch Phytobenthos organische Substanz. Im Sublitoral können deshalb die am Meeresboden lebenden Muscheln und anderen suspensionsfressenden Meerestiere dem Zooplankton Konkurrenz machen und sich vom lebenden Phytoplankton ernähren. Schnecken und andere Weidegänger unter den pflanzenfressenden Meerestieren grasen Oberflächen ab und ernähren sich vom Mikrophytobenthos und vom Aufwuchs fädiger Großalgen. Artenzahl, Biomasse und Sekundärproduktion der Fauna sind deshalb im Sublitoral hoch.

Bei den geringen Wassertiefen im Sublitoral wirkt sich bei Sturm die erodierende Kraft der Wellenbewegung bis hinunter an den Meeresboden aus und bringt "leichtere" Partikel des Sedimentes in Suspension. Vorübergehend am Meeresboden abgelagerte organische Partikel werden im Wechsel von Resuspension und erneuter Sedimentation aus dem Bereich des Sublitorals exportiert und in immer tiefere Bereiche des Schelfmeeres transportiert (Abb. 7.1). Bei den schwer abbaubaren organischen Partikeln kann man diesen Export hangabwärts in tiefere Gebiete besonders eindrucksvoll verfolgen. Selbst in Tiefseesedimenten hat man Partikel gefunden, die unter dem Mikroskop als Reste von Seegras identifiziert wurden oder deren chemische Zusammensetzung sie als Großalgenreste kenntlich macht.

Die organische Substanz der größeren Großalgen besteht nur zu zehn Prozent aus Protein, überwiegend handelt es sich um Strukturpolymere.

Das Stützgerüst bilden Xylane und Mannane. Phykokolloide sind Füllmaterial zwischen den Fibrillen des Stützgerüstes. Aber als Nahrung für pflanzenfressende Tiere eignen sich diese polymeren Verbindungen nicht, da sie von den Verdauungsenzymen der Tiere nicht aufgeschlossen werden. Zusätzlich schützen sich manche Großalgen noch durch Abwehrstoffe gegen das Gefressenwerden. Bromphenole wurden bei Rotalgen, Phenole bei Braunalgen, Terpenoide bei den Grünalgen *Caulerpa* und *Halimeda* nachgewiesen; *Desmarestia* soll sogar Schwefelsäure zur Abschreckung von Pflanzenfressern einsetzen.

Laminariales und derbe Rotalgen sind nur in den frühen Stadien durch Pflanzenfresser wie die Schnecke *Lacuna* und die Assel *Idotea* gefährdet, nämlich solange die Zellwände noch zart sind. Wenn die Algen erst einmal herangewachsen sind, ist ihr Thallus-Material nur noch für Spezialisten als Nahrung geeignet. Symbiontische Bakterien im Darm von Seeigeln schließen die Strukturpolymere der Algen teilweise auf, so daß sich Seeigel von Makroalgen ernähren können. Seeigel werden an der kanadischen Atlantikküste von Hummern und an der pazifischen Küste von Nordamerika von Seeottern gefressen. Wenn es nicht genug Seeigel-Fresser gibt, nehmen die Seeigel überhand und vernichten ganze Tangwälder. In den Tropen werden die Blätter von Seegraswiesen von Seekühen und Suppenschildkröten gefressen.

Überwiegend wird aber die von den Großalgen und Seegräsern produzierte organische Substanz nicht unmittelbar an eine Nahrungskette weitergegeben, sondern wird zu Detritus (lateinisch deterere, detritum, abreiben), also zu toter partikulärer organischer Substanz, die dann in den Detritus-Nahrungsketten von Bakterien abgebaut oder unzersetzt im Schlick am Meeresboden deponiert wird. In den Großalgenbeständen ist zwar die Primärproduktion sehr hoch, aber da es nur wenig Großalgenfresser unter den Tieren gibt, sind Biomasse und Produktionsleistung der herbivoren Meerestiere im Phytal nicht besonders groß.

In den Korallenriffen dagegen ist auch die Sekundärproduktion hoch. Die Korallen selbst tragen mit ihrem Wachstum dazu erheblich bei. Papageifische (Scaridae) sind Korallenfresser, welche mit ihren starken Kiefern Korallenstücke zermalmen (Abb. 10.3). Der Dornenkronen-Seestern *Acanthaster planci* frißt Korallengewebe. Ein Exemplar dieser bis 50 cm großen Seesterne kann pro Tag die Korallenpolypen auf einer Fläche von 400 bis 900 cm^2 vernichten. In einem Riff wurden 14 000 Seesterne pro Quadratkilometer gezählt. Sie vernichteten bei der Insel Guam in 3 Jahren 90% der Korallenriffe. Man hat dort sogar versucht, sie mit Formalinspritzen zu bekämpfen. Möglicherweise konnten sich die Dornenkronen-Seesterne deshalb so stark vermehren, weil die großen

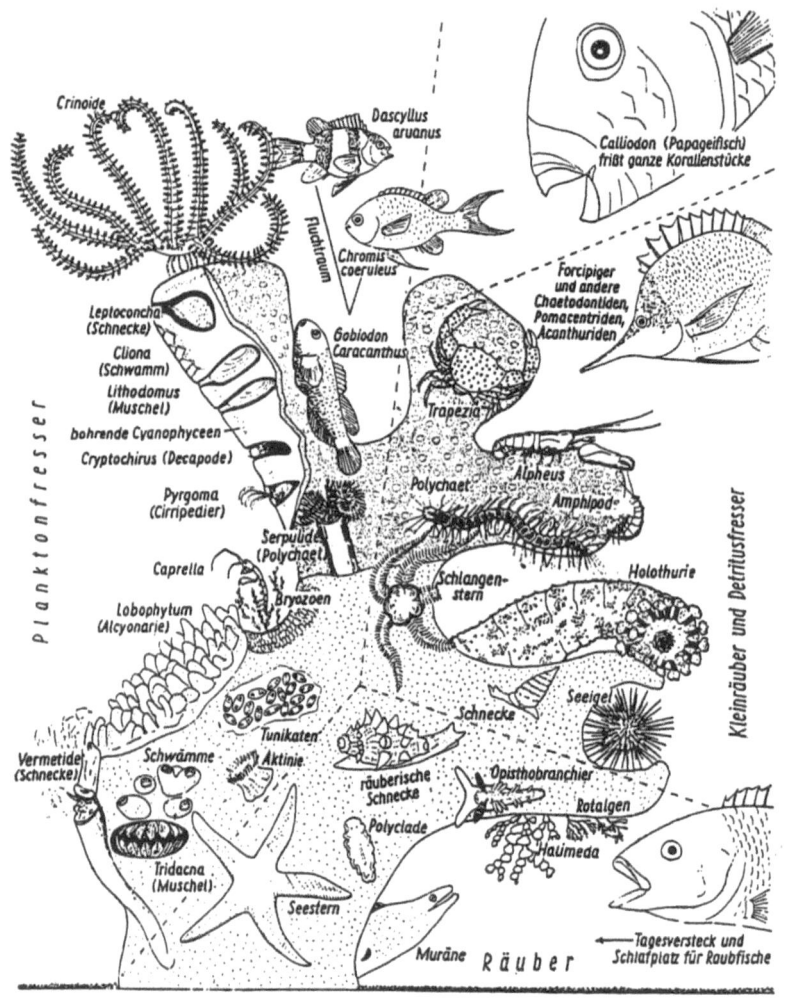

ABB. 10.3. Makrofauna auf lebenden Korallen und abgestorbenen Korallenstöcken im Archipel der Malediven. (Aus Gerlach, 1960)

Tritonshörner (*Charonia tritonis*) abgesammelt worden waren. Schnecken, die sich als Räuber von Seesternen ernähren, die aber auch als Souvenirs begehrt sind.

Ein Indikator für die hohe Sekundärproduktion in Korallenriffen ist der hohe Fischereiertrag. Neun Prozent des Welt-Fischereiertrages sollen aus der Umgebung von Korallenriffen stammen. Wenn man Riff und Lagune zusammenfaßt, kann man mit einem Fischereiertrag von bis zu 6 g

Feuchtgewicht pro Quadratmeter und Jahr rechnen. Das ist ungefähr ebensoviel wie der Fischereiertrag aus der Nordsee. Die Mehrzahl der Fische ernährt sich von den vielen Wirbellosen, die im Korallenriff ihren Lebensraum finden. Andere Fische fressen Zooplankter, wenn diese nachts in das Wasser über den Korallen aufsteigen. Bei Tage verstecken sich viele Zooplankter zwischen den Korallen.

10.6 Kalkriffe

Die Weltozeane enthalten 38 500 Milliarden t anorganisch gelösten Kohlenstoff, also 28 mg in einem Liter Meerwasser. Je nach Temperatur, pH-Wert, Salzgehalt und Druck sind die Anteile von Kohlendioxid (CO_2), Bikarbonat (HCO_3) und Karbonat (CO_3) verschieden groß. In der kalten Tiefsee ist das Meerwasser karbonatuntersättigt. Unterhalb von 4000 m Wassertiefe wird Kalk sogar aufgelöst. Das Oberflächenwasser der tropischen Meere ist dagegen karbonatgesättigt, bei sehr hohen Temperaturen und Salzgehalten sogar übersättigt. Es könnte also Kalk (Calciumkarbonat, $CaCO_3$) auskristallisieren. Das scheint jedoch nur selten der Fall zu sein. Vermutlich wurde der gesamte Kalk am Meeresboden von Organismen gebildet, ist also biogen. Der Mechanismus ist einfach: Pflanzen verbrauchen bei der Photosynthese Kohlendioxid. Dadurch verschiebt sich das Gleichgewicht zwischen Kohlendioxid, Bikarbonat und Karbonat, und an der Oberfläche der Algenzellen kommt es zur Karbonatausfällung.

Krustenrotalgen aus der Familie der Corallinaceae gibt es auch in kalten Meeren. Aber nur im tropischen Flachwasser lagert vor allem *Porolithon onkodes* (oft fälschlich als *Lithothamnium* bezeichnet) so intensiv Calcit in die Zellwände ein, daß die Kalkkrusten jährlich einige Millimeter dicker werden. Man redet zwar gewöhnlich von Korallenriffen, aber die Kalksubstanz hat oft einen höheren Anteil Algenkalk als Korallenkalk. Der von Algen gebildete Calcit hat Einlagerungen von Magnesiumkarbonat und ist widerstandsfähiger als der von Korallen gebildete Aragonit. Calcit und Aragonit sind verschiedene Kristallformen des Calciumkarbonats.

In den Körpergeweben der Riffkorallen verbrauchen die symbiontischen Zooxanthellen Kohlendioxid. Aus dem Meerwasser wird dann eine entsprechende Menge Bikarbonat in die Korallengewebe nachgeliefert. Durch das Enzym Karboanhydrase wird aus dem gelösten Bikarbonat das Calciumkarbonat ausgefällt. Dieses wird dann innerhalb des Korallengewebes zum Ektoderm transportiert, wo die Kalksubstanz für das Korallenskelett abgelagert wird. Je intensiver die CO_2-verbrauchende Photosynthese abläuft, desto mehr CO_3 wird für die Skelettbildung geliefert. Bis zu 10 kg Kalk pro Quadratmeter werden jährlich von Krustenalgen und Korallen gebildet. Ein Teil davon wird durch korallenfressende Tiere und durch im Kalk bohrende Tiere und Algen zerstört. Aber ein Riff kann trotzdem jährlich einen Zentimeter in die Höhe wachsen. Der Riffkalk ist zunächst von vielen wassergefüllten Hohlräumen durchsetzt. Diese Poren füllen sich mit dem Kalk von Krustenalgen, mit Skelettstücken der Grünalge *Halimeda* und mit Korallenbruchstücken. Alles zusammen zementiert schließlich zu solidem Algen-Korallenkalk.

Ganze Gebirgszüge bestehen aus fossilen Kalkriffen, zum Beispiel die Kalkeifel und die Kalkalpen. Vor 160 Millionen Jahren, im Oberen Jura, erstreckte sich im Tethys-Meer ein 2900 km langes Riff von Südspanien quer durch Europa bis nach Rumänien. Am Aufbau dieses Riffs waren neben Krustenrotalgen überwiegend Kalkschwämme beteiligt; Steinkorallen kamen erst später.

Riffkorallen und Krustenalgen schaffen sich ihren eigenen Lebensraum ständig neu durch Kalkabscheidung. Sie sind so in der Lage, auch den Anstieg des Meeresspiegels auszugleichen. Seit der letzten Vereisung vor 18000 Jahren stieg der Meeresspiegel weltweit um über 120 m an. Der Anstieg betrug zeitweise acht Millimeter pro Jahr. So schnell können aber unter günstigen Bedingungen auch Riffe in die Höhe wachsen.

Charles Darwin wußte noch nichts vom weltweiten Anstieg des Meeresspiegels. Aber er erkannte, daß man Barriereriff und Atoll nur erklären kann, wenn man ein Absinken des Untergrundes und damit einen Anstieg des Meeresspiegels relativ zum Land voraussetzt (Abb. 10.4). Korallenriffe bildeten sich zunächst als Saumriffe an den Küsten von Inseln oder bildeten sich auf den Kuppen untermeerischer Vulkane, die bis dicht unter den Meeresspiegel aufragten. Diese Vulkane versanken dann so langsam im Meeresuntergrund, daß das Riffwachstum mit dem relativen Anstieg des Meeresspiegels Schritt halten konnte. Bohrungen auf pazifischen Atollen erreichten erst in 1400 m Tiefe den basaltischen Untergrund. Mehrfach wurden in den Bohrkernen Schichten angetroffen, welche unter terrestrischen Bedingungen oder unter Süßwasser-Einfluß entstanden, also in Perioden, in denen die Oberfläche des Atolls weit über dem Meeresspiegel gelegen haben muß. Während der Vereisungsperioden mit niedrigem Meeresspiegel wurden die Atolle von der Brandung abradiert. Vermutlich lag der Meeresspiegel in der warmen Bronzezeit vor 6000 Jahren höher als heute. Gegenwärtig steigt der Meeresspiegel wieder weltweit an. Heute liegen Atoll-Inseln nur noch 5 m über dem Meeresspiegel. Die Atoll-Inseln werden dem Anprall der Wellen langfristig nicht standhalten, aber die Korallenriffe werden mitwachsen.

Kalkriffe

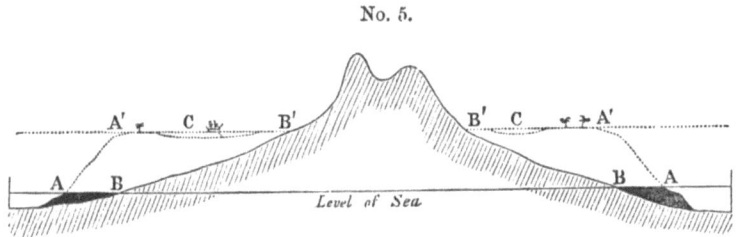

A A—Outer edge of the reef at the level of the sea.
B B—Shores of the island.
A' A'—Outer edge of the reef, after its upward growth during a period of subsidence.
C C—The lagoon-channel between the reef and the shores of the now encircled land.
B' B'—The shores of the encircled island.
N.B. In this, and the following woodcut, the subsidence of the land could only be represented by an apparent rise in the level of the sea.

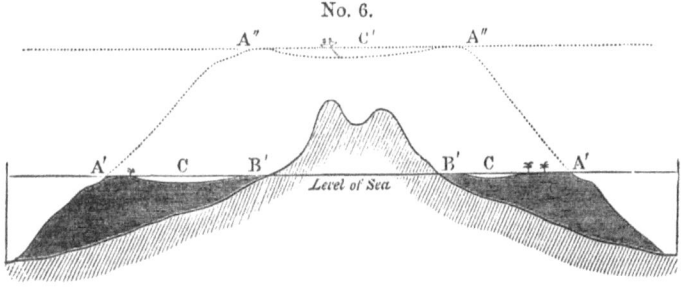

A' A'—Outer edges of the barrier-reef at the level of the sea. The cocoa-nut trees represent coral islets formed on the reef.
C C—The lagoon channel.
B' B'—The shores of the island, generally formed of low alluvial land and of coral detritus from the lagoon-channel.
A'' A''—The outer edges of the reef now forming an atoll.
C'—The lagoon of the newly-formed atoll. According to the scale, the depth of the lagoon and of the lagoon channel is exaggerated.

ABB. 10.4. Zwei Abbildungen aus dem Buch von Charles Darwin: The structure and distribution of coral reefs, 1842. Seine Abbildung No. 5 zeigt bei A den ursprünglichen Meeresspiegel an der Kante eines Saumriffs. Die Insel versank im Meer, relativ dazu stieg der Meeresspiegel an, das Saumriff wuchs empor und bildete ein Barriere-Riff. A' zeigt den neuen Meeresspiegel. Der ist zugleich die Ausgangsposition für Abbildung No. 6. Der Meeresspiegel hob sich weiter bis auf das Niveau A'', das Riff wuchs mit nach oben und bildete den Atollring mit Lagune

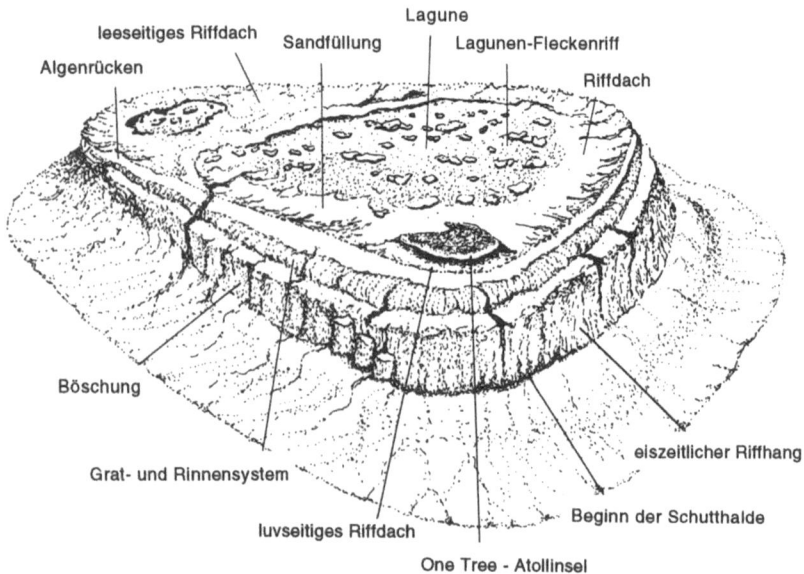

ABB. 10.5. Das "One Tree Reef" im australischen Großen Barriore Riff als Beispiel eines Plattform-Riffes. Es baut auf einem eiszeitlichen Riffstumpf auf, der fast senkrecht aus einer Schutthalde aufsteigt. Auf der Luvseite unterhalb der Riffplatte Brandungsrinnen. In der Lagune finden sich Sandflächen und einzelne Riffe. (Nach Borowitzka 1986)

Luvseitig von jedem Atoll und von jedem Plattform-Riff ist bis in 20 m Wassertiefe die Wasserbewegung stark, weil die ozeanische Dünung sich dort auch bei Windstille bricht. Bei Wind ist die Luvseite starker Brandung ausgesetzt. Insbesondere nahe der Riffkante weist die karmesinrote Färbung auf die hier dominierenden Krustenrotalgen (*Porolithon onkodes*) hin. Diese sind maßgeblich an der Ausbildung einer Riffplatte nahe der Wasserlinie beteiligt. In der Atoll-Lagune und an der Leeseite des Atolls sind die Korallenriffe besser vor der Brandung geschützt. Auch verästelte Korallen reichen hier bis dicht unter die Meeresoberfläche (Abb. 10.5).

10.7 Atolle — Oasen in der Wüste des Meeres

Atolle und Plattform-Riffe ragen wie Säulen aus großen Meerestiefen zur Meeresoberfläche empor. Die oberflächlichen Wassermassen ringsum sind nährstoffarm, die Primärproduktion ist dort gering. Die Wasserfarbe ist blau, weil es so wenig Plankton im Meerwasser gibt. Auf den Korallenriffen dagegen pulst das Leben. Auf die Fläche bezogen, ist die Primärproduktion des Phytoplanktons in der Lagune zusammen mit der Produktion der Großalgen und der Korallen-Symbionten wohl hundertfach größer als die des ozeanischen Phytoplanktons. Wie kommt das?

In der warmen Oberflächenschicht der tropischen Ozeane mangelt es an Phosphor, Stickstoff und auch an mineralischen Spurenstoffen wie zum Beispiel Eisen. Viele Atolle liegen weit von den Kontinenten entfernt und sind deshalb bei der Versorgung mit Nährstoffen auf den Ozean angewiesen, der sie umgibt. Die Korallenlebensgemeinschaft hat sich darauf spezialisiert, die extrem geringen Nährstoffkonzentrationen im Meerwasser optimal zu nutzen. Die durch Wellenschlag und Meeresströmungen über die Riffe getriebenen Wassermassen haben ja, über die Zeit gesehen, ein riesiges Volumen und bringen deshalb trotz der geringen Konzentrationen große Nährstoffmengen heran. Korallenpolypen können Stickstoff und Phosphor aus dem Meerwasser aufnehmen. Die Dinoflagellaten, die als Zooxanthellen im Körpergewebe der Korallenpolypen leben, werden so von den Korallen mit Nährstoffen versorgt. Die Symbionten geben diese Nährstoffe dann wieder an ihre Wirte zurück, eingeschlossen in die von den Symbionten produzierten organischen Verbindungen, von denen sich die Korallen ernähren. Dabei geht nicht viel an das vorbeifließende Meerwasser verloren. Viele Korallenarten fangen mit ihren Tentakeln Zooplankton aus dem Wasser. In den Zooplanktern sind Stickstoff und Phosphor enthalten, also zusätzliche Nährstoffe, die den Zooxanthellen zugute kommen.

Stickstoff wird aber auch aus der Luft in die Lebensgemeinschaft der Korallenriffe geliefert, und zwar nicht so sehr über die Luftverschmutzung, sondern durch Cyanobakterien, die Luftstickstoff "fixieren" können. Damit bezeichnet man den Prozeß, bei dem Luftstickstoff (N_2) in organisch gebundenen Stickstoff überführt und in die Bakterienkörper eingebaut wird. Auf Korallenriffen ist die Rate der Stickstoff-Fixierung mit bis zu 33 g pro Quadratmeter und Jahr (entsprechend 330 kg pro Hektar) ebensogroß wie auf einem Erbsenfeld, wo die Knöllchenbakterien als Symbionten der Leguminosen den Luftstickstoff in Körperstickstoff umsetzen. Fädige Cyanobakterien der Gattung *Calothrix* überziehen viele tote Riffoberflächen. Sie fixieren Luftstickstoff und geben ihn als Exkretionsprodukt oder als partikuläre Substanz weiter, oder sie werden unmittelbar gefressen. Das von einem Korallenriff abfließende Wasser ist deshalb reicher an Stickstoff-Verbindungen als das luvseitig zufließende Ozeanwasser.

Trotzdem beruht grundsätzlich die Produktivität des Ökosystems Korallenriff auf Sparsamkeit. Im Riff findet ein wechselseitiger Austausch der Nährstoffe zwischen Meeresboden und Wasser statt, wie er für Schelfgebiete charakteristisch ist. Dazu kommt der extrem kurze Kreislauf der Nährstoffe innerhalb des Systems Wirt-Symbiont. In seinem Buch "Grundlagen der Ökologie" schreibt Eugene P. Odum (1980): "Alles in allem kann der Mensch vom Korallenriff viel lernen, über 'recycling' und die Kunst, in einer Welt mit knappen Ressourcen gut zu überleben - ein Hinweis darauf, eine bessere Symbiose mit den Pflanzen und Tieren, von denen wir abhängen, einzugehen." Diese Erkenntnis kam 1954 bei der Untersuchung des Eniwetok Atolls. Sie gilt heute noch, auch wenn man inzwischen weiß, daß von den Meeresströmungen an den steil aus der Tiefe aufragenden Atollen und Riffkanten gelegentlich Auftrieb erzeugt wird, so daß nährstoffreiches Tiefenwasser an die Oberfläche dringen und die Riffe eutrophieren kann.

Viele Menschen haben in den vergangenen Jahrzehnten die Schönheit der Korallenriffe schätzen gelernt und bewunderten tauchend die Vielfalt des Unterwasserlebens in den tropischen Regionen. Unabsichtlich traten sie dabei mit den Füßen Korallenstöcke ab oder zerbrachen sie beim Ankern. Die Korallen brauchen viele Jahre, um nachzuwachsen. Deshalb ist es höchste Zeit, Korallenriffe als Naturschutzgebiete auszuweisen. Man sollte auch keine Korallenstücke als Andenken kaufen. Millionen von Korallenfischen werden mit Gift und Dynamit für die Zierfischfreunde gefangen. Nur ein verschwindend kleiner Teil erreicht gesund die Aquarienbecken in Europa und in den USA.

11 Das Sandlückensystem

11.1 Sandkörner und Porenwasser-Räume

Jedes einzelne Sandkorn hat seine eigene Geschichte. Kalksandkörner wurden als Skelettsubstanz von Meeresorganismen gebildet. Andere Sandkörner entstanden unmittelbar aus dem Gestein einer Felsküste. Aber auch schon seit dem Erdaltertum verwittert immer wieder Urgestein und wird in seine Bestandteile zerlegt. Feldspat und Glimmer werden dabei zu Ton, die harten Quarzkristalle bleiben als Sandkörner übrig. Sie werden vom fließenden Wasser oder vom Wind transportiert und der Größe nach sortiert. Die Sandkörner werden dabei im Laufe der Zeit zwar abgeschliffen und abgerundet, verlieren aber kaum an Masse. Deshalb existieren noch heute Sandkörner, die schon vor Jahrmillionen bei der Verwitterung von Granit gebildet wurden. Möglicherweise waren sie zwischenzeitlich zu Sandstein verkittet, der dann wieder verwitterte. Riesige Sandmengen finden sich auf allen Kontinenten. Der eiszeitliche Geschiebemergel Norddeutschlands besteht jeweils zu einem Drittel aus Ton, aus Sand und aus Steinen. Weltweit gesehen bedecken die Sandböden aber nur geringe Flächenanteile des Meeresbodens.

Sand gelangt von den Kontinenten in das Meer. Viel Sand erreichte vor etwa 10 000 Jahren die heutigen Schelfgebiete. Denn am Ende der Eiszeit führten die Flüsse viel mehr Wasser und transportierten viel mehr Sediment als heute. Im Flachwasser wird der Sand von den Meereswellen entweder zur Küste hin oder von der Küste weg transportiert, je nach Wellenlänge und Wellenhöhe. In der Regel ist im Sommer der landwärtige Sandtransport stärker; dann verbreitert sich der Sandstrand. Während des stürmischen Winters wird dagegen viel Sand vom Strand abgetragen und lagert sich unter Wasser als Sandbank ab. Wo eine Küste steil abfällt, findet Hangabwärtstransport von Sandkörnern bis in größere Tiefen statt.

Wo sich gleichzeitig mit dem Sand auch Ton, Silt und organische Partikel ablagern, füllt dieses Feinmaterial die Poren zwischen den Sandkörnern. Schon eine Beimengung von nur fünf Prozent Feinmaterial verwandelt den Lebensraum Sand in "Weichboden". So nennen die Meeresbiologen die Sedimente Schlicksand, Sandschlick und auch den reinen Schlick (englisch mud), der aus Silt und Ton besteht (Tab. 11.1, Abb. 11.1). Durch Pressen oder Zentrifugieren kann man auch aus den Weichböden Porenwasser gewinnen. In Weichböden enthalten die Poren aber kein klares Wasser, sondern eine schleimige Substanz, worin Tonpartikel und Organismen eingebettet sind.

In reinen Sandböden füllt dagegen verhältnismäßig klares Meerwasser das Lückensystem zwischen den Sandkörnern. Dieses Porenwasser tauscht sich immer wieder mit dem Meerwasser über dem Sandboden aus. Reiner Sand kann ja nur dort existieren, wo wenigstens hin und wieder die erodierende Kraft der Wellen oder der Meeresströmungen so stark ist, daß

TABELLE 11.1. Bezeichnung der Sedimente entsprechend der Korngröße

Ton		unter	0,004 mm
Silt	0,004	bis	0,063 mm
Feinsand	0,063	bis	0,20 mm
Mittelsand	0,20	bis	0,63 mm
Grobsand	0,63	bis	2,0 mm
Kies	2,0	bis	60,0 mm

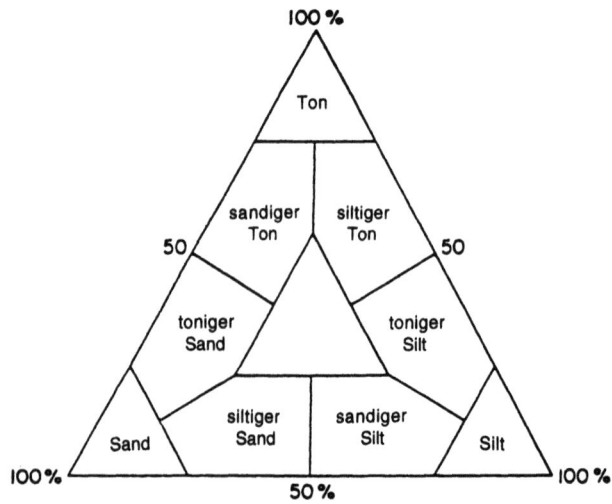

ABB. 11.1. Klassifikation der Sedimente entsprechend den verschiedenen Anteilen von Sand, Silt und Ton. (Nach Shepard, 1954)

dabei die eventuell zwischenzeitlich während ruhiger Wetterperioden im Lückensystem abgelagerten Silt- und Tonpartikel und die leichten organischen Partikel fortgeschwemmt werden. Bei Strömungen mit einer Geschwindigkeit von mehr als 20 cm pro Sekunde beginnen Sandkörner, an der Oberfläche des Sandbodens zunächst zu rollen, dann zu hüpfen und schließlich in Suspension zu gehen. Man nennt diesen Vorgang Erosion, kann ihn aber auch treffender mit dem englischen Ausdruck "entrainment" benennen. Damit bezeichnet man die "Beladung" des vorbeifließenden Wassers mit Sandkörnern. Um diesen Effekt bei Kiesböden oder bei Weichböden zu erreichen, muß die Strömungsgeschwindigkeit mehr als doppelt so hoch wie über Sandböden sein. Erst bei 50 cm pro Sekunde werden zum Beispiel Kiesböden erodiert, die aus 4 mm großen Kieskörnern bestehen. So groß muß auch die Strömungsgeschwindigkeit sein, damit gut abgelagerte 0,01 mm große Siltkörner erodiert werden, denn in Weichböden klebt ein Korn am anderen (Abb. 11.2). Sandböden mit Korngrößen um 0,2 mm sind am leichtesten erodierbar und sind in ihrer Lage sehr veränderlich.

Solange Wellen oder Strömungen das Wasser über einem Sandboden in Bewegung halten, sind die Sauerstoffverhältnisse im Porenwasser gut, denn dann findet ja ein intensiver Austausch mit dem überstehenden Meerwasser statt. Oft gibt es sogar noch 20 bis 50 cm tief unter der Sandoberfläche Sauerstoff im Porenwasser. Wenn aber ruhiges Wetter herrscht und sich keine Wellen an der Meeresoberfläche bilden, die bis auf den Meeresboden wirken, dann ist auch der Austausch zwischen Porenwasser und Meerwasser geringer. In den tieferen Sandschichten entsteht dann schließlich wegen des anhaltenden Sauerstoffverbrauchs Sauerstoffmangel. Wenn das Wetter weiterhin ruhig bleibt, kann sich im Porenwasser durch die Tätigkeit von Bakterien auch Schwefelwasserstoff bilden.

Im Porensystem von Grobsandgebieten, wo Schwefelwasserstoff häufiger auftritt, leben millimetergroße Nematoden (Fadenwürmer) aus der Familie der Stilbonematidae. Auf ihrer Körperoberfläche sind fadenförmige Bakterien aufgewachsen, welche Schwefelwasserstoff als Energiequelle brauchen. In solchen Sandgebieten gibt es auch Oligochaeten aus der Familie der Phallodrilidae, die keinen funktionierenden Mund und keinen Darm haben. Ähnlich wie die Bewohner der heißen Schwefelquellen am Tiefseeboden beherbergen diese Oligochaeten in ihrem Körper symbiontische Schwefelbakterien, welche Schwefelwasserstoff als Energiequelle nutzen. Man kann sich gut vorstellen, wie diese Würmer im Lückensystem des Sandes nach oben oder unten kriechen und dabei jeweils die Tiefenschicht aufsuchen, wo sie Schwefelwasserstoff und gleichzeitig Sauerstoff finden, damit ihre Symbionten den Schwefelwasserstoff zu Sulfat oxidieren können.

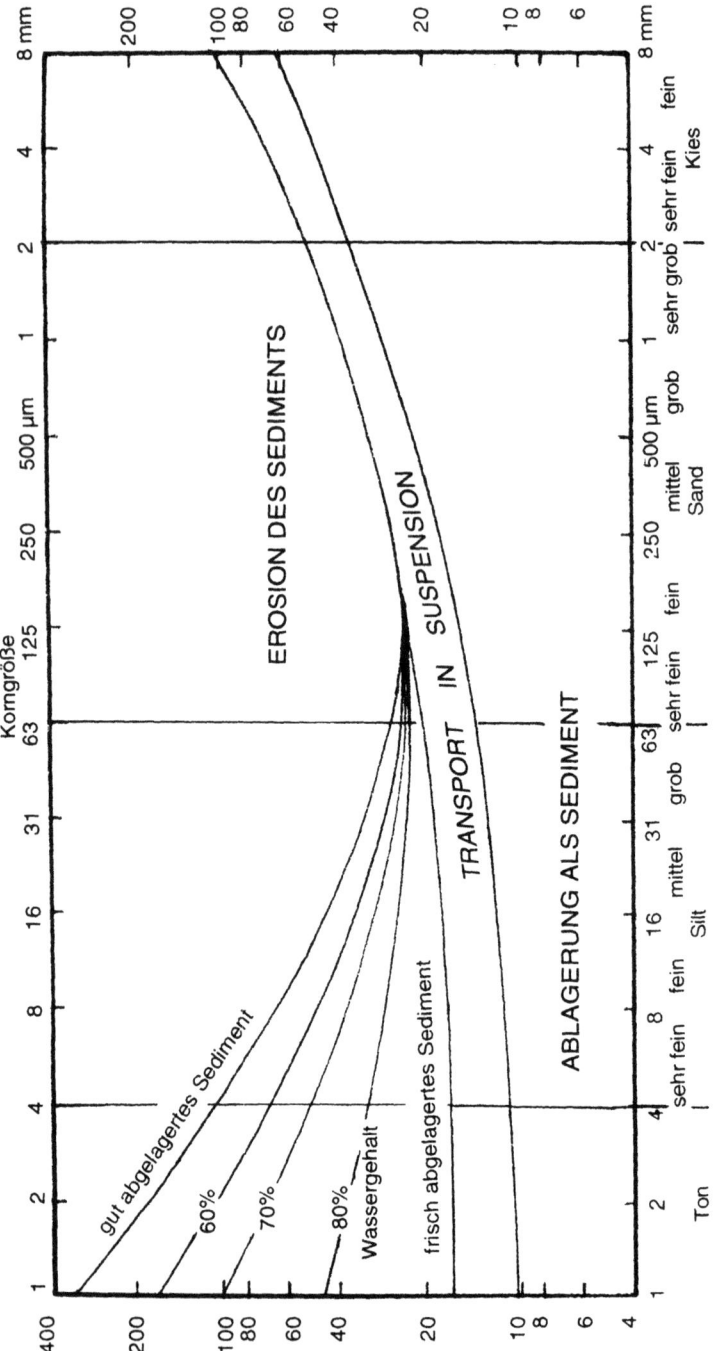

11.2 Mikrofauna, Meiofauna oder Mesopsammon

In den zwanziger Jahren entdeckte Adolf Remane, damals Universitätsassistent, später Zoologieprofessor in Kiel und Gründer des Instituts für Meereskunde, daß es im Sand am Meeresboden eine eigenartige und vielgestaltige Tierwelt gibt. Deren gemeinsames Merkmal: die Tiere sind so klein oder sind doch wenigstens so dünn, daß sie sich in den Porenräumen zwischen den einzelnen Sandkörnern wie in einem Labyrinth bewegen können. Zunächst wurde diese Kleinlebewelt als Mikrofauna oder als "interstitielle Fauna" (Lückenfauna) bezeichnet, bis Adolf Remane 1940 im Einführungskapitel der Monographie "Die Tierwelt der Nord- und Ostsee" den Begriff Mesopsammon prägte (griechisch mesos, die Mitte; psammos, der Sand). Mit Mesopsammon sind Tiere gemeint, die nicht wie das Epipsammon auf der Sandoberfläche leben und nicht wie das Endopsammon im Sand wühlen, graben oder Gänge bauen, sondern Tiere, die zwischen den Sandkörnern im Lückensystem leben.

In den siebziger und achtziger Jahren stellte man fest, daß kleine Tiere nicht nur in den Poren zwischen Sandkörnern leben, sondern auch in der Oberflächenschicht von Weichböden. Sie spielen dort eine beträchtliche Rolle beim Stoffumsatz. Schon 1942 hatte Molly F. Mare den Begriff Meiobenthos geprägt (griechisch meion, kleiner; die Aussprache sollte "mejobenthos" sein). Heute wird "Meiofauna" definiert als die Größenklasse des Zoobenthos, welche durch 1 mm-Siebmaschen hindurchgeht, die man aber auf Siebmaschen von 0,04 mm auffangen kann. Kleinere Organismen, nämlich Pilze, Flagellaten, Amöben, kleinste Foraminiferen und Ciliaten gehören zum Nanobenthos (griechisch nanos, der Zwerg). Noch kleiner sind die Sedimentbakterien.

Nicht alle Bewohner des Sandlückensystems gehören in die Größenklasse der Meiofauna. Manche Tiere sind zwar so dünn, daß sie sich durch die Porenräume zwischen den Sandkörnern schlängeln können, aber sie

---

ABB. 11.2. Schematische Darstellung der Reaktion von Mineralkörnern und von Sedimenten mit einheitlicher Korngröße auf strömendes Wasser. Bei geringen Strömungsgeschwindigkeiten findet Ablagerung am Meersboden statt, bei etwas höheren Strömungsgeschwindigkeiten werden die Mineralkörner als Suspension mit dem strömenden Wasser transportiert. Bei noch höheren Strömungsgeschwindigkeiten verhalten sich feinkörnige Sedimente verschieden, je nachdem, ob sie frisch oder bereits vor längerer Zeit abgelagert wurden, so daß die einzelnen Sedimentpartikel miteinander "verkleben" konnten und sich der Wassergehalt durch kompaktere Anordnung der Sedimentkörner verringerte. Sedimente mit hohem Wassergehalt werden leichter erodiert als Sedimente mit geringerem Wassergehalt. (Nach Sundborg, 1956; Postma, 1976; Banner, 1979)

sind mehrere Millimeter lang und werden deshalb von den 1 mm-Sieben zurückgehalten. Man müßte sie also eigentlich zur Makrofauna rechnen. Mit der Methode des Siebens kann man ohnehin nur die "harte" Meiofauna erforschen, nämlich die Nematoden und die Krebse, welche die grobe Behandlung unbeschädigt überstehen. Die für das Sandlückensystem charakteristischen Ciliaten, Gastrotrichen, Turbellarien und die Vertreter vieler anderer Gruppen der "weichen" Meiofauna sind so empfindlich, daß sie die Siebprozedur nicht unbeschadet überstehen. Man muß sie lebend studieren.

11.3 Die Sandlückenfauna

Adolf Remane veröffentlichte 1926 seine Habilitationsschrift über "aberrante Gastrotrichen". Er kam zu umwälzenden Erkenntnissen über die Stammesgeschichte der Würmer, nachdem er sieben neue Gattungen einer neuen Gastrotrichenordnung Macrodasyoidea aus der Kieler Bucht beschrieben hatte. Damit begann eine Periode der Entdeckungen im Sandlückensystem. Nach heutiger Kenntnis sind 22 von den insgesamt 33 Stämmen der vielzelligen Tiere (Metazoa) mit Kleinformen im Sediment des Meeresbodens vertreten (Abb. 11.3). Adolf Remane schwärmte 1951 auf der Jahrestagung der Deutschen Zoologischen Gesellschaft in Wilhelmshaven: "Es konnte hier im 20. Jahrhundert noch einmal die Begeisterung über eine neue Welt organischer Formen erlebt werden, die den Plankton- und Tiefseeforschern des vorigen Jahrhunderts einen so mächtigen Impuls gegeben hat". Die Erforschung der Sandlückenfauna beschäftigte in den fünfziger und sechziger Jahren viele Meeresbiologen in aller Welt. Bertil Swedmark (1964), Peter Ax (1966) und Tom Fenchel (1978) haben über die Fortschritte berichtet.

In einem Sandboden mit 0,1 bis 0,2 mm Korngröße leben mehr als einhundert Ciliaten-Arten. Sie sind zum Teil so klein, daß sie in den Poren wie in einem Kanalsystem umherschwimmen. Hydrozoa sind durch winzige, auf einzelnen Sandkörnern angewachsene Hydropolypen (*Psammohydra*) und durch abgewandelte Medusen ohne Schirm (*Halammohydra*) vertreten, die mit bewimperten Armen durch die Lücken zwischen den Sandkörnern kriechen.

1956 wurde von Peter Ax der neue Tierstamm Gnathostomulida entdeckt. Inzwischen gibt es mehr als 18 Gattungen dieser Würmer, die den Turbellarien ähnlich sind, sich aber durch ihre begeißelte Körperoberfläche unterscheiden. Die Gnathostomulida bevorzugen Sand mit Beimen-

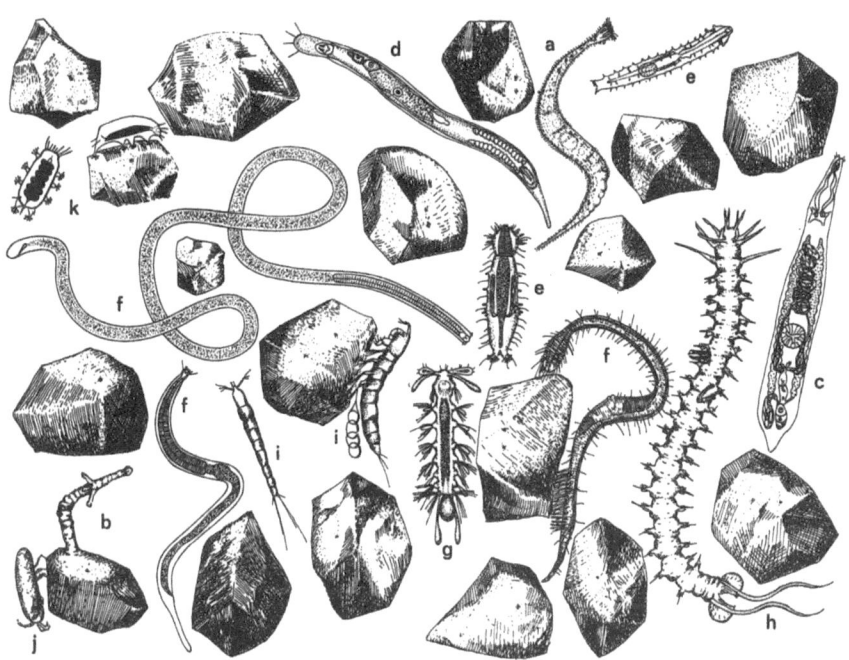

ABB. 11.3. Charakteristische Vertreter der Sandlückenfauna. a) Ciliata (*Trachelorhaphis*), b) Hydrozoa (*Psammohydra*), c) Turbellaria (*Kalyptorhynchia*), d) Gnathostomulida, e) Gastrotricha, f) Nematoda, g) Archiannelida (*Nerillidium*), h) Polychaeta (*Hesionides*), i) Copepoda (*Harpacticoidea*), j) Ostracoda, k) Tardigrada (*Batillipes*). (Aus Gerlach, 1968, mit Genehmigung durch Gustav Fischer Verlag, Jena)

gungen von organischem Material, so daß in ihrem Lebensraum wohl oft Sauerstoffmangel herrscht. Von den Turbellarien wurden viele hundert Arten aus Sandböden beschrieben. Es gibt darunter sehr schnell kriechende Räuber, vor allem aus der Familie der Otoplanidae und aus der Gruppe der Kalyptorhynchia.

Die räuberischen Nemertinen des Sandlückensystems sind mehrere Zentimeter lang, aber sehr dünn, so daß sie auch durch enge Poren kriechen können. Nematoden sind die häufigsten Vertreter der Sandlückenfauna. Mehr als einhundert verschiedene Arten können in einer Sandprobe vorkommen. 1983 wurden von Reinhardt M. Kristensen die Loricifera als neuer Tierstamm beschrieben. Inzwischen gibt es schon 9 Arten dieser nur 0,1 bis 0,4 mm langen, an Kinorhynchen erinnernden Kleintiere. Sie kommen nicht nur im Lückensystem des Sandes, sondern auch in der Tiefsee vor. Kinorhynchen sind vor allem auf Weichböden verbreitet. Im

Sand lebt nur die Unterordnung Cryptorhaga mit der 1956 beschriebenen Gattung *Cateria*. Priapulida waren bis 1968 nur als Vertreter der Makrofauna bekannt. Inzwischen sind aus tropischen Korallensandgebieten aber auch einige Gattungen winziger Meiofauna-Priapuliden beschrieben worden.

Unter den Polychaeten gibt es aus verschiedenen systematischen Gruppen Lückensystembewohner. Früher wurden sie unter der Bezeichnung "Archiannelida" zusammengefaßt. Viele Organsysteme dieser Zwergformen sind im Vergleich zu "normalen" Polychaeten reduziert. *Diurodrilus* ist mit 0,3 mm Körperlänge der kleinste bekannte Polychaet. Vertreter der Lückenfauna sind die Dinophilidae, Diurodrilidae, Nerillidae, Protodrilidae, Protodriloididae, Saccocirridae, Polygordiidae und Psammodrilidae, dazu kommen Vertreter der Pisionidae und Syllidae. Auch unter den Oligochaeta gibt es viele Arten, die so klein sind, daß man sie zur Meiofauna rechnet.

Von den marinen Tardigraden kennt man inzwischen 26 Gattungen. Viele sind wie *Batillipes* so klein, daß sie auf der Oberfläche einzelner Sandkörner umherspazieren können. Die Mystacocarida wurden schon 1943 von Donald S. Zinn als eigene Ordnung der Krebse beschrieben, denn *Derocheilocaris* weicht beträchtlich vom Bauplan der Copepoda ab. Copepoden und Ostracoden kommen mit vielen Arten im Mesopsammon vor. Viele Copepoden haben einen wurmförmig gestreckten Körper. Verschiedene Unterordnungen der Isopoda sind im Lückensystem des Sandes vertreten, dazu die Amphipodenordnung Ingolfiellidea. Zahlreich sind auch Meeresmilben aus der Gruppe der Halacaroidea.

Unter den Schnecken gibt es einige Zwergformen im Lückensystem des Sandes: *Caecum* hat eine röhrenförmig gestreckte Schale, *Pseudovermis* und *Microhedyle* sind wurmförmig und haben keine Schale. Unter den Holothurien gibt es im Lückensystem des Sandes 1 bis 2 mm große Zwergformen wie *Leptosynapta* und *Rhabdomolgus*. Schließlich gibt es 1 mm große Ascidien, die im Lückensystem von Kiesböden leben, wo die Porenräume verhältnismäßig groß sind.

11.4 Anpassungen der Sandlückenbewohner

Das Porenvolumen eines Sandbodens macht 30 bis 40% des Gesamtvolumens aus. Bewohner des Sandlückensystems müssen so dünn sein, daß sie durch die Öffnungen zwischen den einzelnen Sandkörnern gleiten können. Der Durchmesser der Öffnungen zwischen benachbarten Porenräumen entspricht mindestens 0,15 Korndurchmessern bei dichter Lagerung, 0,4 Korndurchmessern bei lockerer Lagerung der Sandkörner. Tiere mit einem Körperdurchmesser von 0,03 mm können also leicht das Lückensystem eines Mittelsandes mit 0,2 mm Korngröße durchwandern. Wenn aber die Korngröße geringer als 0,1 mm ist, dann sind die Lückenräume für die meisten Tiergruppen zu eng, so daß dort nur noch die dünnen Nematoden als Meiofauna existieren können oder Formen, die so kräftig sind, daß sie die Sandkörner etwas zur Seite schieben können.

Die meisten Tiere des Sandlückensystems bewegen sich als Wimperkriecher oder als Stemmschlängler. Die Zwergformen unter den Polychaeten laufen gewissermaßen auf ihren Wimpern über die Oberflächen der Sandkörner. Stemmschlängeln beruht auf dem Anstemmen des Körpers gegen Widerlager, also gegen Sandkörner an zwei gegenüberliegenden Körperseiten. Nematoden besitzen nur Längsmuskulatur, kontraktieren diese wechselseitig und bewegen sich so schnell durch die Porenräume. Nematoden kommen nicht von der Stelle, wenn sie auf einer ebenen Unterlage liegen und sich nirgendwo anstemmen können. Auch schlanke Copepoden und der Polychaet *Polygordius* sind Stemmschlängler.

Fast alle Tiere des Sandlückensystems können sich auf der Oberfläche von Sandkörnern festhalten. Das ist wichtig, damit sie nicht aus dem Sandboden herausgewaschen werden, wenn Erosion durch starke Wasserbewegung erfolgt. Viele langgestreckte Sandlückenbewohner rollen sich bei Störungen zu einem Knäuel zusammen und werden dann allenfalls zusammen mit dem Sandkorn transportiert, an das sie sich angeheftet haben. Andere Bewohner des Sandlückensystems flüchten sich in tiefere Sandschichten. Weit verbreitet bei den Bewohnern des Mesopsammon sind Klebdrüsen, die am Ende von Haftpapillen und Haftröhrchen oder auf Haftflächen münden. Ihr Sekret klebt blitzschnell auf der Oberfläche eines Sandkorns an, wenn das Tier das will. Ebensoschnell wird die Verbindung wieder gelöst. Fast alle Bewohner des Sandlückensystems durchlaufen ihre Ent-wicklung direkt, also ohne freischwimmende Larven.

Zusammengerechnet haben die Sandkörner von einem Kubikzentimeter Feinsand eine Oberfläche von mehr als einhundert Quadratzentimetern. Auf dieser großen Oberfläche siedeln Bakterien. In der euphotischen Lichtzone des Flachwassers leben dort auch Diatomeen und Dinoflagellaten. Bakterien und Mikrophytobenthos werden von der Sandlückenfauna als Nahrung genutzt.

Der Gehalt an organischer Substanz ist in den Sandböden gering, da ja immer wieder durch Erosion die leichten Partikel ausgeschwemmt werden. Für leichte organische Partikel sind die Sandgebiete eine Durchgangsstation auf dem Weg vom Flachwasser, wo die Bildung erfolgte, in tiefere Schlickgebiete, wo die Partikel dauerhaft abgelagert werden. Abgestorbene Pflanzen- und Tierreste werden im Wasser dicht über dem Sandboden horizontal (oder genauer gesagt: hangabwärts) transportiert (Abb. 7.1) und können dabei von der Sandlückenfauna erbeutet werden. Es gibt auch viele Aasfresser unter den Sandlückentieren, welche sich von Planktern ernähren, die an der Sandoberfläche gestrandet sind.

Hunderte von Tierarten kommen regelmäßig in jedem Sandgebiet vor, und mehrere hundert Individuen findet man regelmäßig in jedem Kubikzentimeter Sand. Nach wie vor bleibt es ein Rätsel, wie so viele verschiedene Arten der Sandlückenbewohner jeweils ihre unterschiedlichen ökologischen Nischen im Sandlückensystem abgrenzen.

12 Lagunen und Flußmündungen

12.1 Bildung und Mannigfaltigkeit

In den vergangenen 18 000 Jahren versanken weltweit die Küsten durch den Anstieg des Meeresspiegels. Aber seit dem Ende der letzten Eiszeit trugen die Flüsse große Mengen Sand, Silt und Ton in die flachen Schelfregionen und lagerten sie dort ab. Meeresspiegelanstieg und Setzung der abgelagerten Sedimente wurden in den Flußmündungen durch immer wieder neu aufgelagerte Sedimentschichten ausgeglichen. Seewärts formte die Brandung Sandbänke und Sandinseln, in deren Schutz Lagunen entstanden, also Wattenmeergebiete, Boddengebiete und Strandseen. Da die Brandung in der Regel etwas schräg auf dem Strand aufläuft, wird viel Sand parallel zur Küstenlinie transportiert. Auch die Sandbänke und Sandinseln wandern küstenparallel. Wo starke Gezeiten herrschen, werden alle Transportprozesse verstärkt. Eine Kette von Inseln und Sandbänken zieht sich von den Niederlanden bis nach Dänemark, durchbrochen von den Mündungen der Flüsse Ems, Weser, Elbe und Eider und von den vielen Seegatts zwischen den Inseln, die durch kräftige Ebbströme freigehalten werden. Die Inselkette schützt das dahinter liegende Wattenmeer. An Küsten mit weniger starken Gezeiten schieben sich, von Küstenvorsprüngen ausgehend, Sandhaken und Nehrungen vor und bilden dahinter flache Haffs, Boddengebiete und Strandseen. Von den Küsten der Weltmeere liegen 13‰ im Schutz vorgelagerter Inseln oder Nehrungen (Abb. 12.1).

An flach abfallenden Küsten münden die Flüsse nicht unmittelbar in das Meer, sondern fließen zunächst in eine Lagune. In der Lagune vermischt sich das Flußwasser mit dem Meerwasser. Es bildet sich Brackwasser, welches dann durch den Lagunenausgang in das vorgelagerte Meer strömt. In den Flüssen reicht die Wirkung von Ebbe und Flut bis in den Süßwasserbereich. Aber vom Standpunkt des Meeresbiologen endet der vom Meer beeinflußte Stromabschnitt an der Brackwassergrenze, dort, wo der Süßwasserbereich beginnt (Abb. 12.2). In vielen Flußmün-

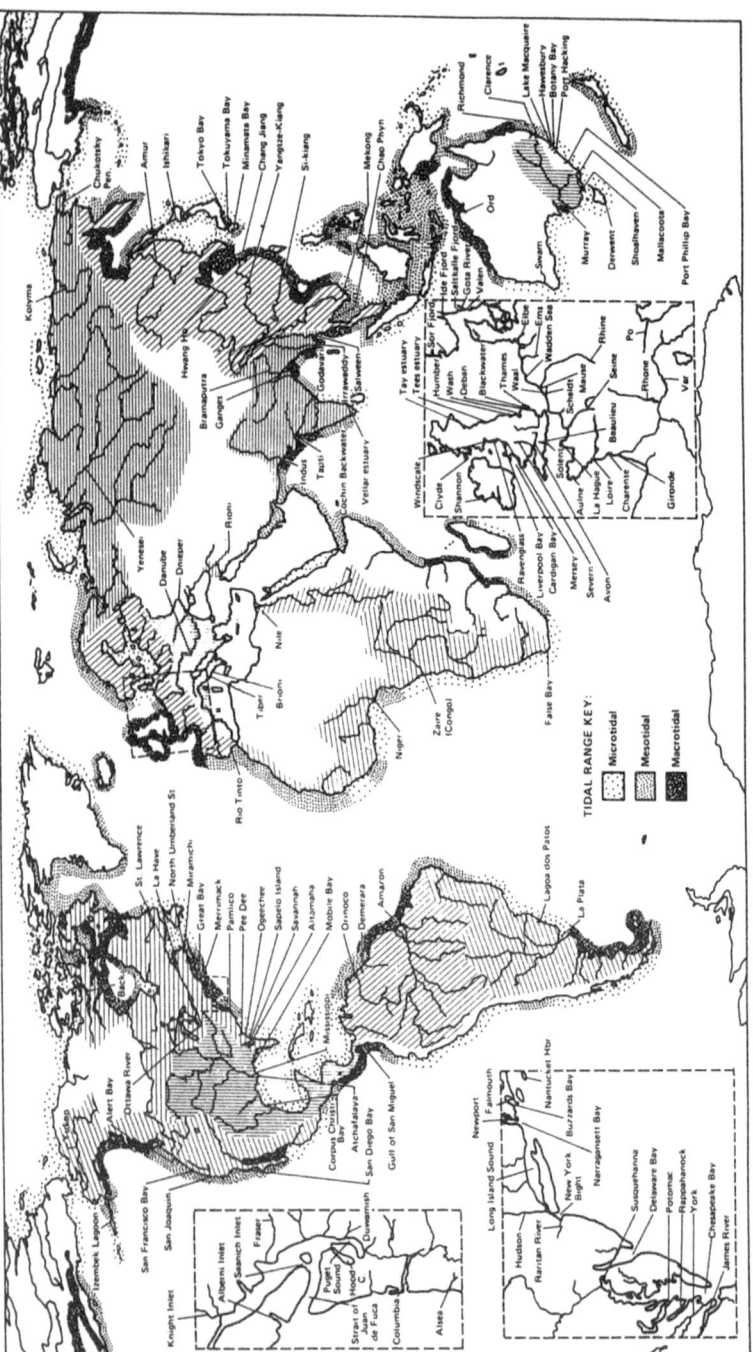

ABB. 12.1. Die wichtigsten Lagunen-Flußmündungs-Gebiete der Welt. Mit Schraffuren sind die größeren Abflußgebiete dargestellt. Verschiedene Punktraster kennzeichnen die Küsten mit geringen (Microtidal), mittleren (Mesotidal) und starken Gezeiten (Macrotidal). (Nach Olausson und Cato, 1980, aus Nichols und Biggs, 1985)

Bildung und Mannigfaltigkeit

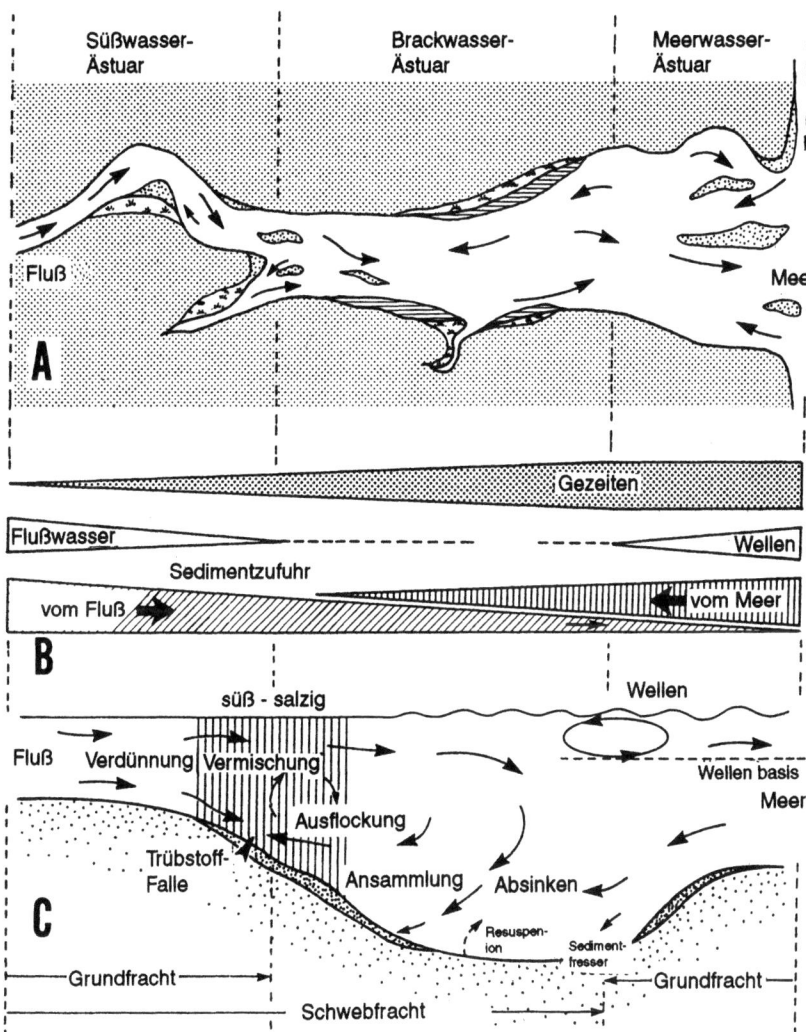

ABB. 12.2. Regionen und Transportprozesse in einem Ästuar. Links Süßwasserbereich, rechts Übergang zum Meeresbereich. Sedimentmaterial wird sowohl aus dem Flußwasserbereich als auch aus dem Meeresbereich in das Ästuar importiert. An der Grenze Süßwasser-Brackwasser befindet sich eine Zone mit hoher Trübstoffkonzentration, da hier die Ausflockung von Ton erfolgt und die Wasserumwälzung den Effekt einer Trübstoff-Falle hat Grundfracht = englisch Bedload = Transport von Sediment unmittelbar am Gewässerboden. (Nach Nichols und Biggs, 1985)

182　　　　　　　　　　　　　　　　　　　　　　Lagunen und Flußmündungen

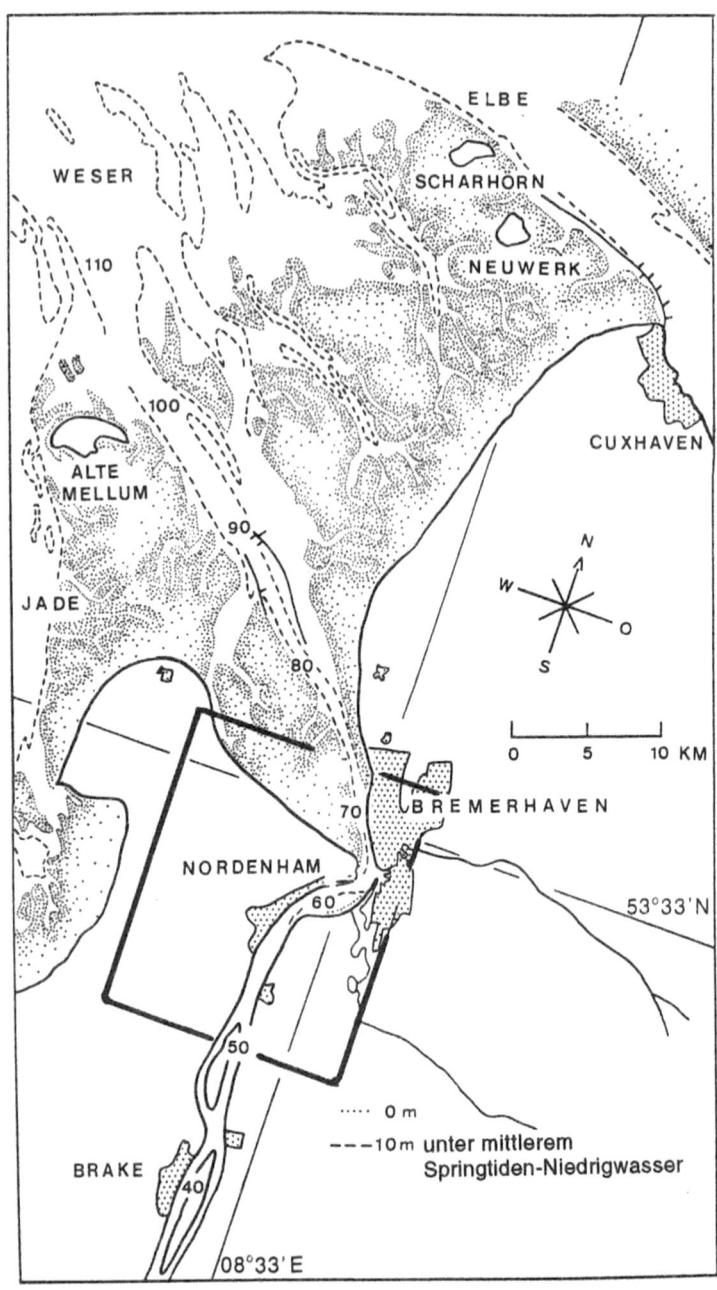

ABB. 12.3a

Bildung und Mannigfaltigkeit

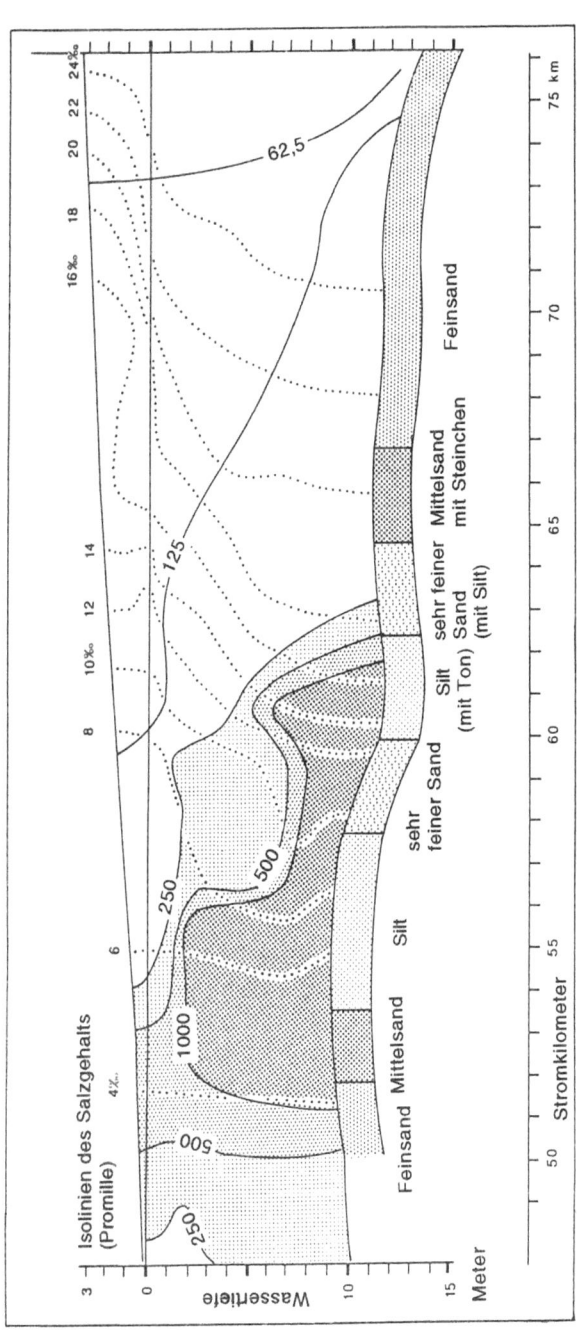

ABB. 12.3a,b. Das Flußmündungsgebiet der Weser. a) Karte der Wesermündung mit Ausschnitt: Flußkilometer 50 bis 75 querab und oberhalb von Bremerhaven. Der mittlere Tidenhub bei Bremerhaven beträgt 3,4 m, der mittlere Süßwasserabfluß der Weser ist 334 m³ pro Sekunde. b) Salzgehalts- und Trübstoff-Verteilung in der Weser zwischen Stromkilometer 50 und 75, bei Niedrigwasser am 3. September 1975. Links: "Süßwasserbereich" mit weniger als 4‰ Salzgehalt; die Weser ist durch salzige Abwässer aus der Kaliindustrie verschmutzt. Rechts: polyhalines Brackwasser querab von Bremerhaven. Die punktierten Isolinien bezeichnen den Salzgehalt. Die durchgezogenen Isolinien und die Intensität der Punktierung beziehen sich auf die Trübung, die als Attenuation gemessen wurde (Extinktions-Koeffizient multipliziert mit 1000). Das Trübungsmaximum liegt im Salzgehaltsbereich zwischen 4 und 6‰. (Nach Wellershaus, 1981)

dungen mit starken Gezeiten ist an der Flußsohle der Salzgehalt höher als an der Oberfläche. Stromabwärts laufen die Linien gleichen Salzgehalts, die Isohalinen, schräg nach oben (Abb. 12.3). Bei Flut strömt das salzigere Wasser an der Flußsohle so schnell, daß Sedimentpartikel stromaufwärts bis zur Süßwassergrenze transportiet werden können. Bei Ebbe ist dagegen die Strömungsgeschwindigkeit des salzarmen Wassers an der Oberfläche schneller als die Geschwindigkeit des Tiefenwassers. Netto ergibt sich an der Oberfläche ein Stromabwärtstransport, dicht über der Flußsohle dagegen ein Stromaufwärtstransport. Unterhalb der Brackwassergrenze reichern sich Trübstoffe im Wasser an. Man redet von der "Trübstoff-Falle". Die Hafenbecken an diesen Flußabschnitten verschlicken deshalb so schnell, weil mit jeder Flut die Trübstoffe dicht über der Flußsohle stromaufwärts transportiert werden.

Ozeanographen bezeichnen diesen Prozeß als "ästuarine Zirkulation", abgeleitet von dem Begriff Ästuar (englisch estuary) für Flußmündungsgebiete. Geomorphologen und Meeresbiologen haben sich bisher noch nicht auf eine allgemein anerkannte Klassifikation für die Vielfalt dieser Küstenlebensräume einigen können. Man behilft sich mit dem weit gefaßten Begriff "Lagunen-Flußmündungs-Systeme" (lagoonary estuarine systems).

Süßwasser strömt mit den großen Flüssen und aus vielen kleinen Bächen in die Lagunen. Auch das Grundwasser strömt von den Kontinenten in Richtung Küste und vermischt sich am Lagunenboden mit dem Lagunenwasser. In der Regel ist deshalb der Salzgehalt im Wasser der Lagunen geringer als im vorgelagerten Meer. In trockenen Klimaregionen gibt es jedoch auch "negative Ästuare". Dort findet in der Lagune intensive Verdunstung statt. Das Lagunenwasser wird dadurch salzreicher als das Wasser im vorgelagerten Meer. Durch weitere Verdunstung kann man in flachen Becken Meersalz gewinnen.

Die Lagunen-Flußmündungs-Gebiete werden heute überall auf der Welt durch verschmutztes Flußwasser belastet. Ausbaggerungen schaffen Fahrrinnen für die Schiffahrt. Baggergut wird "verklappt", die Lebensräume am Meeresboden werden dadurch zerstört. Die Ufer werden mit Steinpackungen, Buhnen, Deichen und Kaimauern befestigt oder für den Ferienbetrieb genutzt. Muscheln und Krebse aus den Flachwassergebieten werden seit Urzeiten vom Menschen gesammelt, da man dafür keine seegehenden Schiffe braucht. Gegenwärtig werden überall auf der Welt Lagunen zu Aquakulturbecken für die Mast von Fischen, Krebsen und Muscheln umgewandelt. Es ist auch bequemer und billiger, durch Aufschüttungen oder Deichbau Land aus dem Meer zu gewinnen, statt entsprechende Flächen für Industriesiedlung, Flugplätze und Tourismus auf dem Festland zu erwerben.

12.2 Brackwasser

Das Wasser des offenen Ozeans hat einen Salzgehalt von etwa 35‰ (35 g pro Liter). Im Arktischen Ozean liegt der Salzgehalt bei 30‰, im Roten Meer bei 40‰. Viele Meeresorganismen vertragen einen Salzgehalt von weniger als 30‰ nicht.

In den Körperflüssigkeiten stenohaliner Meeresorganismen (griechisch stenos, eng; hals, halos, das Salz) ist der osmotische Druck in der Regel etwas höher als im umgebenden Meerwasser. Bringt man einen solchen Organismus in Brackwasser mit niedrigerem Salzgehalt, dann dringt Süßwasser in den Körper ein. Denn die Membranen, die den Körper und die Zellen umgeben, sind zwar für Wasser, aber nicht für Salz durchlässig. Das eindringende Wasser verdünnt gewissermaßen den Salzgehalt in der Körperflüssigkeit. Der Organismus schwillt an und platzt schließlich. Demgegenüber werden als euryhaline Meeresorganismen (griechisch eurys, breit) Tiere und Pflanzen bezeichnet, die diesen Effekt durch physiologische Prozesse verhindern. Die Osmoregulatoren (die man auch als poikilosmotische Tiere bezeichnet; griechisch poikilos, verschiedenartig) pumpen Wasser aus dem Körper heraus und nehmen Salz aus dem umgebenden Brackwasser auf. Sie schaffen auf diese Weise aktiv in ihrem Innenmedium eine konstante Salzkonzentration, die deutlich höher als die des umgebenden Brackwassers ist. An wechselnde Salzgehalte können sich diese Tiere schnell anpassen. Auch die meisten Süßwassertiere gehören zu den Osmoregulatoren. Sie haben im Innenmedium einen osmotischen Druck, der 5 bis 8‰ Salzgehalt entspricht. Dagegen halten die Osmokonformer (oder homoiosmotischen Tiere; griechisch homoios, gleichartig) den osmotischen Druck in ihren Körperflüssigkeiten nur geringfügig über dem im umgebenden Brackwasser. An Veränderungen des Salzgehalts können sich solche Osmokonformer nur langsam anpassen.

Bei 5‰ liegt eine kritische Salzgehaltsgrenze. Bis zu diesem Salzgehalt herab kann man Brackwasser als verdünntes Meerwasser betrachten: sechs Teile Süßwasser kommen auf einen Teil Meerwasser. Alkalinität und Calcium-Konzentration nehmen proportional mit dem Chlorgehalt ab. In Gewässern mit geringerem Salzgehalt als etwa 5‰, wo also der Süßwasseranteil höher ist, gibt es jedoch Unterschiede, je nachdem, ob "weiches" oder "hartes" Süßwasser zugemischt wird. Brackwasser mit hoher Alkalinität wird besser von euryhalinen Meeresorganismen ertragen.

Über die Bezeichnung der Brackwasserbereiche herrscht unter Meeresbiologen noch keine Einigkeit, weil die Verhältnisse in den vielen verschiedenen Lagunen-Flußmündungs-Gebieten und in den verschiedenen

Brackwassermeeren der Welt sehr unterschiedlich sind (Tab. 12.1). Entweder bezeichnet man den gesamten Bereich zwischen 5 und 18‰ als Mesohalinikum (griechisch mesos, die Mitte) und den Unterbereich 5 bis 8‰ als Beta-Mesohalinikum oder man hebt den Salzgehaltsbereich 5 bis 8‰ durch die von Otto Kinne 1971 eingeführte Bezeichnung "Horohalinikum" hervor (von griechisch horos, die Grenzlinie). Nur wenige Arten der euryhalinen Meerestiere dringen bis in diesen Grenzbereich vor (Abb. 12.4). Es gibt allerdings Meerestiere, die noch bei weniger als 5‰ Salzgehalt existieren, also im Oligohalinikum (griechisch oligos, wenig). Die in das Brackwasser vordringenden Süßwasserorganismen kommen überwiegend nur im Oligohalinikum bei 0,5 bis 5‰ Salzgehalt vor. In diesem Salzgehaltsbereich ist der osmotische Druck niedriger als der

TABELLE 12.1. Einteilung der Gewässer nach dem Salzgehalt

über 40‰	Hyperhalinikum (Salinen, Salzseen, Binnensalzstellen)
40 bis 30‰	Euhalinikum
30 bis 18‰	Polyhalinikum
18 bis 8‰	Mesohalinikum (Alpha-Mesohalinikum)
8 bis 5‰	Porohalinikum (Beta-Mesohalinikum)
5 bis 0,5‰	Oligohalinikum
unter 0,5‰	Süßwasser

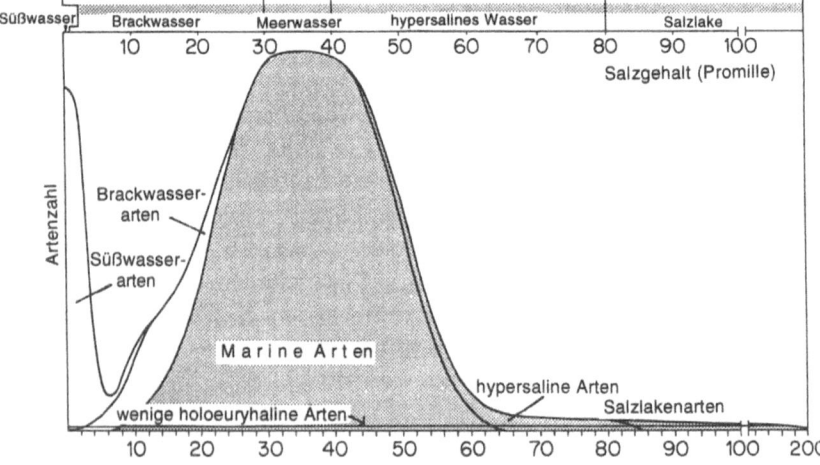

ABB. 12.4. Schematische Darstellung dar Zahl der Organismenarten, die in den verschiedenen Salzgehaltsbereichen vorkommen. (Nach Hedgpeth, 1983)

Druck, der im Innenmedium der Süßwasserorganismen herrscht. Einige wenige Süßwasserorganismen dringen über das Horohalinikum hinaus in salzreichere Lebensräume vor. Einige Süßwasserfische wie Barsch, Zander und Stichling sind wenig salzempfindlich. Aal, Lachs und Stör wandern regelmäßig zwischen Meer und Süßwasser.

Es gibt einige Diatomeen (Kieselalgen), Ciliaten und Turbellarien (Strudelwürmer), die als holoeuryhaline Organismen bezeichnet werden (griechisch holos, ganz; eurys, breit), weil sie den gesamten Salzgehaltsbereich zwischen Süßwasser und Meerwasser ertragen. Spezifische Brackwasserorganismen kommen dagegen weder im Süßwasser noch im vollsalzigen Meerwasser vor. Wenn man alle im Brackwasser vorkommenden Organismen zusammenzählt, 1) die holoeuryhalinen Organismen, 2) die echten Brackwasserorganismen, 3) die euryhalinen Meeresorganismen und 4) die euryhalinen Süßwasserorganismen, ergibt sich: im Bereich des Horohalinikums (bei 5 bis 8‰ Salzgehalt) ist die Gesamtartenzahl aller Organismen viel geringer als die Artenzahl im salzärmeren Oligohalinikum und auch geringer als die Artenzahl im salzreicheren Mesohalinikum (Abb. 12.5). Es handelt sich beim Horohalinikum um einen extremen Lebensraum.

In Flußmündungsgebieten mit starken Gezeitenströmungen verschiebt sich die Lage der verschiedenen Brackwasserzonen ständig mit Ebbe und Flut und auch mit den Jahreszeiten (Abb. 12.6). Im Frühling nach der Schneeschmelze dringt das Süßwasser weiter seewärts vor als in den trockenen Sommermonaten. Das Süßwasserplankton, welches mit

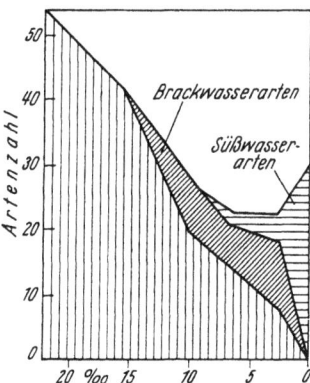

ABB. 12.5. Konkretes Beispiel für die Abnahme der Artenzahl im Brackwasser: Zahl der eulitoralen Nematoden-Arten, die in Küstengebieten der Kieler Bucht und in anschließenden Brackwassergebieten mit verschiedenen Salzgehalten vorkommen. (Aus Gerlach, 1954)

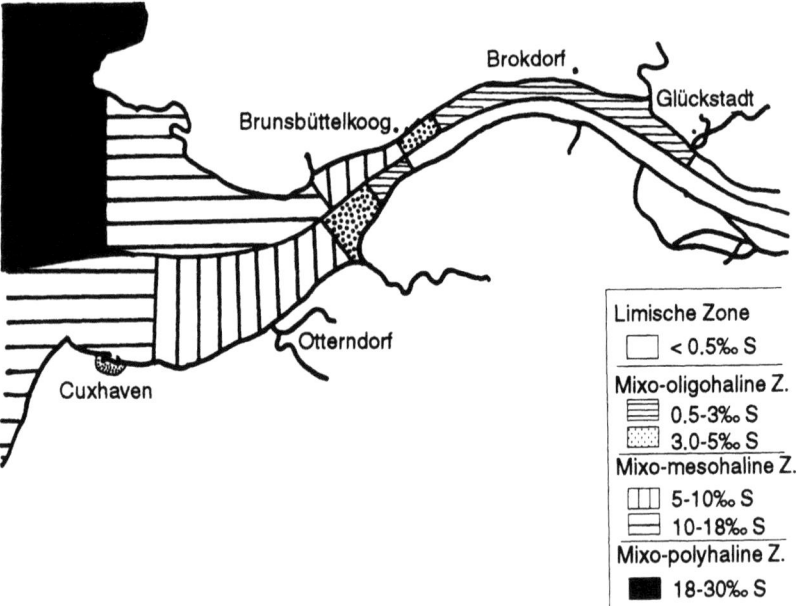

ABB. 12.6. Brackwasser-Zonen in der Elbemündung. Auf der rechten Flußseite (oben) sind die Verhältnisse bei geringem Abfluß im Sommer dargestellt, auf der linken Flußseite (unten) die Verhältnisse bei starkem Süßwasserabfluß im Frühjahr. (Nach Caspers, 1959)

Flußwasser stromab transportiert wird, stirbt im Brackwasser-Bereich ab, ebenso stirbt aber auch das vom Flutstrom stromaufwärts transportierte Meerwasserplankton im Brackwasserbereich ab.

In den Flußmündungsgebieten müssen alle am Meeresboden vorkommenden Organismen mit den kurzfristigen Salzgehaltsschwankungen leben. Dagegen sind in den großen Brackwassermeeren die Verhältnisse stabiler. In der 520 000 km² großen Hudson Bay beträgt im Sommer der Salzgehalt des Oberflächenwassers 23‰. Im Schwarzen Meer (430 000 km²) liegt der Salzgehalt bei 19‰. Diese beiden Binnenmeere liegen also (ebenso wie die Kieler Bucht) im Salzgehaltsbereich 18 bis 30‰, den man als Polyhalinikum (griechisch polys, viel) bezeichnet. In diesem Salzgehaltsbereich kommen zahlreiche Arten aus der Gruppe der euryhalinen Meeresorganismen vor. Die Zentrale Ostsee dagegen hat an der Oberfläche nur einen Salzgehalt von 5 bis 8‰, gehört also zum Horohalinikum (Abb. 9.3). In der Zentralen Ostsee leben deshalb nur fünf Arten der Meeresmuscheln und nur drei Arten der Prosobranchier

(Meeresschnecken); demgegenüber sind aus der vollmarinen Nordsee mehr als 189 Muschelarten und 210 Arten Meeresschnecken bekannt.

12.3 Lebensräume in Lagunen-Flußmündungs-Gebieten

Lagunen und Flußmündungen sind vor der direkten Wirkung der Ozeanwellen geschützt. Der Meeresboden liegt oft flacher als zehn Meter. Schlicksand und Sandschlick überwiegen als Sedimente. Reiner Sand kommt nur dort vor, wo Strömungen oder starker Wellenschlag erodierend wirken. Wo in den Lagunen und Flußmündungsgebieten das Wasser in Bewegung ist, enthält es viel Trübstoffe und resuspendiertes Sediment. Zur Niedrigwasserzeit fallen die Sandbänke und Watten (englisch tidal flats) trocken. Nahe der Niedrigwasserlinie ist die Strömungsgeschwindigkeit des Wassers am größten, hier gibt es die sandigsten Sedimente. Mit dem Flutwasser werden suspendierte Trübstoffe bis zur Hochwasserlinie transportiert. Bei ruhigem Wetter sind die Wasserströmungen dort gering. Trübstoffe setzen sich dann auf den hochgelegenen Watten ab und bilden Schlickböden.

Organismen, die in Lagunen-Flußmündungs-Gebieten leben, sind vergleichsweise tolerant gegenüber schnellen Veränderungen vieler Umweltverhältnisse. Sie ertragen ebenso die heißen Sommertemperaturen wie die Winterkälte. Sie überstehen die Aussüßung des Meerwassers bei starkem Regen oder wenn die Flüsse Hochwasser führen. Im Gezeitenbereich überleben sie die Niedrigwasserperioden, wenn die Watten trocken fallen. Wenn im Winter das Eis über die Watten schrammt oder wenn starke Stürme die sonst gut vor Wellenschlag geschützten Lagunengebiete erodieren und damit den Lebensraum der Benthosorganismen zerstören, wandern nach kurzer Zeit Neubesiedler aus benachbarten Gebieten ein. Die meisten Organismen in den Lagunengebieten sind eurytop (griechisch eurys, breit; topos, der Ort), sie sind nicht auf einen ganz bestimmten Lebensraum festgelegt. Die Borstenwürmer (Polychaeta) *Harmothoe sarsi*, *Chaetozone setosa*, *Notomastus latericeus* und *Glycera capitata* kommen nicht nur im europäischen Wattenmeer und in der flachen Beltsee vor, sie leben auch in 1500 m Wassertiefe am norwegischen Kontinentalhang.

Das Wasser in den Lagunengebieten ist infolge der reichlichen Flußwasserzufuhr und der sturmbedingten häufigen Erosion des Meeresbodens gut mit Pflanzennährstoffen versorgt. Phosphor aus abgesunkenen organischen Partikeln wird am Lagunenboden schnell mineralisiert, besonders im Sommer, wenn die Wassertemperaturen hoch sind. Deshalb gibt es im Wasser vieler Lagunen ein Sommermaximum der Phosphor-Konzentrationen. Das Phytoplankton vermehrt sich in den Lagunen immer dann massenhaft, wenn auch die Lichtverhältnisse günstig sind. Dann können "red tides" entstehen, das sind "Blüten" giftiger Dinoflagellaten. Starke Gezeitenströmungen halten aber im Wattenmeer ständig Trübstoffe in Suspension. In trübes Lagunenwasser dringt das Sonnenlicht nicht tief ein, deshalb kann keine hohe Primärproduktion erfolgen. Man kann deshalb auch nicht verallgemeinernd feststellen, daß die Primärproduktion des Phytoplanktons in Lagunengebieten besonders hoch ist. Für das europäische Wattenmeer rechnet man grob mit einer "C-14-Primärproduktion" von 100 g Kohlenstoff pro Quadratmeter und Jahr.

Auf den Wattflächen, die bei Niedrigwasser trocken liegen, suchen Watvögel nach Würmern und Krebsen. Bei Hochwasser fressen hier Jungfische und Garnelen. Aus den Prielen und aus den anderen dauernd untergetauchten Wattenmeerbereichen holen Tauchenten und Seehunde ihre Nahrung.

Im europäischen Wattenmeer haben Muscheln, Würmer und Krebse eine höhere Sekundärproduktion, liefern mehr Nahrung für räuberische Tiere, als man in Anbetracht der nur mäßig hohen Primärproduktion des Phytoplanktons und des Mikrophytobenthos erwarten sollte. Damit das Lagunenökosystem "funktioniert", damit die Bilanzen ausgeglichen sind, muß zusätzliche Nahrung in das Wattenmeer importiert werden. Nach Ansicht des niederländischen Meeresforschers Henk Postma (1981; 1984) werden mit jeder Flut abgestorbene Planktonorganismen und andere organische Partikel aus der Nordsee in die niederländisch-deutschen Wattengebiete importiert und gleichen das Defizit aus.

Das Schleswig-Holsteinische Wattenmeer ist heute nur noch etwa 2 500 km^2 groß. Bereits bis zum Jahr 1500 waren 850 km^2 eingedeicht worden. Bis 1980 verdoppelte sich die eingedeichte Fläche auf etwa 1 700 km^2. Eingedeicht wurden die hochgelegenen Flächen, besonders die Salzwiesen. Gegenwärtig gibt es im gesamten Wattenmeer zwischen den Niederlanden und Dänemark nur noch etwa 210 km^2 echte Salzwiesen, dazu 90 km^2 hochgelegene Wattflächen mit Queller-Beständen (*Salicornia*). Die Primärproduktion auf diesen Salzwiesen ist hoch. Aber die mit Salzwiesen bedeckten Flächen sind gegenüber 4 400 km^2 regelmäßig trockenfallendem Wattenmeer zwischen Dänemark und den Niederlanden so klein, daß die Salzwiesenproduktion anteilmäßig nur einen geringen Beitrag zur Gesamtproduktion im Wattenmeer liefern kann.

Salzwiesen und Mangrovewälder mit hoher Primärproduktion bedecken jedoch in vielen anderen Lagunen-Flußmündungs-Gebieten noch große Flächen. Ihr Bestandsabfall, Blätter, Halme und Wurzeln sowie organische Partikel in allen Stadien der Zersetzung, gelangt zwangsläufig in die Lagunengebiete. Das organische Material wird dort von Bakterien verwertet oder wird in die vorgelagerten Küstengebiete exportiert. Als die Umweltschützer in den USA begannen, für die Bewahrung der Salzwiesen zu kämpfen, spielte die "Outwelling Hypothese" von John Teal (1962) eine große Rolle. Ihr zufolge beruht der reiche Fischereiertrag in den Küstengebieten der USA zu einem wesentlichen Anteil auf der Primärproduktion in den Salzwiesen. Der Streit, ob mehr organische Partikel aus den Lagunen in die Schelfgebiete exportiert werden, oder aber umgekehrt, ob wie bei der Nordsee mehr Partikel aus den Schelfgebieten in die Lagunen importiert werden, hält noch an. Die Verhältnisse sind anscheinend in jedem Lagunen-Flußmündungs-Gebiet anders.

12.4 Salzwiesen und Mangrovewälder

Setzte der Mensch nicht durch Deichbau eine Grenze, dann würden auch heute noch gelegentlich sehr weit im Binnenland gelegene Landstriche von Sturmfluten verwüstet werden und versalzen. So war es 1164 bei der Julianenflut, als der Jadebusen bis zur Weser durchbrach oder 1362 bei der Marcellusflut, als die Stadt Rungholt im Wattenmeer verschwand und 200 000 Menschen in Nordfriesland ertranken. Nach solchen Katastrophen regeneriert sich die Landvegetation wieder. Sie dringt meerwärts so weit vor, bis ihr der Salzgehalt im Boden oder im Flutwasser eine Grenze setzt. Für viele Landpflanzen ist schon der bloße Kontakt mit Salzwasser schädlich. Salzgischt in der Luft läßt Laubbäume welken. Aber Schilf (*Phragmites*) wächst auch im salzigen Wasser des Wattenmeeres, nämlich an solchen Stellen, wo die Schilfwurzeln süßes Grundwasser im Untergrund erreichen. Wenn dagegen das Grundwasser salzig ist, gelingt es nur den besonders angepaßten Halophyten (griechisch hals, halos, das Salz, phyton, das Gewachsene), den bei allen Gefäßpflanzen notwendigen Wassertransport von den Wurzeln bis in die Blattspitzen zu bewirken.

Mit Ausnahme des Quellers (*Salicornia*) kann man die meisten Halophyten auch auf Böden ohne Salz kultivieren. In der freien Natur sind jedoch auf salzfreien Böden diese Halophyten der Konkurrenz durch die gewöhnliche Vegetation nicht gewachsen. Halophyten speichern das von den Wurzeln aufgenommene Salz oder scheiden es über Salzdrüsen aus. Die Wurzeln einiger Mangrovebäume und einiger anderer Halophyten schaffen es sogar, das aufgenommene Wasser zu entsalzen.

Aus zwanzig Pflanzenfamilien haben sich in den Tropen baumförmige Halophyten entwickelt, die man als Mangroven bezeichnet. Sie sind auf tropische Klimaregionen beschränkt, wo die Mitteltemperatur des kältesten Monats nicht unter 20 °C liegt. An den atlantischen Küsten Afrikas und an den Küsten Südamerikas kommen die Gattungen *Rhizophora*, *Avicennia* und *Laguncularia* vor, im indopazifischen Raum kommen zu *Rhizophora* und *Avicennia* noch *Ceriops, Sonneratia, Bruguiera* und andere hinzu. Die Primärproduktion, also die Menge an Blättern, Zweigen und Holz, die jährlich von den Mangroven gebildet wird, kann 2 kg Trockengewicht pro Quadratmeter übersteigen. Wo in den Tropen genug Regen fällt, geht der Regenwald allmählich in die Mangrovenvegetation über. Die Bäume können 30 m hoch sein. Wo es trockener ist, wird der Mangrovewald landseitig durch einen Streifen mit stark versalzenem Boden begrenzt. Aber sogar an den Wüstenküsten des Roten Meeres gibt es Stellen mit buschförmiger Mangrovenvegetation. Mangroven wachsen im Gezeitenniveau oberhalb und unterhalb vom Mittleren Hochwasser-Niveau. Dort wird der Boden zwar regelmäßig zur Springzeit (nach Voll- und Neumond), aber nicht mehr regelmäßig zur Nippzeit (nach Halbmond) überflutet (Abb. 12.7). Es kommt also vor, daß einige Tage lang der Schlick unter den Mangrovebäumen nicht vom Flutwasser erreicht wird, daß also auch die an den Stelzwurzeln wachsenden Austern und Seepocken trocken bleiben. Die Baumkronen werden ohnehin nicht vom Meerwasser beeinflußt. Insekten, Leguane, Papageien und Affen leben hier als terrestrische Organismen weitgehend unabhängig vom marinen Milieu, es sei denn, daß sie bei Sturm von der salzigen Gischt erreicht werden (Abb. 12.8).

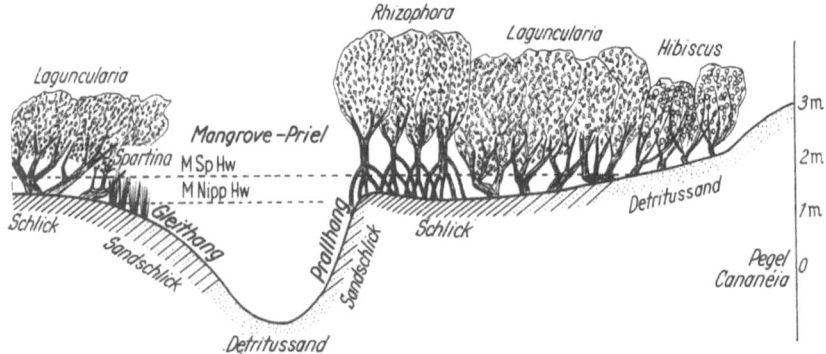

ABB. 12.7. Schnitt durch das Mangrovegebiet des Rio Nobrega bei Cananéia Südbrasilien, mit Angabe der Gezeitenniveaus. (Aus Gerlach, 1958)

Salzwiesen und Mangrovewälder 193

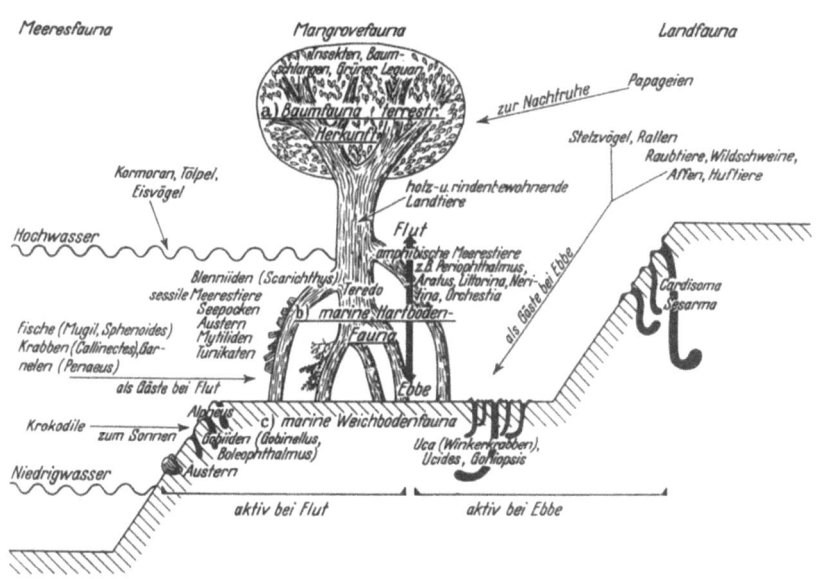

ABB. 12.8. Schema der Mangrove-Lebensräume. a) Eine Baumfauna terrestrischer Herkunft lebt in den Baumkronen. b) Eine marine Hartbodenfauna besiedelt die Stelzwurzeln der Mangroven. c) Eine marine Weichbodenfauna besiedelt den Schlick am Mangroveboden und ist teils zur Hochwasserzeit aktiv (Fische), teils zur Niedrigwasserzeit (Krebse). (Aus Gerlach, 1958)

In den gemäßigten Klimaregionen gibt es Salzwiesen auf demselben Gezeitenniveau des Mittleren Hochwassers, auf dem in den Tropen die Mangroven wachsen. In trockenen Klimaregionen, zum Beispiel am Mittelmeer, kommen in den Salzwiesen verschiedene ausdauernde Quellergewächse (*Salicornia, Arthrocnemon*) vor, in feuchten Klimaregionen wachsen hier neben Salzgräsern viele ausdauernde Kräuter und Zwergsträucher (Abb. 12.9): Strandflieder (*Limonium vulgare*), Meerstrandwegerich (*Plantago maritima*), Strandastern (*Aster tripolium*), Salzkeilmelden (*Halimione portulacoides*) und andere. Sie bilden eine dichte Vegetation, die von Prielen durchzogen wird. Wo allerdings die Salzwiesen intensiv von Schafen beweidet werden, hält sich diese abwechslungsreiche Salzwiesenvegetation nicht. Dann bleiben nur eintönige kurze Rasen des Andelgrases (*Puccinellia maritima*) und des Rotschwingels (*Festuca rubra*) übrig. Die Primärproduktion auf den Salzwiesen wird mit 0,4 kg Trockensubstanz (ungefähr 0,2 kg Kohlenstoff) pro Quadratmeter und Jahr angegeben.

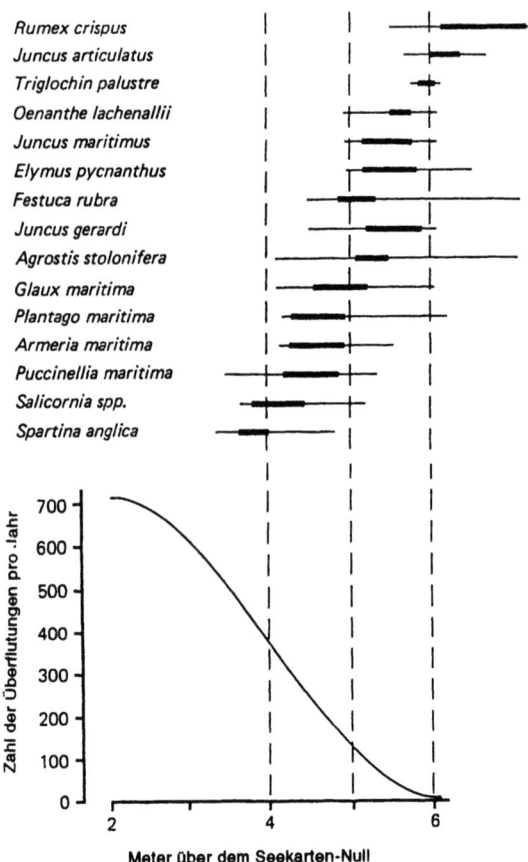

ABB. 12.9. Vorkommen von Salzwiesen-Pflanzen in der Morecambe Bay an der der Irischen See in verschiedenen Höhenlagen über dem mittleren Springtiden-Niedrigwasser. Es wird die Zahl der Überflutungen pro Jahr angegeben. (Nach Gray und Scott, 1987, und Adams, 1990)

Salzwiesenpflanzen werden von pflanzenfressenden Insekten als Nahrung genutzt. Es gibt unter ihnen Spezialisten, die nur ganz bestimmte Arten der Salzwiesenpflanzen fressen. Diese Pflanzenfresser wiederum werden von spezialisierten Schlupfwespen und anderen Parasiten befallen. Ähnlich wie in den Mangroven reicht also auch in den Salzwiesen der Lebensraum der terrestrischen Organismen bis in den Gezeitenbereich hinein. Sie leben dort gewissermaßen im Obergeschoß.

An wärmeren Küsten, zum Beispiel in Südengland und im Südosten der USA, gibt es unterhalb von diesen Salzwiesen bis hinab zum Niveau des mittleren Wasserstandes die "lower saltmarshes", die ausschließlich vom Gras *Spartina* bewachsen werden. Auch in den Tropen gibt es auf den Schlickbänken unterhalb der Mangrovenvegetation *Spartina*-Salzwiesen, deren Halme mehr als einen Meter hoch werden. Dort beträgt die Primärproduktion bis 4 kg Trockensubstanz (ungefähr 2 kg Kohlenstoff) pro Quadratmeter und Jahr. Diese tief gelegenen *Spartina*-Salzwiesen werden Tag für Tag vom Hochwasser überflutet.

Im kaltgemäßigten Klima wächst auf diesem niedrigeren Gezeitenniveau keine ausdauernde höhere Vegetation. Die würde dort in jedem härteren Winter von den Eisschollen vernichtet werden. Im Wattenmeer zwischen den Niederlanden und Dänemark gibt es aber dicht unter dem Niveau des Mittleren Hochwassers den Queller (*Salicornia*) und die Strandsode (*Suaeda*). Das sind einjährige Pflanzen, deren Samen überwintern.

13 Die Grenze Meer—Land

Wo immer an den Küsten der Weltozeane Meer und Land aneinandergrenzen, ändern sich die Lebensbedingungen in doppelter Hinsicht. Erstens ist jede Küste die Grenze zwischen dem salzigen Meereslebensraum und dem nicht-salzigen Landlebensraum. Zweitens grenzt im Küstengebiet der aquatische Meereslebensraum an den terrestrischen Landlebensraum, den man besser als Luftlebensraum bezeichnen sollte. Den terrestrischen Lebensräumen fehlt die Wasserdecke, welche sie vor den abrupten Veränderungen des "Wetters" und vor der Wirkung der ultravioletten Sonnenstrahlen schützt. Dagegen müssen die Organismen im Luftlebensraum mit diesen Bedrohungen fertig werden, müssen auch Stengel, Stämme, Stützskelette und Hebelgliedmaßen entwickeln, weil das Medium Luft nicht wie das Wasser ihr Körpergewicht "trägt", müssen auch auf die Ernährungsweise durch "Suspensionsfressen" verzichten, weil es kein Luftplankton gibt, welches man als Nahrung aus der Luft herausfiltern könnte. Der wichtigste Unterschied zwischen Meer und Land ist aber die "Feuchte", die Wasserdampf-Konzentration der Luft. Dieser Umweltfaktor hat für Wasserorganismen keine Bedeutung, denn die sind ja allseitig vom Wasser umgeben. Aber für das Überleben im Luftlebensraum ist entscheidend, wie die Landorganismen mit der Bedrohung durch die Verdunstung fertig werden, denn ihr Körper besteht ja überwiegend aus Wasser. Statt von Luftfeuchte sollte man besser von Verdunstungsgefahr als Umweltfaktor reden.

Alle an den Küsten lebenden Organismen müssen mit den Wasserstandsänderungen rechnen, die man Gezeiten nennt, wenn sie regelmäßig auftreten (niederdeutsch Tide, englisch tide). Die Zone zwischen Mittlerem Niedrigwasser und Mittlerem Hochwasser definiert man oft als Eulitoral (griechisch eu, gut; litus, litoris, der Strand; englisch: midlitoral oder intertidal zone). Auch an Küsten ohne Gezeiten und an Küsten mit geringen Gezeiten wie in der Kieler Bucht (8 cm Tidenhub) sorgen wechselnde Winde für wechselnde Wasserstände, so daß man auch an solchen Küsten eine eulitorale Zone erkennt. Überall auf der Welt liefern die

Die Grenze Meer—Land

hydrographischen Dienste Vorhersagen für die täglichen Veränderungen des Wasserstandes an den Gezeitenküsten.

Vor Ort wird dann aber durch die jeweilige Exposition gegenüber den Wellen entschieden, auf welchem Höhenniveau tatsächlich bestimmte Organismen siedeln können (Tab. 13.1, Abb. 13.1). Denn bei Sturm reichen an steilen ungeschützten Felsküsten die Wellen mehrere Meter über den aktuellen Meeresspiegel nach oben. Balaniden (Seepocken) der Art *Chthalamus stellatus* leben hoch oben an den Felsen. Sie fangen immer gerade dann Planktonnahrung aus dem Wasser heraus, wenn ihr Siedlungsort von einer Welle erreicht wird. Auch ihre planktischen Mysislarven müssen auf Wellen warten, die sie bis auf das Gezeitenniveau tragen, wo allein sich diese Seepocken erfolgreich ansiedeln können. Tatsächlich könnten sie auch weiter unten am Felsen überleben, aber dort sind sie nicht der Konkurrenz durch andere Seepocken-Arten gewachsen.

Auch noch weiter oben, wohin normalerweise die Wellen nicht reichen, wohin aber die salzige Gischt sprüht, leben noch Meeresorganismen, zum Beispiel die Assel *Ligia* und die Strandschnecke *Littorina neritoides*. Die Felsen werden hier oben von schwarzen Flechten der Gattung *Verrucaria* überzogen. Oft ist die Besiedlung in dieser Zone sehr spärlich oder sie fehlt ganz. Besonders unter der heißen Tropensonne kann man sich ja kaum einen Küstenlebensraum vorstellen, der lebensfeindlicher wäre: wenn die Sonne brennt, heizt sich der Fels stark auf, wenn bei Sturm die Wellen branden, kann sich aus mechanischen Gründen kaum ein Organismus auf

TABELLE 13.1. Bezeichnung der Wasserstände an einer Küste mit Gezeiten. Beispiel: Gezeitendaten für Cuxhaven, 1985. Die Angaben beziehen sich auf das Seekarten-Null (Niveau des Mittleren Springtideniedrigwassers). (Nach Landesamt für Wasserhaushalt und Küsten, 1991)

Höchstes gemessenes Hochwasser seit Beginn der Beobachtungen 1881	683 cm
Höchstes 1985 gemessenes Hochwasser	500 cm
Mittleres Springtidehochwasser 1976–1985	342 cm
Mittleres Tidehochwasser 1985	315 cm
Mittleres Nipptidehochwasser 1976–1985	298 cm
Normal-Null	173 cm
Mittleres Nipptideniedrigwasser 1976–1985	38 cm
Mittleres Tideniedrigwasser 1985	18 cm
Mittleres Springtideniedrigwasser 1976–1985 (= Seekarten-Null auf deutschen Seekarten)	0 cm
Niedrigstes 1985 gemessenes Niedrigwasser	− 101 cm
Niedrigstes gemessenes Niedrigwasser seit Beginn der Beobachtungen 1881	− 229 cm

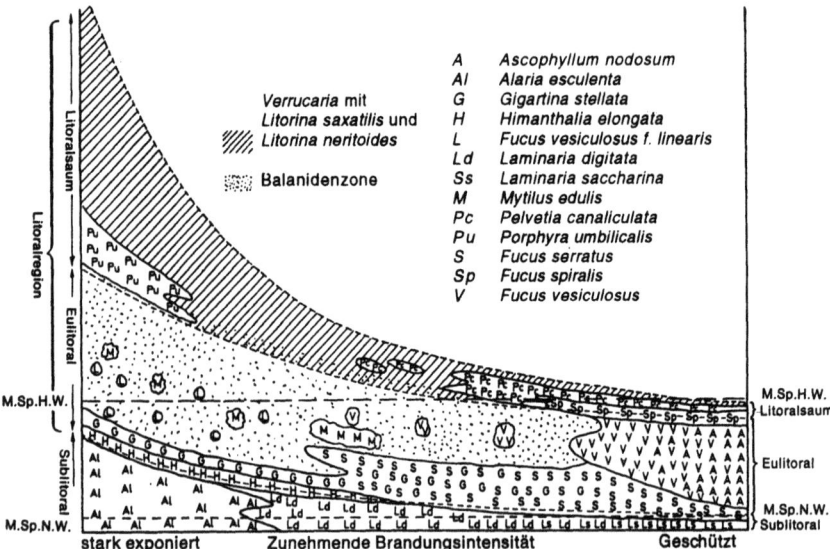

ABB. 13.1. Verbreitung charakteristischer Tier- und Pflanzenarten auf verschiedenen Gezeiten-Niveaus über dem Mittleren Springtideniedrigwasser (M.Sp.N.W.). Das Beispiel stammt von einer britischen Felsküste. An den vor dem Wellenschlag geschützten Stellen sind die Felsen nur bis zum Niveau des Mittleren Springtidehochwassers (M.Sp.H.W.) besiedelt. An geschützten Küsten (rechts) kann man deshalb die Zone zwischen M.Sp.N.W. bis dicht unterhalb vom M.Sp.H.W. als eulitorale Zone bezeichnen. Bei starker Brandungswirkung (links) siedeln sublitorale Tange (*Alaria esculenta*, *Laminaria digitata*) auch noch oberhalb vom M.Sp.N.W.-Niveau. Die Balaniden (Seepocken) dehnen dort ihren Siedlungsbereich bis in die Zone weit oberhalb vom M.Sp.H.W.-Niveau aus. Die von der schwarzen Flechte *Verrucaria* bewachsenen Felszonen (schräg schraffiert) reichen so weit nach oben, wie die Gischt fliegt. Die in der Abbildung als "Litoralsaum" bezeichnete Zone kann man auch als "Supralitoral" bezeichnen. (Nach Tait, 1971)

der Felsoberfläche halten, bei Regen wird der Felsen vom Süßwasser gewaschen.

Die meisten Organismen im Eulitoral nutzen den häufigen Wechsel der Lebensbedingungen im Gezeitenrhythmus. Sie sind entweder nur bei Trockenlage aktiv, also bei den Bedingungen des Luftlebensraumes, oder nur bei Wasserbedeckung, wenn sie wie ein aquatischer Organismus leben können (Abb. 12.8). Jeweils die andere Phase der Umweltbedingungen überleben diese Organismen inaktiv. Sie ziehen sich dann in ihre Gehäuse zurück, verstecken sich in Felsspalten oder verbergen sich in ihren Wohngängen im Sediment (Abb. 13.2). An allen Küsten mit regelmäßigen

Die Grenze Meer—Land

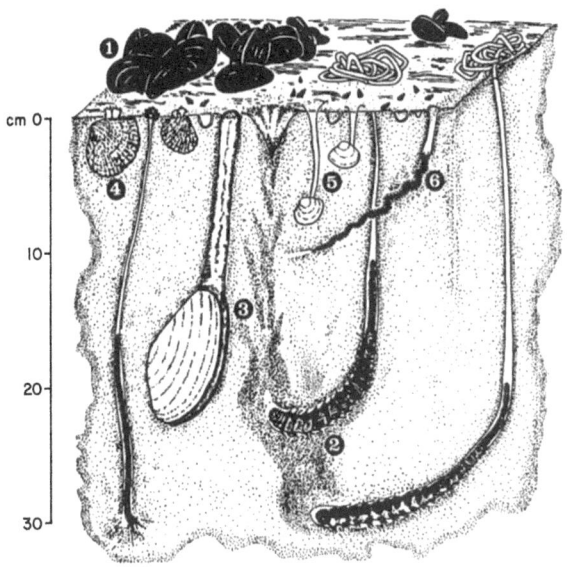

ABB. 13.2. Makrofauna-Tiere des Wattenmeeres, die überwiegend bei Hochwasser aktiv sind, dagegen die Niedrigwasserzeit inaktiv überleben. 1) *Mytilus edulis*, 2) *Arenicola marina*, 3) *Mya arenaria*, 4) *Cerastoderma edule*, 5) *Macoma baltica*, 6) *Nereis diversicolor*, dazu links unten: *Heteromastus filiformis*. (Aus de Wilde und Beukema, 1984)

Gezeiten können sich die Organismen darauf verlassen, daß nach ungefähr 12 Stunden und 25 Minuten (halbtägige Gezeit) oder nach 24 Stunden und 50 Minuten (eintägige Gezeit) ähuliche Verhältnisse wiederkehren (Abb. 13.3). Dann herrscht also entweder wieder Niedrigwasser oder wieder Hochwasser, setzt entweder die Flut (der Anstieg des Wassers) wieder ein, oder es beginnt die Ebbe (das Sinken des Wasserstandes). Nur Wettereinflüsse stören diese Regelmäßigkeit.

Allerdings gibt es dabei noch ein Problem: da von Tag zu Tag die Gezeiten um etwa 50 Minuten verspätet auftreten, verschieben sich Niedrigwasser und Hochwasser jeden Tag um 50 Minuten gegenüber der Tageszeit. Bei halbtägigen Gezeiten treten sie also erst nach gut zwei Wochen wieder zur selben Tageszeit auf. Mit dieser täglichen Verschiebung der Zeit müssen zum Beispiel alle Tiere leben, die nur zur Nachtzeit im Gezeitenbereich aktiv sein können, weil nur dann die Luft feucht genug für ihr Überleben an der Luft ist.

Springtiden mit besonders starkem Tidenhub treten an der deutschen Nordseeküste jeweils einige Tage nach Vollmond und einige Tage nach

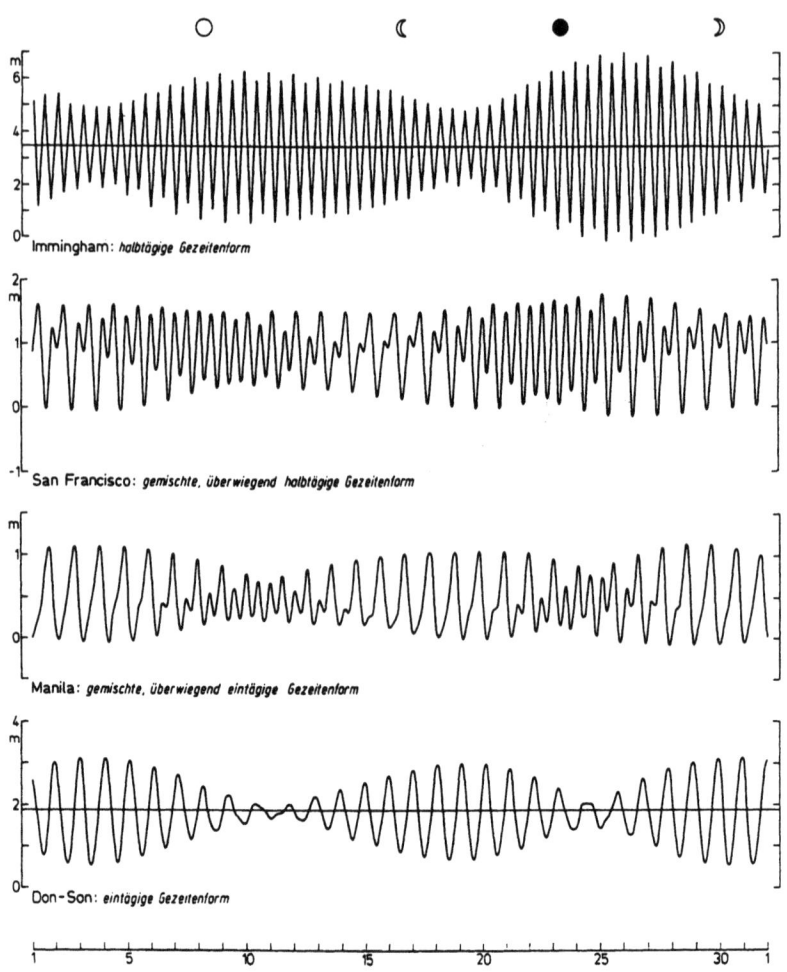

ABB. 13.3. Schematische Darstellung für vier verschiedene Gezeitenformen. Links Wasserstandsveränderungen in 24 Stunden. Rechts: über drei Wochen laufende Pegelaufzeichnungen. (Aus Dietrich, 1994)

Neumond auf (Abb. 13.3). Zuckmücken (Chironomiden) der Gattung *Clunio*, die als Larven im Gezeitenbereich von Felsküsten an der Nordsee leben, schlüpfen nur bei Springtideniedrigwasser, also wenn der Wasserstand extrem niedrig ist. Innerhalb von einer Stunde befreien die zuerst geschlüpften Männchen die flügellosen Weibchen aus der Puppenhülle, denn die Weibchen könnten allein nicht schlüpfen. Die Partner kopulieren, die Weibchen legen Eier, und dann sterben beide, bevor das Wasser

Die Grenze Meer—Land

mit der einsetzenden Flut wieder steigt. Im Experiment konnten Dietrich Neumann und seine Schüler (1983) zeigen, daß Südeuropäische Zuckmückenlarven aus der Phasenverschiebung zwischen Sonnenscheindauer und Mondscheindauer erkennen, wann das nächste springtideniedrigwasser eintreten wird. In Nordeuropa sind jedoch im Sommer die Nächte zu kurz und zu hell, als daß Mondlicht allein ein zuverlässiger Zeitgeber sein könnte. Die nordeuropäischen Zuckmückenlarven registrieren deshalb unmittelbar über die von den Gezeiten bewirkte mechanische Störung, zu welcher Tageszeit jeweils das Niedrigwasser eintritt. Aus der Phasenverschiebung der Niedrigwasserzeit gegenüber der Tageszeit erkennen sie, wann Springtidenniedrigwasser sein wird. Nur so kann die Fortpflanzung der Clunio-Mücken sich alle 15 Tage innerhalb von nur einer Stunde abspielen. Zu anderen Zeiten sinkt der Wasserstand nicht so tief ab, könnten also die aus den Puppen schlüpfenden Mücken ihre Tracheen nicht mit Luft füllen und könnten die geflügelten Männchen nicht zu den Weibchen fliegen (Tab. 13.1).

Ähnlich lebensfeindlich wie wellenexponierte Felsküsten sind alle Strände, die starker Brandung ausgesetzt sind. Im Bereich des Prallhanges können nur wenige Tierarten mit besonderen Anpassungen überleben. Amphipoden (Flohkrebse) der Gattung *Talitrus* verbringen den Tag eingegraben im feuchten Sand nahe der Wasserlinie, wo sie vor der Austrocknung geschützt sind. Nachts, wenn die Luftfeuchtigkeit hoch ist, rennen und hüpfen die Strandflöhe über den Strand und suchen auch dort nach Nahrung, wo der Sand trocken ist. Ihr Sonnenkompaß weist ihnen dann morgens den Weg zurück zum feuchten Sand an der Wasserlinie. Sie graben sich tagsüber jeweils dort ein, wo an diesem Tag die Bedingungen gut sind. Am tropischen Sandstrand lebt die Geisterkrabbe *Ocypode*; sie läuft selbst im prallen Sonnenschein umher und ergänzt immer wieder an der Wasserlinie den Wasservorrat in ihrer Kiemenhöhle. Geisterkrabben können sich aber auch in die Tiefe ihres Wohnbaus zurückziehen. Landeinsiedlerkrebse (*Coenobita*) finden zusätzlich Schutz in dem leeren Gehäuse einer Schnecke. *Birgus*, der Palmendieb, ist als erwachsener Einsiedlerkrebs ein Lehrbuchbeispiel, wie vollkommen die Anpassungen eines Meerestieres an das Luftleben sein können: er braucht das Meer nicht. Aber seine Larven setzt *Birgus* im Meerwasser ab, denn nur dort entwickeln diese sich.

Man hat darüber gestritten, ob es oberhalb des Eulitorals noch eine eigene Zone "Supralitoral" (lateinisch super, über) gibt oder ob nach oben hin das Eulitoral lediglich in zunehmendem Maße von terrestrischen Organismen besiedelt wird. Dann würde man nur von einer supralitoralen Grenzzone (englisch supralitoral fringe) oder von einem Litoralsaum sprechen. Hat man nur die extrem "lotischen" Lebensräume (lateinisch lotus, gewaschen) des Felslitorals und des Brandungsstrandes im Auge, dann fällt es in der Tat schwer, eine eigene supralitorale Zone zu begründen. Aber in den "lenitischen" Lebensräumen (lateinisch lenitas, die Milde), wo die Wellenwirkung geringer ist, gibt es tatsächlich eine eigenständige supralitorale Fauna.

In den tropischen Mangrovengebieten besiedeln brachyure Krebse mit extremen Anpassungen an die Luftatmung (*Sesarma* und *Cardisoma*) den Übergangsbereich zwischen der Mangrovenregion und der terrestrischen Vegetation, der nur selten überflutet wird. Das Sediment ist hier in der Regel sandig. In der südbrasilianischen Mangrove gehören von den in dieser Zone im Lückensystem des Sandes lebenden Nematoden (Fadenwürmern) 16% zu solchen Arten, die an anderen Küsten den hochgelegenen "Cyanophyceensand"bevölkern (siehe unten). Ähnlich sind die Verhältnisse in den Salzwiesen der deutschen Küsten. Martin Bilio (1965) fand dort eine reiche Meiofauna, die aus nicht weniger als 105 Arten besteht (1 Hydrozoa, 31 Turbellaria, 51 Nematoda, 1 Nemertinea, 2 Polychaeta, 6 Halacarida, 2 Ostracoda, 11 Copepoda). In der Zone des oberen Andelrasens und im anschließenden Rotschwingelrasen lebt, ähnlich wie in den Randgebieten der Mangrove, eine Meiofauna, welche der Meiofauna im "Cyanophyceensand" entspricht. In der Zone des unteren Andelrasens überwiegen dagegen die Meerestiere. Innerhalb des Andelrasens gibt es also eine Faunengrenze.

Als "Cyanophyceensand" bezeichnet man die oft nur einen Meter breite Zone am Sandstrand, wo der Sand unter einer dünnen weißen Schicht durch Cyanobakterien grün gefärbt ist. Diese Zone liegt an der deutschen Nordseeküste und an der deutschen Ostseeküste so hoch, daß sie nur an 10 bis 30 Tagen im Jahr, also nur bei besonders hohen Wasserständen überflutet wird. Die Porenräume zwischen den Sandkörnern sind nur teilweise mit brackigem Grundwasser gefüllt, welches durch Kapillarkräfte aufsteigt und an der Sandoberfläche verdunstet. Ein Teil der Poren enthält Luft. An den deutschen Küsten kommen mindestens 96 verschiedene Arten der Meiofauna im Cyanophyceensand vor, davon wurden 62 Arten bei Untersuchungen auf Amrum, 80 bei Untersuchungen am Ufer der Kieler Bucht gefunden. 14 der gefundenen Arten kann man als Brackwasserarten charakterisieren. Diese Arten leben also nicht nur im Cyanophyceensand, sondern kommen zum Beispiel in der brackigen Schlei auch in der eulitoralen Zone vor (Abb. 12.5).

Verwunderlich ist diese Übereinstimmung zwischen der Brackwasserfauna und der Fauna der supralitoralen Zone nicht. Denn nur bei Überflutungen wird das Supralitoral mit Meerwasser von normalem

Die Grenze Meer—Land

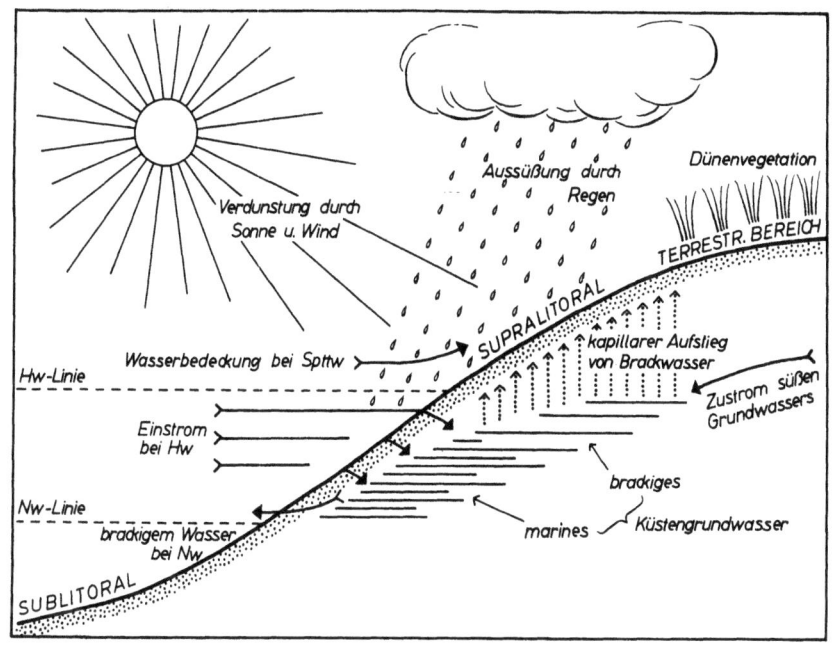

ABB. 13.4. Schema der Lebensstätten am Sandstrand und im Küstengrundwasser. (Aus Gerlach, 1963)

Salzgehalt bedeckt. In der Zeit zwischen den einzelnen Überflutungen wird das Lückensystem des Cyanophyceensandes vom Regenwasser und vom kapillar aufsteigenden Grundwasser beeinflußt. Das Grundwasser ist im Übergangsgebiet zwischen den Meereslebensräumen und den Landlebensräumen brackig (Abb. 13.4).

Wo an der Kieler Außenförde seit den olympischen Segelwettkämpfen 1972 die Betonlandschaft des Olympiazentrums Schilksee die Küste bildet, entdeckten Anfang der dreißiger Jahre Adolf Remane und Erich Schulz unter dem damals dort noch vorhandenen grobsandigen Strand den Lebensraum "Küstengrundwasser". Sie gruben Löcher bis hinab zum Grundwasserspiegel, manchmal zehn Meter von der Wasserlinie entfernt. Sie filterten das bräunlich gefärbte brackige Grundwasser durch ein Planktonnetz und fingen so auch die Tiere auf, die aus dem feuchten Sand darüber in das Grundwasser geschwemmt worden waren. Die Bezeichnung "Küstengrundwasser" für diesen Lebensraum ist nämlich etwas irreführend, denn er erstreckt sich auf das Porenwasser im gesamten Feuchtsandbereich zwischen der Strandoberfläche und dem Grundwasserspiegel (Abb. 13.5).

ABB. 13.5. Der Verfasser 1953 bei der Bearbeitung des Küstengrundwassers am Strand der Biskaya. (Foto Claude Delamare Deboutteville)

Neben vielen anderen für die Wissenschaft neuen Meiofaunatieren entdeckten Remane und Schulz auch zwei bemerkenswerte Polychaeten mit abweichendem Körperbau: *Stygocapitella subterranea* und *Diurodrilus subterraneus*. Nach dem Kriege wurde an vielen anderen Küsten der Weltozeane, überall, wo sauberer grober Sand den Strand bildet, nachgewiesen, daß es auch dort eine spezielle "Küstengrundwasser"-Fauna gibt: sie besteht aus Turbellaria, Nematoda, Mystacocarida, Copepoda, spezialisierten Amphipoda und Isopoda. Diese Fauna hat enge Beziehungen zur Fauna sublitoraler Grobsandgebiete. Zwar sind die im Küstengrundwasser vorkommenden Arten verschieden von den sublitoralen Arten, aber vielfach sind es doch die gleichen Gattungen, welche sowohl Vertreter im feuchten Sand unter dem Strand als auch in 20 m Wassertiefe im sublitoralen Grobsand haben.

In vielen Strandregionen hat das Küstengrundwasser einen geringeren Salzgehalt als das Meerwasser, weil von Land her süßes Grundwasser zuströmt. Man findet deshalb im Küstengrundwasser auch Nematoden aus terrestrischen Gattungen. Aber einige der spezifischen Nematodenarten des Küstengrundwassers kommen auch am Strand der Insel Sarso (Rotes Meer) vor, wo es nur selten regnet. Im feuchten Sand 40 bis 70 cm tief unter der Strandoberfläche ist dort wegen der ständigen Verdunstung der Salzgehalt des Porenwassers doppelt so hoch wie der des Meerwassers. Unter den Nematoden gab es nicht weniger als 16 Arten, die bereits bei früheren Untersuchungen an den Küsten anderer Meere im Lebensraum "Küstengrundwasser" gefunden worden waren. Diese Verhältnisse wurden 1964 während der ersten Expedition des deutschen Forschungsschiffes "Meteor" untersucht.

Die Fauna des Küstengrundwassers ist also eigenständig, man kann sie nicht einfach als Brackwasserfauna oder als Fauna der supralitoralen Zone klassifizieren. Beim Küstengrundwasser handelt es sich um ein Refugium, wo spezialisierte Vertreter der marinen Meiofauna bessere Lebensbedingungen finden als in der eulitoralen Zone mit ihren extremen Schwankungen.

Literatur

Weiterführende Literatur und Quellenangaben von Zitaten, Tabellen und reproduzierten Abbildungen

Vorwort

Barnola JM, Raynaud D, Korotkevich YS, Lorius C (1987) Vostoc ice core provides 160,000-year record of atmospheric CO_2. Nature 329: 408-414
Folland, CK, Karl, TR, Nicholls, N, Nyenzi, BS, Parker, DE, Vinnikov, KYa (1992) Observed climate variability and change. S 135-170 in: Climate change 1992. The supplementary report to the IPCC scientific assessment (Houghton, JT, Callander, BA, Varney, SK, Herausgeber). Cambridge University Press, Cambridge
Gassmann F (1994) Was ist los mit dem Treibhaus Erde. vdf Verlag der Fachvereine an den schweizerischen Hochschulen und Techniken, Zürich und B. G. Teubner Verlagsgesellschaft, Leipzig, 168 S
Graßl H, Klingholz R (1990) Wir Klimamacher. Auswege aus dem globalen Treibhaus. S. Fischer Verlag, Frankfurt am Main, 296 S
Hansen J, Lebedeff S (1987) Global trends of measured surface air temperature, J geophys Res 92 D 11:13345-13372
Siegenthaler U, Sarmiento JL (1993) Atmospheric carbon dioxide and the ocean. Nature 365:119-125
Weiner J (1990) Die nächsten 100 Jahre. Wie der Treibhauseffekt unser Leben verändern wird. C. Bertelsmann, München, 336 S

KAPITEL 1 Einleitung

Dietrich G, Kalle K, Krauss W, Siedler G (1975) Allgemeine Meereskunde. Eine Einführung in die Ozeanographie. Borntraeger Verlag, Berlin und Stuttgart, 593 S
Fenchel T (1969) The ecology of marine microbenthos IV. Structure and function of the benthic ecosystem, its chemical and physical factors and the microfauna communities with special reference to the ciliated Protozoa. Ophelia 6:1-182
Grasshoff K (1974) The hydrochemistry of landlocked basins and fjords. S 455-697 in: Chemical oceanography (2. Auflage) Band 2 (Riley, JP, Skirrow, G, Herausgeber). Academic Press, London usw.
Jerlov NG (1978) The optical classification of sea water in the euphotic zone. Report Institut for fysisk Oceanografi, Copenhagen University 36:46 S
Lüning K (1985) Meeresbotanik. Verbreitung, Ökophysiologie und Nutzung der marinen Meeresalgen. G. Thieme Verlag, Stuttgart und New York, 375 S

Meyer-Reil, LA, Köster, M (1993) Mikrobiologie des Meeresbodens. Gustav Fischer Verlag, Jena usw., 290 S
Parsons TR, Takahashi M, Hargrave B (1984) Biological oceanographic processes (3. Auflage). Pergamon Press, Oxford usw., 330 S
Zeitzschel B (1978) Oceanographic factors influencing the distribution of plankton in space and time. Micropalaeontology 24:139–159

KAPITEL 2 Die nährstoffarme Hochsee der warmen Meere

Beebe W (1940) 923 Meter unter dem Meeresspiegel. 9. Auflage. Brockhaus, Leipzig, 255 S
Berger WH (1989) Appendix. Global maps of ocean productivity. S 429–455 in: Productivity of the ocean: present and past (Berger, WH, Smetacek, VS, Wefer, G, Herausgeber). Dahlem Workshop Reports, Life Sciences Research Report 44. John Wiley & Sons, Chichester usw.
Berger WH, Wefer G (1992) Flux of biogenous materials to the seafloor: open questions. S 285–304 in: Use and misuse of the seafloor (Hsü, KJ, Thiede, J, Herausgeber). Dahlem Workshop Reports, Environmental Sciences Research Report 11. John Wiley & Sons, Chichester usw.
Berger WH, Fischer K, Lai C, Wu G (1987) Ocean productivity and organic carbon flux. Part I. Overview and maps of primary production and export production. SIO (University of California, Scripps Institution of Oceanography) Reference Series 87–30, 67 S
Blackburne M (1981) Low latitude gyral regions. S 3–30 in: Analysis of marine ecosystems (Longhurst, AR, Herausgeber). Academic Press, London usw.
Dietrich G, Ulrich, J (1968) Atlas zur Ozeanographie. Meyers Großer physikalischer Weltatlas Band 7. Bibliographisches Institut, Mannheim, 75 S
Hempel G (1979) Meeresfischerei als ökologisches Problem. Vorträge Rheinisch-Westfälische Akademie der Wissenschaften 283, 48 S
Mann KH (1984) Fish production in open ocean ecosystems. S 435–458 in: Flows of energy and materials in marine ecosystems. Theory and practice (Fasham, MJR, Herausgeber). Plenum Press, New York und London
Moiseev PA (1971) The living resources of the world ocean. Russisch, Moskau 1969, engl. Übersetzung Israel Program for Scientific Translation, Jerusalem, 334 S
Pérès JM (1982) Chapter 6. Major pelagic assemblages (S 187–311) und Chapter 7, Specific pelagic assemblages (S 313–372) in: Marine ecology (Kinne, O, Herausgeber), Band 5 Teil 1. John Wiley & Sons, Chichester usw.
Pollehne F, Klein B, Zeitzschel B (1993) Low light adaptation and export production in the deep chlorophyll maximum layer in the northern Indian Ocean. Deep-Sea Research Part II Topical studies in oceanography 40, 737–752
Tett P (1977) Marine production. S 1–45 in: The marine environment (Lenihan, J, Fletcher, WW, Herausgeber). Blackie, Glasgow und London
Vinogradov ME (1968) Vertical distribution of oceanic zooplankton (russisch). Izdat Nauka, Moskau

KAPITEL 3 Auftriebsgebiete

Arntz WE, Fahrbach E (1991) El Niño, Klimaexperiment der Natur. Physikalische Ursachen und biologische Folgen. Birkhäuser Verlag, Basel usw, 264 S

Cushing DH (1971) Upwelling and the production of fish. S 255-334 in: Advances in marine biology (Russel, FS, Yonge, M, Herausgeber). Academic Press, London und New York
Gulland JA (1983) World resources of fisheries and their management. S 839-1061 in: Marine ecology (Kinne, O, Herausgeber), Band 5, Teil 2. John Wiley & Sons, Chichester usw.
Hartline BK (1980) Coastal upwelling: physical factors feed fish. Science (N. Y.) 208:38-40
Lenz J (1981) Produktionsbiologische Bedeutung von Auftriebsvorgängen im Meer. Naturwissenschaftliche Rundschau 34:405-413
Longhurst AR (1971) The clupeid resources of tropical seas. S 349-385 in: Oceanography and marine biology annual review (Barnes, H, Herausgeber). George Allen & Urwin, London
Mittelstaedt E (1986) Upwelling regions. S 135-166 in: Landolt-Börnstein, Zahlenwerte und Funktionen aus Naturwissenschaft und Technik, Neue Serie, Band 3 Ozeanographie, Teilband 3 c (Sündermann, J, Herausgeber). Springer-Verlag, Heidelberg usw.
Munk W (1955) Scientific American 193 (3):96
Rowe GT (1981) The benthic processes of coastal upwelling ecosystems. S 464-471 in: Coastal upwelling (Richards, FR, Herausgeber). American Geophysical Union, Washington D. C.
Seibold E, Berger WH (1993) The sea floor. An introduction to marine geology. (2. Auflage). Springer-Verlag, Berlin usw., 356 S
Vinogradov ME (1983) Open-ocean ecosystems. S 657-737 in: Marine ecology (Kinne, O, Herausgeber) Band. 5, Teil 2. John Wiley & Sons, Chichester usw.
Zuta S, Rivera T, Bustamante A (1978) Hydrologic aspects of the main upwelling areas off Peru. S 235-257 in: Upwelling ecosystems (Boje, R, Tomczak, M, Herausgeber). Springer-Verlag, Heidelberg

KAPITEL 4 Die Hochsee der kalten Meere

Dahms HU (1992) Leben im gläsernen Labyrinth - polares Meereis und seine Bewohner. Natur und Museum 122:17-34
Dietrich G, Ulrich J (1968) Atlas zur Ozeanographie. Meyers großer physikalischer Weltatlas Band 7. Bibliographisches Institut, Mannheim, 75 S
El-Sayed SZ (1990) Chapter 8 Plankton. S 207-240 in: Antarctic sector of the Pacific (Glasby, GP, Herausgeber). Elsevier, Amsterdam usw.
Hempel G (1985) On the biology of polar seas, particularly the Southern Ocean. S 3-33 in: Marine biology of polar regions and effects of stress on marine organisms (Gray, J, Christiansen, ME, Herausgeber). John Wiley & Sons, Chichester
Horner RA, Herausgeber (1985) Sea ice biota. CRC Press, Boca Raton, Florida, 215 S
Mann KH, Lazier JRN (1991) Dynamics of marine ecosystems. Biological-physical interactions in the oceans. Blackwell Scientific Publications, Oxford usw., 466 S
Marschall HP (1988) The overwintering strategy of Antarctic krill under the pack-ice of the Weddell Sea. Polar Biology 9:129-135
Maykut GA (1985) The ice environment. S 22-82 in: Sea ice biota (Horner, RA, Herausgeber). RC Press, Boca Raton, Florida
Patterson SL, Whitworth T (1990) Chapter 3 Physical oceanography. S 55-93 in:

Antarctic sector of the Pacific (Glasby, GP, Herausgeber). Elsevier, Amsterdam usw.
Remmert H (1980) Arctic animal ecology. Springer-Verlag, Berlin usw., 250 S
Smetacek V (1991) Die Primärproduktion der marinen Plankton-Algen. S 34–44 in: Biologie der Meere (Hempel, G, Einleitung), Spektrum-Verlag, Heidelberg
Smetacek V, Scharek R, Nöthig, EM (1990) Seasonal and regional variation in the pelagial and its relationship to the life history cycle of krill. S 103–114 in: Antarctic ecosystems. Ecological change and conservation (Kerry, KR, Hempel, G, Herausgeber). Springer-Verlag, Berlin usw.
Smith WO Jr, Sakshaug E (1990) Polar phytoplankton. S 477–525 in: Polar oceanography (Smith, WOJr, Herausgeber), Academic Press, San Diego usw.
Smith WO Jr, Herausgeber (1990) Polar oceanography. Academic Press, San Diego usw., 760 S
Smith WO Jr, Keene NK, Comiso JC (1988) Interannual variability in estimated primary production of the Antarctic marginal ice zone. S 131–139 in: Antarctic ocean and resources variability (Sahrhage, D, Herausgeber). Springer-Verlag, Berlin usw.
Spindler M (1988) A comparison of Arctic and Antarctic sea ice and the effects of different properties of sea ice biota. S 173–186 in: Geological history of the polar oceans: Arctic versus Antarctic (Bleil, U, Thiede, J, Herausgeber). Kluwer Academic Publishers, Dordrecht
Spindler M (1991) Mikroorganismen in extremen Lebensräumen. Polares Meereis. Biologie in unserer Zeit 21 (1): 49–51
Spindler M, Diekmann GS (1991) Das Meereis als Lebensraum. Spektrum der Wissenschaft Februar 1991: 48–57
Sullivan CW, McClain CR, Comiso JC, Smith WO Jr (1988) Phytoplankton standing crops within an Arctic ice edge assessed by satellite remote sensing. J. Geophys. Res. 93 (C10): 12487–12498

KAPITEL 5 Die Tiefsee

Belyayev GM, Vinogradova NG, Levenshyteyn RY, Pasternak FA, Sokolowa MN, Filatova ZA (1973) Distribution patterns of deep water bottom fauna related to the idea of the biological structure of the ocean. Oceanology (englische Übersetzung von Okeanologiya, Amer. Geophysic. Union) 13: 114–120
Broecker WS, Peng TS (1982) Tracers in the sea. Lamont-Doherty Geological Observatory, Columbia University, Palisades, New York, 690 S
Dietrich G, Kalle K, Krauss W, Siedler G (1975) Allgemeine Meereskunde. Eine Einführung in die Ozeanographie. Borntraeger Verlag, Berlin und Stuttgart, 593 S
Gage JD, Tyler PA (1991) Deep-sea biology. A natural history of organisms at the deep-sea floor. Cambridge University Press, Cambridge usw, 504 S
Graf G (1989) Benthic-pelagic coupling in a deep-sea benthic community. Nature (London) 341: 437–439
Lemche H, Hansen B, Madsen FJ, Tendal O, Wolff T (1976) Hadal life as analyzed from photographs. Vidensk. Meddr. dansk naturh. Foren. 139: 263–336
Lochte K (1993) Mikrobiologie von Tiefseesedimenten. S 258–282 in: Mikrobiologie des Meeresbodens (Meyer-Reil LA, Köster M, Herausgeber). Gustav Fischer Verlag, Jena usw.

Romankevich EA (1984) Geochemistry of organic matter in the ocean. Springer-Verlag, Berlin usw., 334 S
Romero-Wetzel M, Gerlach SA (1992) Abundance, biomass, size-distribution and bioturbation potential of deep-sea macrozoobenthos on the Vöring-Plateau (1200–1500 m, Norwegian Sea). Meeresforschung 33:247–265
Rowe GT, Herausgeber (1983) Deep-sea biology. John Wiley & Sons, New York usw., 560 S
Smith KL, Hinga KR (1983) Sediment community respiration in the deep sea. S 331–370 in: Deep-sea biology (Rowe, GT, Herausgeber). John Wiley & Sons, New York usw.
Thorson G, Nielsen C, Ockelmann K (1979) Infaunaen, den jaevne havbunds dyresamfund. S 82–157 in: Danmarks Natur: Havet, 3. Auflage (Nørrevang A, Lundø J, Herausgeber). Politikens Forlag, Kopenhagen
Turner RD (1973) Wood-boring bivalves, opportunistic species in the deep-sea. Science (New York) 180:1377–1379
Vinogradov ME, Tseitlin VB (1983) Deep-sea pelagic domain (aspects of bioenergetics). S 123–165 in: Deep-sea biology (Rowe, GT, Herausgeber). John Wiley & Sons, New York usw.

KAPITEL 6 Lebensräume mit Schwefelwasserstoff und Methan als Energiequellen

Childress JJ, Herausgeber (1988) Hydrothermal vents. A case study of the biology and chemistry of a deep-sea hydrothermal vent of the Galapagos Rift. Deep-Sea Research 35:1677–1849
Dando PR, Austen MC, Burke RAJr, Kendall MA, Kennicutt MCII, Judd AG, Moore DC, O'Hara, SCM, Schmaljohann, R, Southward, AJ (1991) Ecology of a North Sea pockmark with an active methane seep. Mar. Ecol. Progr. Ser. 70:49–63
Gage JD, Tyler PA (1991) Deep-sea biology. A natural history of organisms at the deep-sea floor. Cambridge University Press, Cambridge usw., 504 S
Grassle JF (1986) The ecology of deep-sea hydrothermal vent communities. S 302–362 in: Advances in marine biology (Blaxter, JHS, Southward AS, Herausgeber). Academic Press, London usw.
Hovland M (1990) Do carbonate reefs form due to fluid seepage? Terra Nova 2:8–18
Jensen P, Aagaard I, Burke RAJr, Dando PR, Jørgensen NO, Kuijpers A, Laier T, O'Hara SCM, Schmaljohann R (1992) "Bubbling reefs" in the Kattegat: carbonate-cemented rocks support a diverse ecosystem at methane seeps. Mar. Ecol. Progr. Ser. 83:103–112
Laubier L (1986) Des oasis au fond des mers. Collections "Science et Découvertes", Le Rocher, Paris
Schmaljohann R (1993) Mikrobiologische Aspekte von Fluid- und Gasaustritten. S 221–257 in: Mikrobiologie des Meeresbodens (Meyer-Reil LA, Köster M, Herausgeber). Gustav Fischer Verlag, Jena usw.
Schmaljohann R, Faber E, Whiticar MJ, Dando PR (1990) Co-existence of methane- and sulphur-based endosymbioses between bacteria and invertebrates at a site in the Skagerrak. Mar. Ecol. Progr. Ser. 61:119–124
Scott SD (1992) Polymetallic sulfide riches from the deep: fact or fallacy? S 87–115 in: Use and misuse of the seafloor (Hsü, KJ, Thiede, J, Herausgeber). Dahlem

Workshop Reports. Environmental Sciences Research Report 11. John Wiley & Sons, Chichester usw.
Suess E, Carson B, Ritger SD, Moore JC, Jones ML, Kulm LD, Cochrane GR (1985) Biological communities at vent sites along the subduction zone off Oregon. Biol Soc. Wash. Bull. 6:475–484
Tivey MK (1991) Hydrothermal vent systems. Oceanus 34 (4):68–74
Wilmot DB, Vetter RD (1990) The bacterial symbiont from the hydrothermal vent tubeworm *Riftia pachyptila* is a sulfide specialist. Mar. Biol. 106:273–283

KAPITEL 7 Der Kontinentalschelf und die Schelfmeere

Glémarek M (1973) The benthic communities of the European North Atlantic continental shelf. Oceanogr. mar. Biol. Annu. Rev. 11:263–289
Graf G (1992) Benthic-pelagic coupling: a benthic view. Oceanogr. mar. Biol. Annu. Rev. 30:149–190
Gray JS (1984) Ökologie mariner Sedimente. Eine Einführung. Springer-Verlag, Berlin usw., 193 S
Kremling K, Pohl C (1989) Studies on the spatial and seasonal variability of dissolved cadmium, copper and nickel in North-East Atlantic surface waters. Mar. Chemistry 27:43–60
Künitzer A, Basford D, Craeymeersch JA, Dewarumez JM, Dörjes J, Duineveld GCA, Eleftheriou A, Heip C, Herman P, Kingston P, Niermann U, Rachor E, Rumohr H, de Wilde PAJ (1992) The benthic infauna of the North Sea: species distribution and assemblages. ICES J. mar. Sci. 49:127–143
Postma H, Zijlstra JJ, Herausgeber (1988) Ecosystems of the world Band 27: Continental shelves. Elsevier, Amsterdam usw., 421 S
Rowe GT, Smith S, Falkowski P, Whitledge T, Theroux R, Phoel W, Ducklow H (1986) Do continental shelves export organic matter? Nature (Lond.) 324:559–561
Thorson G, Nielsen C, Ockelmann K (1979) Infaunaen, den jaevne havbunds dyresamfund. S 82–157 in: Danmarks Natur: Havet, 3. Auflage (Nørrevang, A, Lundø, J, Herausgeber). Politikens Forlag, Kopenhagen
Tokioka T (1979) Neritic and oceanic plankton. S 126–143 in: Zoogeography and diversity of plankton (van der Spoel, S, Pierrot-Bults, AC, Herausgeber). Edward Arnold, London
Walsh JJ (1988) On the nature of continental shelves. Academic Press, San Diego usw., 520 S
Walsh JJ, Herausgeber (1988) Shelf edge exchange processes of the Mid-Atlantic Bight. Continental Shelf Res. 8:433–946
Wollast R (1991) The coastal organic carbon cycle: fluxes, sources, and sinks. S 365–381 in: Ocean margin processes in global change (Mantoura, RFC, Martin, JM, Wollast, R, Herausgeber). John Wiley & Sons, Chichester usw.

KAPITEL 8 Fallstudie: Die Nordsee

Backhaus J, Bartsch J, Damm P, Hainbucher D, Pohlmann T, Quadfasel D, Wegner, G (1988) Hydrographische Bedingungen und Zirkulation in der Nordsee im Winter und Frühjahr 1987/88: eine physikalische Hintergrundstudie zur extremen Phytoplanktonblüte im Frühjahr 1988. Inst. Meereskunde Univ. Hamburg, Techn. Report 3-88, 51 S

Bartsch J (1988) Numerical simulation of the advection of vertically migrating herring larvae in the North Sea. Meeresforschung 32:30–45
Corten A (1990) Long-term trends in pelagic fish stocks of the North Sea and adjacent waters and their possible connection to hydrographic changes. Netherlands Journal of Sea Research 25:227–235
Cushing DH (1975) Marine ecology and fisheries. Cambridge Univ. Press, Cambridge usw., 278 S
Daan N, Bromley PJ, Hislop JRG, Nielsen NA (1990) Ecology of North Sea fish. Netherlands Journal of Sea Research 26: 43–386
Gerlach SA (1990a) Stickstoff, Phosphor, Plankton und Sauerstoffmangel in der Deutschen Bucht und in der Kieler Bucht. Berichte Umweltbundesamt 4/90. Erich Schmidt-Verlag, Berlin, 357 S (auch in englischer Übersetzung: Kieler Meeresforschungen Sonderband 7, 341 S, 1990)
Gerlach SA (1990b) Flußeinträge und Konzentrationen von Phosphor und Stickstoff und das Phytoplankton der Deutschen Bucht. Vorträge Rheinisch Westfälische Akademie der Wissenschaften (N) 382:7–20
Hainbucher D, Portmann T, Backhaus J (1987) Transport of conservative passive tracers in the North Sea: first results of a circulation and transport model. Continental Shelf Res. 7:1161–1179
Hartwig E, Köth T, Prüter J, Schrey E, Vauk G, Vauk-Hentzelt E (1990) Seevögel. S 305–319 in: Warnsignale aus der Nordsee (Lozán, JL, Lenz, W, Rachor, E, Watermann, B, von Westernhagen, H, Herausgeber). Verlag Paul Parey, Berlin und Hamburg
Joint J, Pomroy A (1993) Phytoplankton biomass and production in the southern North Sea. Mar. Ecol. Progr. Ser. 99:169–182
Johnston R (1973) Nutrients and metals in the North Sea. S 293–307 in: North Sea science (Goldberg, ED, Herausgeber). MIT-Press, Cambridge Mass.
Lozán JL, Lenz W, Rachor E, Watermann B, von Westernhagen H, Herausgeber (1990) Warnsignale aus der Nordsee. Verlag Paul Parey, Berlin und Hamburg, 428 S
Möller H, Schröder S (1987) Neue Aspekte der Anisakiasis in Deutschland. Arch. Lebensmittelhygiene 38:121–128
Nelissen PHM, Stefels J (1988) Eutrophication in the North Sea. NIOZ (Nederlands Instituut voor Onderzoek der Zee) Rep. 1988-4, 100 S
Radach G, Berg J, Hagmeier E (1990) Long-term changes of the annual cycles of meteorological, hydrographic, nutrient, and phytoplankton time series at Helgoland and LV Elbe 1 in the German Bight. Continental Shelf Res. 10:305–328
Reijndeers PJH, Ries EH, Traut IM (1990) Robbenbestände. S 320–324 in: Warnsignale aus der Nordsee (Lozán, JL, Lenz, W, Rachor, E, Watermann, B, von Westernhagen, H, Herausgeber). Verlag Paul Parey, Berlin und Hamburg
Tiews K (1978) On the disappearance of Bluefin Tuna in the North Sea and its ecological implications for herring and mackerel. Rapp. P.-v. Réun. Cons. int. Explor. Mer 172:301–309
Weber W, Ehrich S, Dahm E (1990) Beeinflussung des Ökosystems Nordsee durch die Fischerei. S 252–267 in: Warnsignale aus der Nordsee (Lozán, JL, Lenz, W, Rachor, E, Watermann, B, von Westernhagen, H, Herausgeber). Verlag Paul Parey, Berlin und Hamburg
Zijlstra JJ (1988) Chapter 8: The North Sea ecosystem. S 231–277 in: Ecosystems of

the world Band 27: Continental shelves (Postma, H, Zijlstra, JJ, Herausgeber). Elsevier, Amsterdam usw.

KAPITEL 9 Fallstudie: Die Ostsee

Baltic Marine Environment Protection Commission - HELCOM, Herausgeber (1990) Second periodic assessment of the state of the marine environment of the Baltic Sea, 1984–1988. Background document. Baltic Sea environment Proceedings 35 B, 432 S

Dietrich G, Kalle K, Krauss W, Siedler G (1975) Allgemeine Meereskunde. Eine Einführung in die Ozeanographie. Borntraeger Verlag, Berlin und Stuttgart, 593 S

Fonselius S, Matthäus W (1990) Oxygen. Eastern Gotland Basin. S 81–83 in: Second periodic assessment of the state of the marine environment of the Baltic Sea, 1984–1988. Background document (Baltic Marine Environment Protection Commission - HELCOM, Herausgeber). Baltic Sea environment Proceedings 35 B

Gerlach SA (1990c) Stickstoff, Phosphor, Plankton und Sauerstoffmangel in der Deutschen Bucht und in der Kieler Bucht. Berichte Umweltbundesamt 4/90. Erich Schmidt-Verlag, Berlin, 357 S (auch in englischer Übersetzung: Kieler Meeresforschungen Sonderband 7, 341 S, 1990)

Gerlach SA (1990d) Introduction. S. 3–20 in: Second periodic assessment of the state of the marine environment of the Baltic Sea, 1984–1988. Background document (Baltic Marine Environment Protection Commission - HELCOM, Herausgeber). Balstic Sea environm. Proc. 35 B

HELCOM (1991) Airborne pollution load to the Baltic Sea 1986–1990. Baltic Sea environm. Proc. 39:162

HELCOM (1993) Second Baltic Sea pollution load compilation. Baltic Sea environm. Proc. 45:161

Hupfer P (1981) Die Ostsee - kleines Meer mit großen Problemen. B. G. Teubner Verlagsgesellschaft, Leipzig, 152 S.

Larsson U, Elmgren R, Wulff F (1985) Eutrophication of the Baltic Sea: causes and consequences. Ambio 14:9–14

Matthäus W (1990) Langzeittrends und Veränderungen ozeanologischer Parameter während der gegenwärtigen Stagnationsperiode im Tiefenwasser der zentralen Ostsee. Fischerei-Forschung (Rostock) 28:25–34

Matthäus W (1992) Der Wasseraustausch zwischen Nord- und Ostsee. Geogr. Rundschau 11-1992:626–631

Matthäus W, Elken J, Cyberska B (1990) Hydrography. Eastern Gotland Basin usw. S 43–49 in: Second periodic assessment of the state of the marine environment of the Baltic Sea, 1984–1988. Background document (Baltic Marine Environment Protection Commission - HELCOM, Herausgeber). Baltic Sea environment Proceedings 35 B

Nehring D, Matthäus W (1991) Current trends in hydrography and chemical parameters and eutrophication in the Baltic Sea. Int. Rev. ges. Hydrobiol. 76:297–316

KAPITEL 10 Phytal und Korallenriffe

Borowitzka MA, Larkum AWD (1986) Reef algae. Oceanus (Woods Hole) 29 (2):49–54

Capone DG, Carpenter EJ (1982) Nitrogen fixation in the marine environment. Science (New York) 217:1140–1142

Chapman ARO, Lindley JE (1980) Seasonal growth of *Laminaria solidungula* in the Canadian high Arctic in relation to irradiance and dissolved nutrient concentrations: a year round study. Mar. Biol. 57:1–5

Cribb AB (1990) Coral reefs. S 350–366 in: Biology of marine plants (Clayton, MN, King, RJ, Herausgeber). Longman Cheshire, Melbourne

Darwin C (1842) The structure and distribution of coral reefs. Smith Elder & Co., London, 214 S

Dubinsky Z, Herausgeber (1990) Coral reefs (Ecosystems of the world Band 25), Coral reefs. Elsevier, Amsterdam usw., 550 S

Gerlach SA (1960) Über das tropische Korallenriff als Lebensraum. Zoologischer Anzeiger Suppl. 23 (Verhandlungen Deutsche Zoologische Gesellschaft in Münster 1959):356–363

Kremer BP (1985) Symbiose von Algen und Korallen. Naturwiss. Rundschau 38:508–516

Kremer BP, Schmaljohann R, Röttger R (1980) Features and nutritional significance of photosynthates produced by unicellular algae symbiotic with larger Foraminifera. Mar. Ecol. Progr. Ser. 2:225–228

Lobban CS, Harrison PJ, Duncan MJ (1985) The physiological ecology of seaweeds. Cambridge University Press, Cambridge usw., 242 S

Lüning K (1970) Tauchuntersuchungen zur Vertikalverteilung der Helgoländer Algenvegetation. Helgoländer wiss. Meeresuntersuchungen 21:271–291

Lüning K (1985) Meeresbotanik. Verbreitung, Ökophysiologie und Nutzung der marinen Meeresalgen. G. Thieme Verlag, Stuttgart und New York, 375 S

Lüning K (1986) New frond formation in *Laminaria hyperborea* (Phaeophyta): a photoperiodic response. Br. phycol. J. 21:269–273

Odum EP (1980) Grundlagen der Ökologie. Georg Thieme Verlag, Stuttgart und New York, 836 S

Schumacher H (1991) Korallenriffe. Verbreitung, Tierwelt, Ökologie (4. Auflage). BLV Verlagsgesellschaft, München usw., 275 S

Seibold E, Berger WH (1993) The sea floor. An introduction to marine geology. (2 Auflage) Springer-Verlag, Berlin usw., 356 S

Smith SV (1978) Coral reef area and the contributions of reefs to processes and resources of the world's oceans. Nature (London) 273:225–226

Sorokin, YS (1993) Coral reef ecology. Springer-Verlag, Berlin usw., 465 S

Warner GF (1984) Diving and marine biology. The ecology of the sublitoral. Cambridge University Press, Cambridge usw., 210 S

Woodwell GM (1980) Aquatic systems as part of the biosphere. S 201–215 in: Fundamentals of aquatic ecosystems (Barnes, RSK, Mann, KH, Herausgeber). Blackwell Scientific Publications, Oxford usw.

KAPITEL 11 Das Sandlückensystem

Ax P (1966) Die Bedeutung der interstitiellen Sandfauna für allgemeine Probleme der Systematik, Ökologie und Biologie. Veröff. Inst. Meeresforschung Bremerhaven Sonderband 2:15–66

Banner FT (1979) Sediments of the North-Western European shelf. S 271–300 in: The North-West European shelf seas: the sea bed and the sea in motion I.

Geology and sedimentology (Banner, FT, Collins, MB, Massie, KS, Herausgeber). Elsevier, Amsterdam usw.
Fenchel T (1978) The ecology of micro- and meiobenthos. Ann. Rev. Ecol. Syst. 9:99–121
Gerlach SA (1968) Meiobenthos. S 109–118 in: Methoden der meeresbiologischen Forschung (Schlieper, C, Herausgeber). Gustav Fischer, Jena
Higgins RP, Thiel H, Herausgeber (1988) Introduction to the study of meiofauna. Smithsonian Institution Press, Washington D.C und London, 488 S
Kristensen RM (1983) Loricifera, a new phylum with Aschelminthes characters from the meiobenthos. Zeitschrift für zoologische Systematik und Evolutionsforschung 21:163–180
Mare MF (1942) A study of a marine benthic community with special reference to microorganisms. J. mar. biol. Ass. U.K. 25:517–554
Postma H (1976) Sediment transport and sedimentation in the estuarine environment. S 158–179 in: Estuaries (Lauff, GH, Herausgeber). American Association for the Advancement of Science, Washington D.C.
Remane A (1940) Einführung in die zoologische Ökologie der Nord- und Ostsee. S 1–238 in: Die Tierwelt der Nord- und Ostsee Band I, Teil Ia (gegründet von Grimpe, G, Wagler, E). Akademische Verlagsgesellschaft, Leipzig
Remane A (1952) Die Besiedlung des Sandbodens im Meere und die Bedeutung der Lebensformtypen für die Ökologie. Verhandl. Deutsche Zool. Gesellschaft in Wilhelmshaven 1951:327–359
Shepard FP (1954) Nomenclature based on sand-silt-clay ratios. J. Sed. Petrol. 24:151–158
Swedmark B (1964) The interstitial fauna of marine sand. Biological Reviews 39:1–42
Trefil J (1991) Physik im Strandkorb. Von Wasser, Wind und Wellen. Rowohlt Verlag, Reinbeck, 282 S

KAPITEL 12 Lagunen und Flußmündungen

Adam P (1990) Saltmarsh ecology. Cambridge University Press, Cambridge usw., 461 S
Caspers H (1959) Die Einteilung der Brackwasser-Regionen in einem Ästuar. Archo. Oceanogr. Limnol. 11 (Suppl.):155–169
Davis RA Jr, Herausgeber (1985) Coastal sedimentary environments (2. Auflage). Springer-Verlag, New York usw., 716 S
Gerlach SA (1954) Das Supralitoral sandiger Meeresküsten als Lebensraum einer Mikrofauna. Kieler Meeresforschungen. 10:121–129
Gerlach SA (1958) Die Mangroveregion tropischer Küsten als Lebensraum. Zeitschrift für Morphologie und Ökologie der Tiere 46:636–730
Golley F, Odum HT, Wilson RF (1962) The structure and metabolism of a Puerto Rican red mangrove forest in May. Ecology 43:9–19
Gray AJ, Scott R (1987) Salt marshes. S 97–117 in: Morecambe Bay. An assessment of present ecological knowledge (Robinson, NA, Pringle, AW, Herausgeber). Morecambe Bay Study Group, Lancaster
Hedgpeth JW (1983) Coastal ecosystems, brackish waters, estuaries, and lagoons. S 739–757 in: Marine ecology (Kinne, O, Herausgeber) Band 5 Teil 2. John Wiley & Sons, Chichester usw.

Kinne O (1971) Chapter 4.3.1 Salinity, animals, invertebrates. S 821–995 in: Marine ecology (Kinne, O, Herausgeber) Band 1 Teil 2. Wiley-Interscience, London usw.
Nichols MN, Biggs RB (1985) Estuaries. S 77–186 in: Coastal sedimentary environments (2. Auflage) (Davis, RA, Herausgeber). Springer-Verlag, New York usw.
Nixon SW (1980) Between coastal marshes and coastal waters - a review of twenty years of speculation and research on the role of salt marshes in estuarine productivity and water chemistry. S 437–525 in: Estuarine and wetland processes (Hamilton, P, Macdonald, KB, Herausgeber). Plenum Publ. Corporation, New York
Nixon SW (1982) Nutrient dynamics, primary production and fisheries yields of lagoons. Oceanologia Acta SP: Actes symposium international sur les lagunes cotieres, SCOR/IABO/UNESCO, Bordeaux, 8–14 septembre 1981:357–371
Olausson E, Cato I (1990) Chemistry and biogeochemistry of estuaries. John Wiley & Sons, Chichester usw., 452 S
Postma H (1981) Exchange of materials between the North Sea and the Wadden Sea. Mar. Geol. 40:199–213
Postma, H (1984) Introduction to the symposium on organic matter in the Wadden Sea. Netherlands Inst. Sea Res. Publ. Ser. 10-1984:15–22
Remane A, Schlieper C (1958) Biologie des Brackwassers (Die Binnengewässer Band 22). Schweizerbarth, Stuttgart, 348 S (erweiterte 2. Auflage: Biology of brackish water. Schweizerbarth, Stuttgart und Wiley Interscience, New York usw., 372 S., 1971)
Teal J (1962) Energy flow in the salt marsh ecosystem of Georgia. Ecology 43:614–624
Wellershaus S (1981) Turbidity maximum and mud shoaling in the Weser Estuary. Archiv für Hydrobiologie 92:161–198

KAPITEL 13 Die Grenze Meer—Land

Bilio M (1965) Die Verteilung der aquatischen Bodenfauna und die Gliederung der Vegetation im Strandbereich der deutschen Nord- und Ostseeküste. Botanica Gothoburgensia 3 (Proc. 5 th Mar. Biol. Symposium, Göteborg 1965):25–42
Dietrich G (1944) Die Gezeiten des Weltmeres als geographische Erscheinung. Zeitschr. Ges. Erdkunde Berlin 79:69–85
Gerlach SA (1954) Das Supralitoral der sandigen Meeresküsten als Lebensraum einer Mikrofauna. Kieler Meeresforsch. 10:121–129
Gerlach SA (1955) Die Tierwelt des Küstengrundwassers von San Rossore (Tyrrhenisches Meer). Physiologia comparata et oecologia 4:55–73
Gerlach SA (1963) Ökologische Bedeutung der Küste als Grenzraum zwischen Land und Meer. Naturwiss. Rundschau 16:219–227
Gerlach SA (1967) Die Fauna des Küstengrundwassers am Strand der Insel Sarso (Rotes Meer). Meteor Forschungsergebnisse (D) 2:7–18
Krüger M, Neumann, D (1983) Die Temperaturabhängigkeit semilunarer und diurnaler Schlüpfrhythmen bei der intertidalen Mücke *Clunio marinus* (Diptera, Chironomidae). Helgoländer wiss. Meeresuntersuchungen 36:427–464
Landesamt für Wasserhaushalt und Küsten Schleswig-Holstein (1991) Deutsches Gewässerkundliches Jahrbuch, Küstengebiet der Nord- und Ostsee, Abflußjahr 1985, 166 S

Lewis JR (1964) The ecology of rocky shores, Hodder and Stoughton, London, 323 S

Neumann D (1992) Circasemilunare Rhythmen: die Perzeption des Mondlicht-Zeitgebers als Funktion des circadianen Systems. Verhandl. Deutsche Zool. Ges. 85:116

Ott J (1988) Meereskunde. Eine Einführung in die Geographie und Biologie der Ozeane. Verlag Eugen Ulmer, Stuttgart, 386 S

Remane A, Schulz E (1935) Die Tierwelt des Küstengrundwassers bei Schilksee (Kieler Bucht) I. Das Küstengrundwasser als Lebensraum. Schriften naturwiss. Verein Schleswig-Holstein 20:399–408

Remmert H (1992) Ökologie. Ein Lehrbuch (5. Auflage). Springer-Verlag, Berlin usw., 363 S

Schmidt P (1968–1969) Die quantitative Verteilung und Populationsdynamik des Mesopsammons am Gezeiten-Sandstrand der Nordsee-Insel Sylt. Int. Rev. ges. Hydrobiol. 53:723–779 und 54:95–174

Tait RV (1971) Meeresökologie. Eine Einführung. Georg Thieme Verlag, Stuttgart, 305 S

de Wilde PAJW, Beukema JJ (1984) The role of the zoobenthos in the consumption of organic matter in the Dutch Wadden Sea. Netherlands Institute for Sea Research Publ. Ser. 10-1984:145–158

Sachverzeichnis

Aasfresser 88, 89
Absinken von Partikeln 12, 13, 21, 83, 84, 85, 87, 171
Auftriebsgebiete 48, 49
Exportproduktion 26, 85
Hangabwärtstransport 13, 80, 109, 161
Kaltgemäßigte Meere 55
Ostsee 150
Resuspension 105
Schelf 103, 105
Sedimentation 109, 172
Abyssal siehe Tiefsee
Abyssopelagial siehe Tiefsee
Acanthaster 161
Acartia 107
Aerobier 15, 16
Ahermatypische Korallen 153
Algenkalk 163
Alvinella 95
Ammonifizierer 16
Ammonium siehe Nährstoffe
Amphistegina 152
Anaerobier 15, 16
Anisakis 133
Anoxische Schicht siehe Tiefenzonen im Sediment
Antarktis 56–67
Apherusa 63
Aphotische Zone siehe Licht
Aphytal siehe Tiefenzonen
Archiannelida 176
Arktis 58, 61, 155
Arthrocnemon 193
Aster 193
Astomonema 102
Ästuar 179–184, 187–188
Ästuarine Zirkulation 184
Atoll 164–165

Auftrieb 23, 41
Äquatorialer Auftrieb 41–43
Antarktischer Auftrieb 57
El Nino 50–51
Fischereiertrag 47–48, 52
Küstenauftrieb 44–48
Nährstoffe 36
Primärproduktion 36, 43, 46
Sauerstoffmangel 48–49
Zooplankton 43, 47
Avicennia 192

Barophile Bakterien 71
Barriereriff 164–165
Bathyal siehe Tiefsee
Bathymodiolus 98
Bathypelagial siehe Tiefsee
Batillipes 176
Beggiatoa 95
Benthal 10
Benthopelagische Fauna 77, 88
Benthopelagische Kopplung 105
Biosphäre siehe Lebensräume
Bioturbation 14, 16, 79, 88
Birgus 201
Blaualgen siehe Cyanobakterien
Bodenwasser siehe Tiefsee
Bohrmuscheln 89
Brackwasser
  Artenzahl 138
  Ästuar 181, 187–188
  Brackwasserarten 187, 202
  Brackwassermeere 188
  Definitionen 185
  Elbemündung 188
  Ostsee 138–139
  Wesermündung 182–183
Bruguiera 192

C-14-Methode siehe Primärproduktion
Cadmium
　Halobates 31
　Nordsee 111–112
　Sturmvögel 31
Caecum 176
Calanus 55, 107
Callianassa 16
Calothrix 167
Calyptogena 94, 97–100
Cardisoma 202
Cateria 176
Caulerpa 161
Cerianthus 79, 88
Ceriops 192
Charonia 161
Chemoautotrophe Bakterien 15, 94, 98
Chemokline siehe unter Ostsee
　und Tiefenzonen im Sediment
Chlamydomonas 152
Chlorophyll-Maximum siehe
　Phytoplankton
Chthalamus 197
Circalitoral siehe Tiefenzonen
Clunio 200–201
Coenobita 201
Cold Seeps 99
Coriolis-Kraft 21, 41, 44–45
Coryphaenoides 69
Cyanobakterien 24, 152, 167, 202
Cyanophyceensand 202
Cymodocea 152

DDT 132, 141
Delesseria 154–155
Denitrifizierer 16, 145
Derocheilocaris 176
Desmarestia 161
Diatomeen 63, 65, 84, 106, 120, 122, 152
Dinoflagellaten 11, 106, 152
Diurodrilus 176, 203
Divergenz 23
Dorsch 123–125
Drescheriella 60
Druck 71
Dysphotische Zone siehe Oligophotische
　Zone

Echiurida 79

Ein-Prozent-Lichttiefe siehe Licht
Eislebensraum siehe Meereis
Elbe 122, 188
Endofauna 79
Endopsammon 173
Engraulis 47
Entrainment siehe Erosion
Epifauna 77
Epipelagial siehe Pelagial
Epiphyten 151
Epipsammon 173
Epizoen 151
Erdwärme 90, 93
Erosion 109, 171–172, 177
Escarpia 99
Eulitoral siehe Tiefenzonen
Euphotische Zone siehe Licht
Eurybathe Organismen 71
Euryhaline Organismen 185, 187
Eurytope Organismen 189
Eutrophierung siehe Nährstoffe
Evadne 106
Exocoetus 31

Felsküste 197–198
Festuca 193
Fische, Antarktis 59
Fische, warme Meere 36
Fischereiertrag 28, 30
　Auftriebsgebiete 47–48, 52
　Korallenriffe 162–163
　Nordsee 124–126, 131
　Schelf 103
　Weltozeane 30
Fischlarven 125–130
Fischproduktion, Weltozean 29
Flagellaten 121, 152
Fluff 84, 87
Flußmündungen siehe Ästuar
Fucus 155

Gezeiten 192, 197–201
Gezeitenströmungen 107
Globigerinenschlamm 75
Gnathostomulida 174
Golfingia 88
Großalgen siehe Makrophytobenthos
Grundwasser siehe Küstengrundwasser
Guano 47, 52

Sachverzeichnis

Gymnodinium 11, 152

Hadal siehe Tiefsee
Halammohydra 174
Halimeda 161, 164
Halimione 193
Halobates 12, 31
Halokline siehe Sprungschicht
Halophyten 191
Hangabwärtstransport siehe Absinken
  von Partikeln
Helgoland 119, 153-154, 156
Herbivore 157, 161, 194
Hering 106, 124-130
Hermatypische Korallen 153, 157
Heterostegina 152
Heterotrophe Bakterien 14
Hexactinellida 77
Himanthothallus 157
Hochsee 20
  Kaltgemäßigte Meere 53
  Ozeanische Provinz 105
  Polarmeere 56-61
  Primärproduktion 23
  Warme Meere 20, 23
Holoplankton 106
Holz, Tiefsee 89
Horohalinikum 186, 188
Hudson Bay 188
Humboldt-Strom 44-46, 50
Hydrothermal Vents siehe Schwefelquellen,
  heiße
Hyperbenthal 77
Hyperia 106

Idotea 161
Infralitoral siehe Sublitoral
Interstitielle Fauna siehe Meiofauna

Janthina 31

Kalk VII, 74, 163, 164
Karbonat siehe Kalk
Kattegat 100-102
Kieler Bucht 187, 203
Kieselsäure 74-75
Klimaänderungen IX, 122-123
Klimazonen V, 5
  kaltgemäßigte 5, 53-56

  polare 5, 56-67
  warmgemäßigte und tropische 5, 20-39
Komokiacea 83
Kompensationstiefe siehe Licht
Kontinentalhang 68, 104
Kontinentalschelf siehe Schelf
Konvergenz 21, 53
Korallen 104, 152, 153, 157, 158 159
Korallenkalk IV, 163
Korallenriff 161-168
Krill 59, 63-64
Kritische Tiefe siehe Licht
Küste 196
Küstengrundwasser 202-205

Lacuna 161
Laguncularia 192
Lagunen 179-180
Lamellibrachia 99-100
Laminaran 155
Laminaria 153-155, 157
Laterale Advektion siehe Hangabwärts-
  transport
Lebensräume, Welt
  Biomasse 159
  Fläche 159
  Primärproduktion 159
Lenitische Lebensräume 201
Lepas 32
Leptosynapta 176
Licht 5, 150
  Aphotische Zone 10
  Attenuation 6, 37
  Bestrahlungsstärke 6, 154
  Chlorophyll-Maximum 25, 34, 65
  Ein-Prozent-Lichttiefe 7, 25, 153
  Euphotische Zone 5, 34-35
  Globalstrahlung 8
  Kompensationstiefe 7-10
  Kritische Tiefe 8-10, 53, 58, 64-65, 122
  Mischungstiefe 8-10, 25, 36, 53, 58,
    64-65, 122
  Oligophotische Zone 9-10, 34
  PAR 5
  Photonenfluß-Dichte 154-155
  Polarregionen 58
  Secchi-Tiefe 7
  Tiefengrenzen 6, 153-154
  Wellenspektrum 5-6

Ligia 197
Limonium 193
Lithothamnion siehe *Porolithon*
Littorina 197
Lophenteropneusten 78–79
Loricifera 83, 175
Lotische Lebensräume 201
Lysianassidae 89

Macrocystis 157–159
Macruridae 71, 89
Makrofauna siehe Zoobenthos
Makrophytobenthos siehe Phytobenthos
Makrozooplankton siehe Zooplankton
Mangrove 191–195
Meereis-Lebensgemeinschaft 60–63
Meeresoberfläche 11, 31
Meeresspiegel, Anstieg V–VII, 164, 179
Megafauna siehe Zoobenthos
Meiofauna siehe Zoobenthos
Melosira 63
Meroplankton 106
Mesohalinikum 186
Mesopelagial siehe Pelagial
Mesopsammon siehe Meiofauna
Mesozooplankton siehe Zooplankton
Methan 15–16, 98–102
Methanbakterien 98
Methanoxidierer 100
Microhedyle 176
Mikrobielle Schleife 25
Mikrophytobenthos siehe Phytobenthos
Mischungstiefe siehe Licht

Nährstoffe
  Atolle 166–168
  Auftriebsgebiete 36
  Eutrophierung 17, 118, 144
  Kaltgemäßigte Meere 36, 55
  Korallenriff 166–168
  Makrophytobenthos 155
  Nordsee 113–120, 122
  Ostsee 140–145
  Packeisrand 65
  Recycling 9
  Rheinfracht 114–117
  Schelf 107
  Schwarzes Meer 18
  Sediment 15
  Sedimentation 9
  Stickstoffbindung 24, 167
  Warme Meere 20–21, 24–25, 36
  Wattenmer 189–190
  Weltozeane 40
Nahrungskette
  Auftriebsgebiete 47
  Polarmeere 67
  Warme Ozeane 30
Nanofauna siehe Zoobenthos
Nanoplankton siehe Phytoplankton
Nekton 12
Nematoden, Fischparasiten 132–133
Neogloboquadrina 60
Nepheloide Schicht siehe Trübungszone, bodennahe
Neritische Provinz siehe Schelf
Neuston 11, 31
Nitrat siehe Nährstoffe
Nitrifizierer 36
Nitzschia 152
Nordsee
  Ausdehnung 113
  DDT 132
  Dorsch 123–125
  Fischereiertrag 30, 113, 123–125, 131
  Flußwasser 113
  Hering 124–130
  Kegelrobben 132
  Küstenwasser 117–119
  Makrofauna 110–112
  Nährstoffe 113–114, 118–120
  Nährstoffeinträge 114–117, 122
  Nematoden 132–133
  Phytoplankton 119, 123
  Primärproduktion 113
  Seehunde 132
  Seevögel 131
  Strömungen 113, 115, 127
  Thunfische 130–131
  Wasserschichtung 122
  Zooplankton 123

Ocypode 201
Oligohalinikum 186
Oligophotische Zone siehe Licht
Organische Substanz im
  Sediment 87–88
Osmoregulation 2, 185–186

Sachverzeichnis

Ostreobium 152
Ostsee 17–18, 134–150
  Ausdehnung 134
  Chemokline 147
  Flußwasser 134, 136
  Geschichte 137
  Nährstoffe 140, 143–145
  Nährstoffeintrag 143
  Phytoplankton 142
  Salzgehalt 137–140, 149, 188
  Salzwassereinbrüche 148
  Sauerstoff 145–150
  Sprungschicht 147
  Temperatur 149
  Umweltgifte 141–142
  Wasserhaushalt 136, 139, 148
Oxische Schicht siehe Tiefenzonen im Sediment
Ozeane
  Einteilung 3
  Fläche 3
  Strömungen 21–22, 54
  Tiefenzonen 5, 68
  Volumen 3
Ozeanische Provinz siehe Hochsee

Packeis 60–61
PAR siehe Licht
Paracalanus 107
Paralvinella 95
Pelagia 106
Pelagial (siehe auch Tiefsee) 7, 10
  Epipelagial 34
  Fauna und Flora 33, 59
  Kosmopoliten 33
  Mesopelagial 34, 37
Pelagische Larven 106
Penilia 106
Phallodrilidae 171
Phosphat siehe Nährstoffe
Photoautotrophe Organismen 7
Photosynthetically Active Radiation siehe PAR
Phragmites 191
Physalia 32
Phytal, Lebensraum 151
Phytal siehe Tiefenzonen
Phytobenthos 6, 153

Makrophytobenthos 151, 155–161
Mikrophytobenthos 152, 158, 160
Phytoplankton 7, 9
  Chlorophyll-Maximum 25
  Cyanobakterien 24
  Frühjahrsblüte 55, 84, 87, 108, 122–123
  Nanoplankton 24–25, 28
  Picoplankton 24–25
Picoplankton siehe Phytoplankton
Pinguine 67
Plankton siehe Pelagial
Plantago 193
Plectonema 152
Pleuston 12, 31
Podon 106
Pogonophoren 95, 102
Polardorsch 63
Polarfront 56–57
Polarmeere 56–67
Pontella 32
Porenwasser 170–171, 176, 203
Porolithon 163, 166
Posidonia 152
Pottwal 37
Primärproduktion 9
  Auftriebsgebiete 36, 43, 46
  C-14-Methode 23–28
  Chlorophyll-Maximum 25, 34, 65
  Exportproduktion 26
  Kaltgemäßigte Hochsee 36, 56
  Korallenriffe 158–159
  Lebensräume, Welt 159
  Makrophytobenthos 159
  Nordsee 113
  Packeisrand 64
  Polarmeere 57, 59, 65
  Salzwiesen 193
  Schelf 59, 103
  Seegras 159
  Warme Hochsee 23
  Wattenmeer 190
  Weltozeane 26–27, 159
Psammohydra 174
Pseudocalanus 107
Pseudoterranova 133
Psychrophile Organismen 72
Pterophryne 33
Puccinellia 193
Pyknokline siehe Sprungschicht

Redoxpotential 15
Red Tide 11
Resuspension siehe Absinken
  von Partikeln
Rhabdomolgus 176
Rhein 114–117
Rhizophora 192
Riftia 94–96
Robben 67

Salicornia 190–191, 193, 195
Salzgehalt
  Arktischer Ozean 58
  Ästuar 183
  Brackwasser 185
  Ostsee 137–140, 149, 188
  Schwarzes Meer 18
  Weltmeer 1
  Zusammensetzung 1
Salzwiesen 190–191, 193–195, 202
Sand 169–170
Sandlückenfauna siehe Meiofauna
Sandstrand 201, 203
Sardinen 48, 52
Sargasso-Kraut 32–33
Sargassosee 23, 32
Sargassum 32
Sauerstoff 2, 73, 145–150, 171
Sauerstoffmangel 14, 17, 48, 122, 145–150, 175
Sauerstoff-Minimumzone 36
Scheitelgräben 90–92
Schelf 103–112
  Ausdehnung 103–104
  Benthopelagische Kopplung 105
  Fischereiertrag 103
  Flußwasser 107
  Fronten 110
  Nährstoffe 107
  Neritische Provinz 69, 105
  Polarmeere 59
  Primärproduktion 103
  Spurenelemente 103, 107, 110–111
  Strömungen 110
Schelfkante 68, 104
Schelfmeer siehe Schelf
Schwarzes Meer 18–19, 188
Schwefelbakterien 95–100, 171

Schwefelquellen, heiße 90–99
Schwefelwasserstoff 15, 18–19, 48, 90–99, 145, 147–148, 171
Scomberesox 32
Sedimentation siehe Absinken
  von Partikeln
Sedimente 74–75, 86, 170–172, 189
Seegras 151–152
Seesäuger 66–67
Seevögel 31, 47, 52 67
Sekundärproduktion 9, 28, 161, 190
Sesarma 202
Siboglinum 102
Sinkgeschwindigkeit siehe Absinken
  von Partikeln
Sinkstoff-Fallen 84, 87
Skagerrak 69–70, 102
Solemya 99
Sonneratia 192
Spartina 195
Sprungschicht 7, 9
  Antarktis 57
  Arktis 58
  Auftriebsgebiete 50–51
  Halokline 18, 147
  Kaltgemäßigte Hochsee 53, 55
  Mischungstiefe 8
  Ostsee 146–147
  Packeisrand 64–65
  Pyknokline 7
  Schelf 108
  Thermokline 9, 17, 25
  Warme Hochsee 20–21, 23, 39
Stenohaline Organismen 185
Stereobalanus 79, 88
Stickstoffbindung siehe Nährstoffe
Stilbonematidae 171
Strömungen
  Äquator 42–43
  Ästuar 181, 184
  Gezeitenströmungen 107
  Meeresboden 12, 171–172
  Polarmeere 56
  Tiefseeboden 13, 72, 76
  Weltozeane 22, 42, 54
Stygocapitella 203
Sublitoral siehe Tiefenzonen
Suboxische Schicht siehe Tiefenzonen
  im Sediment

Sachverzeichnis

Subtropen siehe Klimazonen, warmgemäßigte
Sueda 195
Sulfatreduzierer 16, 100, 147
Supralitoral siehe Tiefenzonen
Suspensionsfresser 13, 160
Symbiosen
  mit Algen 34, 152
  mit Korallen 163, 167
  mit Methanoxidierern 100, 102
  mit Schwefelbakterien 95–98, 102, 171
  mit Seeigeln 161
Syngnathus 33

Tang siehe Makrophytobenthos
Temperatur
  Meeresoberfläche 4–5
  Mitteltemperatur V–IX
  Schelf 108
  Tiefsee 71
  Warmwassersphäre 20, 69
Thalassia 152
Thermalquellen siehe Schwefelquellen, heiße
Thioploca 48
Thunfische 30
Thyasira 102
Tiefenzonen (siehe auch Tiefsee) 5, 68
  Aphotische Zone 10
  Aphytal 151
  Circalitoral 151
  Epipelagial 34
  Eulitoral 196–201
  Euphotische Zone 5
  Makrophytobenthos 156
  Mesopelagial 34, 37
  Oligophotische Zone 9–10, 34
  Phytal 151
  Sublitoral 151
  Supralitoral 198, 201–203, 205
  Trübungszone, bodennahe 12–13, 76
Tiefenzonen im Sediment
  Anoxische Schicht 15–16
  Chemokline 14–15, 17
  Oxische Schicht 14
  Suboxische Schicht 14
Tiefsee 68–89
  Abyssal 69, 73
  Abyssopelagial 75

Alter 72
Bathyal 69, 74
Bathypelagial 37, 75
Benthopelagische Kopplung 105
Bodenwasser 57, 71–72
Definition 37, 68
Endofauna 79
Epifauna 77
Ernährungsbedingungen 80, 85, 88–89
Hadal 69
Holz 89
Makrofauna 77, 79–82, 189
Makrophytobenthos 160
Meiofauna 82
Mesopelagial 37
Sauerstoff 73
Sedimente 74, 86
Strömungen 13, 72
Temperaturen 71
Tiefseeton 75
Trübungszone, bodennahe 76
Treibgut 32
Treibhauseffekt VII–VIII
Trichodesmium 24
Trübstoffe 189
Trübstoff-Falle 181, 183–184
Trübungszone, bodennahe siehe Tiefenzonen
Turbulenz 8–9, 12–13, 17, 58, 107

Velella 31
Verdunstung 196
Verrucaria 197
Vertikalwanderungen 37–39
Vestimentifera 95–96

Wale 66–67
Warmwassersphäre VII, 20, 69
Wasserschichtung siehe Sprungschicht
Wattenmeer 189–191, 199
Weichboden 170
Wesermündung 182, 183
Windsysteme 42, 53

Xenophyophorida 77
Xylophaga 89
Xyloredo 89

Zoobenthos
  Makrofauna 36, 80–82, 110–112, 189
  Megafauna 77
  Meiofauna 82, 173–178, 202–205
  Nanofauna 83, 173
Zoochlorellen 152
Zooplankton 9
  Auftriebsgebiete 43, 47
  Krill 64
  Makrozooplankton 34
  Mesozooplankton 34
  Polarmeere 59
  Tiefsee 75–76
  Vertikalwanderungen 37–39
  Weltozeane 35, 36,
Zooxanthellen 152, 163
Zostera 152

MIX
Papier aus verantwortungsvollen Quellen
Paper from responsible sources
FSC® C105338

If you have any concerns about our products,
you can contact us on
ProductSafety@springernature.com

In case Publisher is established outside the EU,
the EU authorized representative is:
**Springer Nature Customer Service Center GmbH
Europaplatz 3, 69115 Heidelberg, Germany**

Printed by Libri Plureos GmbH
in Hamburg, Germany